职业教育校企合作"互联网＋"新形态教材

电梯电气控制技术

主　　编　李乃夫　　陈传周　　岑伟富

副主编　曾伟胜　　程红玫　　覃士升

参　　编　王文兴　　王艳冬　　李国令　　李英辉

　　　　　李锦豪　　张　挺　　陈路兴　　钟陈石

主　　审　杨　恺

机械工业出版社

本书是依据教育部公布的电梯安装与维修保养专业简介，面向电梯安装维修工、电梯装配调试工等职业，结合电梯维修保养职业等级考证内容编写而成的。本书包括 4 个模块，分别是电梯的使用和管理、电梯电气系统的构成与原理、电梯电气系统的分析方法以及电梯电气技术基础（选修）。本书配套有实训手册。

　　本书可作为职业院校电梯相关专业教材和电梯从业人员考证培训教材，也可供从事电梯技术工作的人员学习参考。

　　为方便教学，本书配套视频（以二维码形式穿插于书中）、电子教案、习题及答案、试题库、PPT 课件等资源，凡选用本书作为授课教材的教师可登录 www.cmpedu.com 注册后免费下载。

图书在版编目（CIP）数据

电梯电气控制技术 / 李乃夫，陈传周，岑伟富主编.

北京 ： 机械工业出版社，2024. 6. --（职业教育校企合作"互联网+"新形态教材）. -- ISBN 978-7-111 -76058-0

Ⅰ. TU857

中国国家版本馆CIP数据核字第2024FL1432号

机械工业出版社（北京市百万庄大街22号　邮政编码100037）

策划编辑：赵红梅　　　　　　　　　　责任编辑：赵红梅　杨晓花

责任校对：张慧敏　王小童　景　飞　　封面设计：张　静

责任印制：李　昂

河北泓景印刷有限公司印刷

2024 年 9 月第 1 版第 1 次印刷

184mm×260mm·16.5 印张·401 千字

标准书号：ISBN 978-7-111-76058-0

定价：49.80 元

电话服务　　　　　　　　　　　　网络服务

客服电话：010-88361066　　　　　机 工 官 网：www.cmpbook.com

　　　　　010-88379833　　　　　机 工 官 博：weibo.com/cmp1952

　　　　　010-68326294　　　　　金 书 网：www.golden-book.com

封底无防伪标均为盗版　　　　　机工教育服务网：www.cmpedu.com

前　言

"电梯电气控制技术"是教育部公布的《职业教育专业简介（2022年修订）》中电梯安装与维修保养专业的核心课程。本书结合特种设备安全管理和作业人员职业资格考核标准以及电梯维修保养职业技能等级证书要求，由校企联合编写而成。本书内容包括4个模块，分别是电梯的使用和管理、电梯电气系统的构成与原理、电梯电气系统的分析方法、电梯电气技术基础（选修）。本书的内容体系凸显了电梯电气系统维修的基本思路与特点，注重培养读者对电梯电气系统的整体性与系统性认识，帮助读者形成电梯电气排障的逻辑思维，可作为职业院校电梯相关专业的教材和电梯从业人员考证培训的教材。

本书配备了完善的教学资源，包括实训手册、电子教案、习题及答案、试题库、PPT课件和视频（二维码形式）等，满足教师线上、线下混合式教学的需求和学生多样化学习的需求，充分体现了"互联网＋新形态教材"的特色。

本书所涉及的名词术语、定义、标准等，均以《中华人民共和国特种设备安全法》《特种设备安全监察条例》《特种设备作业人员监督管理办法》、GB/T 7588.1—2020《电梯制造与安装安全规范 第1部分：乘客电梯和载货电梯》、GB/T 10058—2009《电梯技术条件》、GB 16899—2011《自动扶梯和自动人行道的制造与安装安全规范》、GB/T 7024—2008《电梯、自动扶梯、自动人行道术语》，以及 TSG T5002—2017《电梯维护保养规则》、TSG 08—2017《特种设备使用管理规则》、TSG Z6001—2019《特种设备作业人员考核规则》等为依据。

本书推荐学时为90学时，具体学习任务与学时安排见下表（作为职业院校电梯专业教材使用时，可酌情选用模块1、4的内容）。

项　目	学　习　任　务	建　议　学　时
绪论	电梯发展史	2
模块1　电梯的使用和管理	学习单元1-1　电梯的基本结构	4
	学习单元1-2　电梯的型号、分类、主要参数和性能指标	
	学习单元1-3　电梯的安全使用要求	4
	学习单元1-4　电梯安全操作规程	
	学习单元1-5　电梯维保安全操作规程	

（续）

项　　目	学　习　任　务	建　议　学　时
模块 2　电梯电气系统的构成与原理	学习单元 2-1　电梯的电气系统概述	6
	学习单元 2-2　电梯常用电气元件	
	学习单元 2-3　电梯的电力拖动系统	6
	学习单元 2-4　电梯的电气控制电路	8
	学习单元 2-5　自动扶梯的电气系统	4
模块 3　电梯电气系统的分析方法	学习单元 3-1　电梯电气系统分析的基本思路与方法	4
	学习单元 3-2　电梯继电器控制电路的分析	6
	学习单元 3-3　电梯微机控制电路的分析	8
	学习单元 3-4　自动扶梯电路的分析	4
模块 4　电梯电气技术基础（选修）	学习单元 4-1　电工技术基础	8
	学习单元 4-2　电子技术基础	6
	学习单元 4-3　电动机和电力拖动基础	6
	学习单元 4-4　电气自动控制基础	6
	学习单元 4-5　电气测量技术基础	4
机　　动		4
总　　计		90

　　本书由李乃夫、陈传周、岑伟富担任主编，曾伟胜、程红玫、覃士升担任副主编，王文兴、王艳冬、李国令、李英辉、李锦豪、张挺、陈路兴、钟陈石参与编写（参编以姓氏笔顺为序）。其中，绪论由李乃夫、曾伟胜、陈传周、岑伟富编写；模块 1 由李乃夫、王艳冬编写；模块 2 由李乃夫、曾伟胜、岑伟富、程红玫、李英辉、张挺、陈路兴、李锦豪、李国令编写；模块 3 由李乃夫、曾伟胜、岑伟富、覃士升、钟陈石、李国令编写；模块 4 由李乃夫、王艳冬、王文兴编写。全书由李乃夫、曾伟胜、陈传周、岑伟富统稿。本书由杨恺主审。浙江亚龙智能装备集团股份有限公司为本书提供了相关资料，深圳市众学科技有限公司协助制作了相关教学资源，在此表示衷心感谢！

　　欢迎读者对本书提出意见或给予指正！

编　者

二维码索引

名称	图形	页码	名称	图形	页码
1- 电梯发展史		1	9- 层站召唤层楼显示		90
2- 电气控制系统		10	10- 微机控制电梯实训模块		97
3- 安全保护系统		10	11- 无齿轮曳引机拆装		114
4- 电梯的型号与分类		12	12- 有齿轮曳引机拆装		114
5- 电梯安全操作规范		21	13- 自动扶梯维修		124
6- 电力拖动系统		46	14- 数字式万用表的使用		186
7- 自动扶梯的电气控制系统		72	15- 绝缘电阻表（摇表、兆欧表）的使用		189
8- 自动扶梯驱动装置的结构和原理		72			

目　录

前言

二维码索引

| 绪论 | 1 |

模块 1　电梯的使用和管理　4

学习单元 1-1　电梯的基本结构 …………………………………………… 4
学习单元 1-2　电梯的型号、分类、主要参数和性能指标 ………………… 12
学习单元 1-3　电梯的安全使用要求 ……………………………………… 18
学习单元 1-4　电梯安全操作规程 ………………………………………… 21
学习单元 1-5　电梯维保安全操作规程 …………………………………… 25

模块 2　电梯电气系统的构成与原理　30

学习单元 2-1　电梯的电气系统概述 ……………………………………… 30
学习单元 2-2　电梯常用电气元件 ………………………………………… 34
学习单元 2-3　电梯的电力拖动系统 ……………………………………… 46
学习单元 2-4　电梯的电气控制电路 ……………………………………… 57
学习单元 2-5　自动扶梯的电气系统 ……………………………………… 72

模块 3　电梯电气系统的分析方法　81

学习单元 3-1　电梯电气系统分析的基本思路与方法 …………………… 81
学习单元 3-2　电梯继电器控制电路的分析 ……………………………… 87
学习单元 3-3　电梯微机控制电路的分析 ………………………………… 97
学习单元 3-4　自动扶梯电路的分析 ……………………………………… 119

模块 4　电梯电气技术基础（选修）　128

学习单元 4-1　电工技术基础 ……………………………………………… 128
学习单元 4-2　电子技术基础 ……………………………………………… 143
学习单元 4-3　电动机和电力拖动基础 …………………………………… 156

学习单元 4-4　电气自动控制基础 ·· 172

学习单元 4-5　电气测量技术基础 ·· 181

附录　电梯电气图中常用的图形和文字符号 ································· **194**

参考文献 ··· **196**

绪　论

一、电梯的起源与发展

据说在公元前古希腊的宫殿里就装有人力驱动的卷扬机，可以认为是现代电梯的鼻祖。但直到1889年美国的奥的斯公司首先使用了电动机作为电梯的动力，才有了名副其实的"电"梯。电梯（垂直电梯）100多年来的发展史，可从以下三个方面进行追溯。

首先是驱动方式的变化。最早的电梯是鼓轮式的强制式驱动，如图0-1a所示，强制式驱动的特点是提升高度、载重量受到限制，安全系数低。1903年，奥的斯公司制造了曳引式电梯，如图0-1b所示，靠钢丝绳与曳引轮之间的摩擦力使轿厢与对重做一升一降的相反运动，电梯的提升高度和载重量都得到了提高。当曳引式电梯轿厢失控冲顶时，只要对重被底坑中的缓冲器支承，钢丝绳与曳引轮绳槽间就会发生打滑，从而避免了电梯轿厢冲顶的重大事故发生，因此一直沿用至今，成为电梯常用的驱动方式。

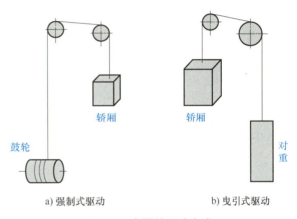

图 0-1　电梯的驱动方式

其次是动力问题。强制式驱动曾使用过由人力、畜力驱动的升降机械。蒸汽机发明后，出现了以蒸汽机作为动力驱动的电梯，水压技术出现后，由水压技术演变成沿用到现在的液压传动电梯，这种液压电梯仍然在一些特定场所使用。既然是"电"梯，其动力当然来自电动机。1900年出现了用交流异步电动机拖动的电梯，起先是单速交流异步电动机，之后出现了变极调速的双速和多速交流异步电动机。随着电力电子技术的发展，出现了大功率直流电动机驱动的电梯，20世纪80年代出现了交流变压变频调速的电梯。电梯驱动用电动机在不断发展的过程中逐渐实现了机电一体化管理。永磁同步曳引电动机结构简单、体积小、重量轻、损耗小、效率高，与直流电动机相比，它没有直流电动机的换向器和电刷等缺点；与异步电动机相比，它由于不需要无功励磁电流，因而效率高、功率因数高、转矩惯量比大、定子电流和定子电阻损耗减小，且转子参数可测、控制性能好。永磁同步曳引电动机结构紧凑，功能齐全，集曳引电动机、曳引轮、电磁制动器、光电编码器于一身，易于安装，便于使用。特别是在无机房电梯的开发应用中，将永磁同步曳引电动机安装在电梯的井道中，既节约了机房的建造成本，又美化了建筑物外观。

在动力问题得到解决后，电梯的发展转向解决控制与调速问题。1915年，自动平层控制系统设计完成；1949 年，出现了可集中控制 6 台电梯的电梯群控系统；1955 年，开始使用计算机对电梯进行控制；如今的电梯已基本采用微机控制。控制技术的发展使电梯的速度不断提高，1933 年，美国把当时最高速的电梯安装在纽约的帝国大厦，速度只有 6m/s；1962 年，该电梯速度达到了 8m/s，1993 年，速度达到了 12.5m/s。

随着科学技术的发展，智能化、信息化建筑的兴起与完善，许多新技术、新工艺逐渐应用到电梯上。目前电梯新技术的应用大概包括以下几方面。

1）互相平衡的双轿厢电梯、同时服务于两个楼层的双层轿厢电梯、一个井道内有两个轿厢的双子电梯、线性电动机驱动的多轿厢循环电梯等。

2）目的楼层选层系统、自动变速电梯。

3）数字智能化的乘客识别与安全监控技术，如手掌静脉识别和人脸识别的安防系统等。

4）无随行电缆电梯、与钢丝绳同强度的自监测合成纤维曳引绳、超级强度碳纤维曳引绳。

5）双向安全保护技术、快速安装技术和使用新型材料和节能环保技术等。

乘坐电梯去太空的设想最初是由俄罗斯科学家康斯坦丁·齐奥尔科夫斯基于 1895 年提出的，后来一些科学家相继提出了各种解决方案，如图 0-2 所示。美国国家宇航局于 2000 年描述了建造太空电梯的概念：用极细的碳纤维制成的缆绳能延伸到地球赤道上方 3.5 万 km 的太空，为了使这条缆绳能够突破地心引力的影响，缆绳在太空中的另一端必须与一个质量巨大的天体相连，这一天体向外太空旋转的力量与地心引力相抗衡，使缆绳紧绷，允许电磁轿厢在缆绳中心的隧道中穿行。期待着有一天人类能够乘坐电梯去往太空。

图 0-2 太空电梯的设想

二、我国电梯行业概况

电梯（包括各类直梯、自动扶梯和自动人行道，下同）作为基础设施配套工程的重要组成部分，与国家经济建设尤其是基础设施建设以及人民生活质量的提高密切相关。近年来，随着经济建设的发展，以及人口增长、人口老龄化速度和城市化进程的加快，人民生活水平的提高，电梯作为城市立体交通工具和城市公共安全的重要组成部分，得到了越来越广泛的使用。目前全世界的电梯市场呈现发达国家和地区需求稳步增长、新兴市场需求快速增长的特征，每年的电梯需求量保持着 5%~7% 的增长速度。主要原因：一是城镇化进程的加快使基础设施建设、房地产业发展带来持续旺盛的需求，而且在城镇土地资源越来越紧缺的情况下建筑不断向高层发展；二是人口老龄化程度的提高促进了各建筑的电梯配套需求；三是老旧电梯的淘汰和更新以适应新的安全、节能、环保标准的要求，以及技术标准的更新和新的政策法规出台，其中涉及人身安全的强制性条款会导致部分原有电梯被强制报废；四是既有建筑加装电梯或建筑功能性改变需要更新电梯设备。

我国的第一台电梯安装于 1907 年（第一台自动扶梯安装于 1935 年），至 1949 年，我国电梯拥有量仅 1100 多台，而且还没有一台自己制造的电梯。我国自己制造的第一台电梯诞生于 1952 年。

当前，我国已是世界上电梯制造、销售和使用的第一大国。2020 年，我国电梯的年产量达 105 万台，约占世界电梯产量的 80%；至 2020 年底，我国在用电梯数量达到 786.55 万台，约占世界在用电梯总量的 40%（其中自动扶梯约占 50%）。预计到 2023 年，我国在用电梯数量将超过 1000 万台。

三、行业人才需求状况

随着近年来大量的电梯安装投入使用，以及大量的使用期达 10 年以上的电梯已进入故障高发期，电梯专业人才（特别是从事安装与维修保养工作的技能型人才）紧缺的问题日益突显。据调查反映，目前国内受过专业系统训练、持有职业资格证的合格电梯专业人员尚不足所需人数的 1/10。电梯专业人员不足是影响电梯运行质量和安全的主要原因之一，许多电梯由于维护保养不当导致故障频发，而许多电梯事故也是由于缺乏及时、专业的处理才酿成更大的财产和生命损失。因此，电梯专业人才（特别是安装与维保人员）在当今社会十分紧缺。

本书基于广东省电梯考证培训教材编写，内容体系凸显了电梯电气系统维修的基本思路与特点，注重培养读者对电梯电气系统的整体性与系统性认识，以此形成电梯电气排故的逻辑思维。本书可作为电梯从业人员考证培训的教材，也可作为职业院校电梯专业的教材，还可供从事电梯技术工作的人员学习参考。

模块 1　电梯的使用和管理

 **学习目标**

1) 认识电梯的基本结构；了解电梯的型号、分类、主要参数和性能指标。
2) 掌握电梯日常管理的要求；熟悉电梯的安全操作规程。
3) 掌握电梯安全操作的规范操作步骤，会按照电梯安全操作规程进行各项操作。
4) 学会电梯的安全使用与日常管理。

 ## 学习单元 1-1　电梯的基本结构

一、电梯的基本结构

电梯的基本结构如图 1-1 所示。电梯从空间位置可划分成机房、井道、轿厢和层站四部分：即依附建筑物的机房与井道、运载乘客或货物的空间——轿厢、乘客或货物出入轿厢的地点——层站。如果从电梯各部分的功能划分，则可分为曳引系统、轿厢系统、门系统、导向系统、重量平衡系统、电气系统和安全保护系统等七个系统。七个系统的主要部件与功能见表 1-1。

表 1-1　电梯各系统的主要部件与功能

序号	系　统	主要部件	功　能
1	曳引系统	曳引机、曳引钢丝绳、导向轮、反绳轮等	输出与传递动力，驱动电梯运行
2	轿厢系统	轿厢架、轿厢体	运送乘客和（或）货物的部件，是电梯的承载工作部分
3	门系统	轿厢门、层门、开门机、联动机构、门锁等	乘客或货物的进出口，运行时，层门、轿厢门必须封闭，到站时才能打开
4	导向系统	轿厢的导轨、对重的导轨、导靴、导轨架	限制轿厢和对重使其只能沿着导轨做上、下运动
	重量平衡系统	对重和重量补偿装置等	平衡轿厢重量以及补偿高层电梯中曳引绳长度的影响
5	电气系统	配电箱、控制柜、操纵装置、位置显示装置、呼梯盒、平层装置、选层器等	对电梯供电并对运行实行操纵和控制
6	安全保护系统	限速器、安全钳、缓冲器装置、超速保护、供电系统断相错相保护、行程终端保护、层门锁与轿厢门电气联锁保护等装置	保证电梯安全使用，防止一切危及人身安全的事故

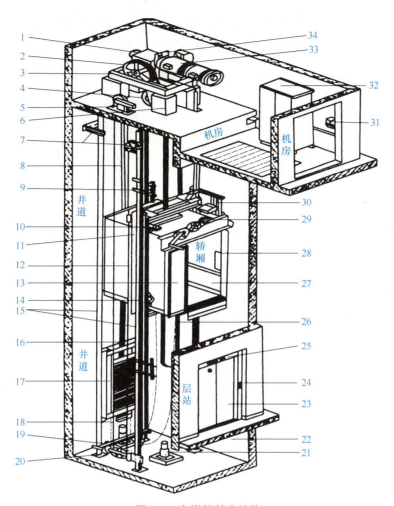

图 1-1   电梯的基本结构

1—减速箱   2—曳引轮   3—曳引机底座   4—导向轮   5—限速器   6—机座
7—导轨支架   8—曳引钢丝绳   9—隔磁板   10—紧急终端开关   11—导靴
12—轿厢架   13—轿厢门   14—安全钳   15—导轨   16—绳头组合   17—对重
18—补偿链   19—补偿链导轮   20—张紧装置   21—缓冲器   22—底坑
23—层门   24—呼梯盒   25—层楼指示灯   26—随行电缆   27—轿厢壁
28—轿内操纵箱   29—开门机   30—井道传感器   31—电源开关   32—控制柜
33—曳引电动机   34—制动器

二、电梯各系统的组成和功能

下面按表 1-1 的顺序简单介绍电梯各个系统的主要部件和功能。

1. 曳引系统

电梯的曳引系统主要由曳引电动机、减速器、电磁制动器、曳引轮、曳引钢丝绳、导向轮等组成，如图 1-2 所示。其作用是输出与传递动力，驱动轿厢运行。

（1）曳引机   曳引机是包括电动机、电磁制动器、减速箱和曳引轮在内的靠曳引钢丝绳和曳引轮槽摩擦力驱动或停止电梯的装置。

（2）电磁制动器 电磁制动器安装在电动机轴与蜗杆轴的连接处，其作用是使电梯轿厢停靠准确，电梯停止时不会因为轿厢和对重差重而产生滑移。电梯所用的电磁制动器如图 1-3 所示。

图 1-2 电梯的曳引系统

1—曳引电动机 2—电磁制动器 3—减速器 4—曳引轮
5—曳引钢丝绳 6—导向轮

图 1-3 电磁制动器

（3）曳引钢丝绳 电梯的曳引钢丝绳连接着轿厢和对重装置，承载着轿厢、对重和额定载重量等重量的总和。曳引钢丝绳及其绳头组合分别如图 1-4a、b 所示。

a) 曳引钢丝绳的组成

b) 曳引钢丝绳的绳头组合形式

图 1-4 曳引钢丝绳及其绳头组合

2. 轿厢系统

电梯的轿厢是用于乘载乘客或其他载荷的箱形装置，由轿厢架与轿厢体等构成，如图 1-5 所示。

（1）轿厢架 轿厢架是固定和支撑轿厢的框架，由上梁、下梁和立柱等组成。

（2）轿厢体 轿厢体是电梯运载人和货物的箱形装置，由轿厢底、轿厢壁、轿厢顶和轿厢门等组成。

（3）称量装置 称量装置是用于检测轿厢内载荷值并发出信号的装置，如图 1-6 所示。称量装置用于检测轿厢的载重量，当电梯超载时，该装置发出超载信号，同时切断控制电路使电梯不能起动；当重量调整到额定值以下时，控制电路自动重新接通，电梯得以运行。

3. 门系统

电梯的门系统包括轿厢门、层门、开关门机构及自动门锁装置等，轿厢门在轿厢上，层门安装在井道与层站的出入口处，如图 1-7 所示。

（1）层门 层门是设置在层站入口的门。层门由门扇、门套、层门导轨、门滑块、自动门锁、层门地坎、层门联动机构和紧急开锁装置等组成。

（2）轿厢门 轿厢门（也称轿门）是设置在轿厢入口的门，由门扇、门导轨、轿门地坎及门滑块等组成。

图 1-5 电梯的轿厢

1—轿厢顶 2—轿厢内操纵屏 3—侧壁
4—轿厢围 5—轿厢底 6—前壁
7—轿厢门 8—门灯横梁

图 1-6 称量装置

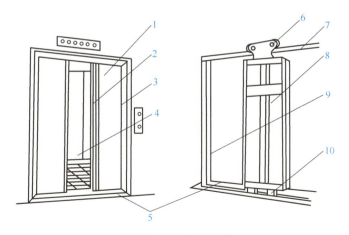

图 1-7 电梯的门系统

1—层门 2—轿厢门 3—门套 4—轿厢 5—门地坎 6—门挂板
7—层门导轨 8—门扇 9—层门门框 10—门滑块

（3）自动开关门机构　自动开关门机构是在电梯轿厢平层时，驱动电梯的轿厢门和层门开启或关闭的装置，安装在轿厢顶部，如图1-8所示。自动开关门机构包括开门电动机、带轮（或链轮）和减速装置等。

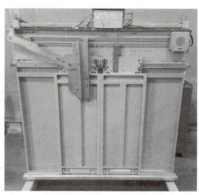

图1-8　自动开关门机构

（4）门锁装置　门锁装置是在轿厢门与层门关闭后锁紧，同时接通控制电路，轿厢方可运行的机电联锁安全装置。

4. 导向系统和重量平衡系统

（1）导向系统　电梯的导向系统分别作用于轿厢和对重，由导轨、导靴和导轨架组成。导轨架作为导轨的支撑件被固定在井道壁上，导轨用导轨压板固定在导轨架上，导靴安装在轿厢和对重架的两侧上下，其靴衬（或滚轮）与导轨工作面配合，这三部分的组合使轿厢及对重只能沿着导轨做上下运动，如图1-9所示。

导靴

导轨

图1-9　电梯的导向系统

1）导轨。导轨是供轿厢和对重（也称平衡重）运行的导向部件。导轨由导轨架固定连接在井道墙壁上。

电梯的导轨可分为T形导轨和空心导轨两大类。

① T形导轨是机加工导轨，导轨型材的工作面及连接部位经机械加工制成，在电梯运行中为轿厢的运行提供导向。

② 空心导轨是经冷轧折弯成空腹的 T 形导轨，常用于没有安装限速装置的对重侧。

电梯常用的导轨是 T 形导轨，如图 1-10a 所示，具有刚性强、可靠性高、安全等特点。

a) T形导轨   b) 滑动导靴

图 1-10 导轨和导靴

2）导靴。导靴按用途可以分为滑动导靴和滚动导靴。

① 滑动导靴：设置在轿厢架和对重架上，其靴衬在导轨上滑动，使轿厢和对重装置只能沿着各自的导轨运行，如图 1-10b 所示。

② 滚动导靴：设置在轿厢架和对重架上，其滚轮在导轨上滚动，使轿厢和对重装置只能沿着各自的导轨运行。

图 1-11 导轨架

3）导轨架。导轨架是固定在井道壁或者横梁上，用于支承和固定导轨用的构件，如图 1-11 所示。

（2）重量平衡系统 重量平衡系统如图 1-12 所示，主要由对重与重量补偿装置组成，它是为节约能源而设置的平衡轿厢重量的装置。

对重架

补偿链

图 1-12 重量平衡系统

1）对重块和对重架。对重块是制成一定形状和规格、具有一定重量的块状构件；对重块放置在对重架里面，如图1-13所示。

 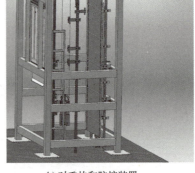

a) 对重架　　　　　　　　　　　b) 对重块和防护装置

图1-13　对重块和对重架

2）补偿装置。补偿装置是用来补偿电梯运行时轿厢和对重两侧重量不平衡的部件，如图1-14所示。

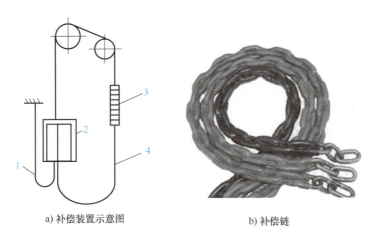

a) 补偿装置示意图　　　　　　　　　　b) 补偿链

图1-14　补偿装置
1—电缆　2—轿厢　3—对重　4—补偿装置

5. 电气系统
电梯的电气系统包括电力拖动系统和电气控制系统，主要由机房中的配电箱和电气控制柜，安装在电梯各个部位的控制、保护电器，以及由此构成的各部分电路组成，将在本书模块2中详细介绍。

6. 安全保护系统
电梯的安全保护系统由机械安全装置和电气安全装置两大类组成，主要有限速器、安全钳、缓冲器、端站保护装置、超载保护装置、门保护装置，以及其他电气安全保护装置等组成，将在本书的相关内容中穿插介绍，在此仅简单介绍限速器、安全钳、缓冲器和端站开关。

（1）限速器与安全钳 限速器通常安装在电梯机房或隔音层的地面，如图 1-15a 所示；安全钳钳座则安装在轿厢底，如图 1-15b 所示。限速器是当电梯运行速度超过额定速度一定值时，其动作能切断安全回路或进一步导致安全钳或超速保护装置起作用，使电梯轿厢停止的安全装置。安全钳是在限速器动作时，使轿厢或对重停止运行保持静止状态，并能将轿厢夹持在导轨上的安全装置。

a) 限速器   b) 安全钳钳座

图 1-15 限速器和安全钳

（2）缓冲器 缓冲器的作用是当轿厢或对重下行越出极限位置冲底时，用来减缓冲击力。缓冲器安装在电梯的井道底坑内，位于轿厢和对重的正下方。常用的两种缓冲器如图 1-16 所示。

a) 聚氨酯缓冲器   b) 液压缓冲器

图 1-16 常用的两种缓冲器

（3）端站开关 端站开关是当轿厢超越端站后强迫其停止的保护开关。端站开关一般由设在井道内上、下端站的强迫缓速开关、限位开关和极限开关组成，这些开关或碰轮都安装在导轨上，如图 1-17 所示，由安装在轿厢上的打板（撞杆）触动而动作。

下强迫缓速开关

下限位开关

下极限开关

图 1-17 端站开关

学习单元 1-2 电梯的型号、分类、主要参数和性能指标

一、电梯的型号

GB/T 7024—2008《电梯、自动扶梯、自动人行道术语》中对电梯的定义是：服务于建筑物内若干特定的楼层，其轿厢运行在至少两列垂直于水平面或沿垂线倾斜角小于 15° 的刚性导轨运动的永久运输设备。

电梯型号的编制规定如下：

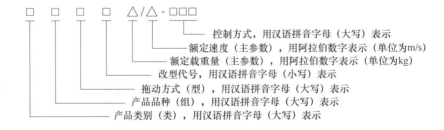

□ □ □ □ △/△ - □□□
- 控制方式，用汉语拼音字母（大写）表示
- 额定速度（主参数），用阿拉伯数字表示（单位为m/s）
- 额定载重量（主参数），用阿拉伯数字表示（单位为kg）
- 改型代号，用汉语拼音字母（小写）表示
- 拖动方式（型），用汉语拼音字母（大写）表示
- 产品品种（组），用汉语拼音字母（大写）表示
- 产品类别（类），用汉语拼音字母（大写）表示

例如，TKJ1500/2.0-QKW 型电梯型号的含义：交流客梯，额定载重量为 1500kg，额定速度为 2.0m/s，群控方式，采用微机控制。

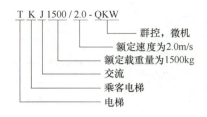

可见，电梯的型号由三大部分组成：第一部分为类、组、型和改型代号；第二部分为主参数代号，包括额定载重量和额定速度；第三部分为控制方式代号。具体可查阅相关资料。

二、电梯的分类

根据建筑的高度、用途及客流量（或物流量）的不同，需设置不同类型的电梯。目前电梯的基本分类方法有以下几种。

1. 按用途分类

（1）乘客电梯　乘客电梯是为运送乘客而设计的电梯，如图 1-18a 所示。它对安全、乘坐的舒适感和轿厢内环境等方面都要求较高，常用于宾馆、酒店、写字楼和住宅。

（2）观光电梯　观光电梯的井道和轿厢壁至少有同一侧透明，乘客可观看轿厢外的景物，如图 1-18b 所示。观光电梯安装于高层建筑的外墙、内厅或旅游景点，其轿厢装饰美观。

（3）载货电梯　载货电梯主要用于运送货物，同时允许有人员伴随，如图 1-18c 所示。载货电梯要求轿厢的面积大、载重量大，常用于工厂车间、仓库等。

（4）客货两用电梯　客货两用电梯以运送乘客为主，可同时兼顾运送非集中载荷货物。具有客梯与货梯的特点，如一些住宅楼、写字楼的电梯。

（5）病床（医用）电梯　病床（医用）电梯主要用于运送病床（病人）及相关医疗设备，如图 1-18d 所示。其轿厢一般窄而长，双面开门，要求运行平稳。

（6）非商用汽车电梯　非商用汽车电梯主要用于运载小型汽车，如图 1-18e 所示。

（7）杂物电梯　杂物电梯是服务于规定层站的固定式提升装置，具有一个轿厢，由于结构型式和尺寸的关系，轿厢内不允许人员进入，如图 1-18f 所示。如饭店用于运送饭菜，图书馆用于运书的小型电梯，其轿厢面积与载重量都较小，只能运货而不能载人。

（8）自动扶梯　自动扶梯是一种带有循环运行梯级，用于向上或者向下、与地面成 27.3°~35° 倾斜角的输送乘客的固定电力驱动设备，如图 1-18g 所示。

（9）自动人行道　自动人行道是一种带有循环运行（板式或带式）走道，用于水平或倾斜角不大于 12° 输送乘客的固定电力驱动设备，如图 1-18h 所示。

> **注意**：按照定义，电梯应是一种垂直方向运行的运输设备，而在许多公共场所使用的自动扶梯和自动人行道则是在水平方向上（或有一定倾斜度）的运输设备。目前多数国家都习惯将自动扶梯和自动人行道归类于电梯中。自动扶梯和自动人行道常用于商场和机场、车站等公共场所，随着大量公共设施建成投入使用，其应用将越来越普遍（据统计约占电梯总量的 15%）。

a) 乘客电梯

b) 观光电梯

c) 载货电梯

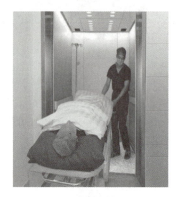
d) 病床电梯

e) 非商用汽车电梯

f) 杂物电梯

g) 自动扶梯

h) 自动人行道

图 1-18　各种电梯

此外，还有停车场用电梯、船用电梯、冷库电梯、防爆电梯、矿井电梯、电站电梯、消防员用电梯等专用电梯。

2. 按电梯驱动主机分类

驱动主机是包括电动机、制动器在内的用于驱动和停止电梯的装置。电梯驱动主机的类型主要有曳引驱动主机和强制驱动主机两种，目前在电梯上应用最广泛的驱动方式是曳引式。采用曳引式驱动的电梯驱动主机称为曳引机。

曳引驱动电梯依靠曳引轮和曳引绳之间的摩擦传动动力实现全电梯运行。电梯曳引机通常由电动机、制动器、减速箱及底座等组成。

曳引机按有无减速箱分为有齿轮曳引机和无齿轮曳引机。

1）有齿轮曳引机。拖动装置的动力通过中间减速箱传到曳引轮的曳引机称为有齿轮曳引机。

2）无齿轮曳引机。拖动装置的动力不用中间减速箱而直接传到曳引轮上的曳引机称为无齿轮曳引机。

曳引机按减速方式分为有无齿轮曳引机、蜗轮蜗杆曳引机、斜齿轮副曳引机、行星齿轮传动曳引机、针轮摆线行星齿轮、带传动曳引机。

另外，曳引机的动力来源是电动机，曳引机配置的电动机主要有直流电动机、交流电动机和永磁同步电动机。

3. 按速度分类

通常将额定速度低于 1m/s 的电梯称为低速梯，速度为 1~2m/s 的电梯称为中速梯，速度为 2~5m/s 的电梯称为高速梯，而将速度超过 5m/s 的电梯称为超高速电梯。

需要说明的是，电梯按速度分类没有严格的标准，以上仅是我国的习惯分类方法。随着电梯速度的不断提升，按速度对电梯的分类标准也会相应改变。

4. 按操纵控制方式分类

（1）手柄开关操纵　手柄开关操纵是由司机转动手柄位置（开断 / 闭合）来操纵电梯运行或停止。

（2）按钮控制　电梯运行由轿厢内操纵盘上的选层按钮或层站呼梯按钮来操纵。若某层站的乘客将呼梯按钮按下，电梯起动运行去应答；在电梯运行过程中，如果其他层站有呼梯按钮按下，控制系统只登记信号而不去应答，而且也不能把电梯截停，直到电梯完成前应答运行层站之后方可应答其他层站的呼梯信号。

（3）信号控制　信号控制是将与电梯运行方向一致的呼梯信号储存，电梯依次应答接运乘客。电梯运行取决于电梯司机操纵，而电梯在任何层站停靠由轿厢操纵盘上的选层按钮信号和层站呼梯按钮信号控制。电梯往复运行一周可以应答所有呼梯信号。

（4）集选控制　集选控制是在信号控制的基础上把召唤信号集合起来进行有选择地应答。电梯可有（无）司机操纵，在电梯运行过程中可以应答同一方向所有层站呼梯信号和操纵盘上的选层信号，并自动在这些信号指定的层站平层停靠。电梯运行响应完所有呼梯信号和指令信号后，可以返回基站待命；也可以停留在最后一次运行的层站待命。

（5）并联控制　并联控制时，两台电梯共同处理层站呼梯信号，并联的各台电梯相互通信，相互协调，根据各自所处的层楼位置和其他相关信息确定一台最合适的电梯去应答每一个层站的呼梯信号，从而提高电梯的运行效率。

（6）群控　将两台以上电梯组成一组，由群控系统负责处理群内电梯所有层站的呼梯信号。群控系统可以独立，也可以隐含在每一个电梯控制系统中。群控系统根据群内每台电梯的楼层位置、已登记的指令信号、运行方向、电梯状态、轿内载荷等信息，实时将每一个层站呼梯信号分配给最适合的电梯去应答，从而最大限度地提高群内电梯的运行效率。在群控系统中，通常还可选配上、下班高峰服务及分散待梯等多种满足特殊场合使用要求的操作功能。

5. 其他方式分类

如按曳引主机安装位置，可分为有机房电梯和无机房电梯，如图 1-19a、b 所示；如按同一个井道内轿厢的数量分类，则有单轿厢电梯、双层轿厢电梯（如图 1-19c 所示）和双子电梯等（如图 1-19d 所示）。

a) 有机房电梯　　　b) 无机房电梯　　　c) 双层轿厢电梯　　　d) 双子电梯

图 1-19　其他方式分类的电梯

三、常用电梯参数

1）额定载重量：电梯设计时规定的轿厢载重量。

2）额定速度：电梯设计时规定的轿厢运行速度。

3）额定乘客人数：电梯设计时限定的最多允许乘客数量（包括司机在内）。

4）控制方式：包括手柄开关操纵、按钮控制、信号控制、集选控制、下集选控制、并联控制、群控、串行通信、远程监视和电梯管理系统。

5）开门方式：包括中分式门，旁开式门、左开门、右开门、中分多折门、旁开多折门、垂直中分门和垂直滑动门。

6）层间距离：两个相邻停靠层站层门地坎之间的垂直距离。

7）提升高度：从底层端站地坎上表面至顶层端站地坎上表面之间的垂直距离。

8）层站：各楼层用于出入轿厢的地点。

四、电梯的主要性能指标

电梯的工作性能应以安全可靠、性能稳定、乘坐舒适、节能环保、故障率低为主要目的，所以电梯的主要性能指标有以下几方面。

1. 安全性

从保护人员和货物的观点制定乘客电梯和载货电梯的安全规范，防止发生与使用人员、电梯维护或者紧急操作相关的事故。保护的对象包括人员和货物的安全。

电梯在以下三种状态下均是安全的：①正常使用；②电梯维护；③紧急操作。

电梯的安全性能主要包括以下几方面。

（1）安全系数　GB 7588.1—2020《电梯制造与安装安全规范 第 1 部分：乘客电梯和载货电梯》5.5.2.2 规定，对于使用三根或三根以上钢丝绳的曳引式电梯，其安全系数不应小于 12。

（2）GB/T 10058—2009《电梯技术条件》规定　电力驱动曳引式电梯应具有以下安全装置或保护功能，并应能正常工作：

1）供电系统断相、错相保护装置或保护功能。电梯运行与相序无关时，可不设置错相保护装置。

2）限速器 - 安全钳系统联动超速保护装置，监测限速器或安全钳动作的电气安全装置以及监测限速器绳断裂或松弛的电气安全装置。

3）终端缓冲装置（对于耗能型缓冲器还包括检查复位的电气安全装置）。

4）超越上、下极限工作位置时的保护装置。

5）层门门锁装置及电气联锁装置，包括：

① 电梯正常运行时，应不能打开层门；如果一个层门开着，电梯应不能起动或继续运行（在开锁区域的平层和再平层除外）；

② 验证层门锁紧的电气安全装置；证实层门关闭状态的电气安全装置；紧急开锁与层门的自动关闭装置。

6）动力操纵的自动门在关闭过程中，当人员通过入口被撞击或即将被撞击时，应有一个自动使门重新开启的保护装置。

7）轿厢上行超速保护装置。

8）紧急操作装置。

9）停电时，应有慢速移动轿厢的措施。

GB 7588.1—2020《电梯制造与安装安全规范 第 1 部分：乘客电梯和载货电梯》规定，停止装置应由符合 5.11.2 规定的电气安全装置组成。停止装置应为双稳态，意外操作不能使电梯恢复运行。

GB 7588.1—2020《电梯制造与安装安全规范 第 1 部分：乘客电梯和载货电梯》规定，如果多个检修运行控制装置切换到检修状态，操作任一检修运行控制装置，均应不能使轿厢运行，除非同时操作所有切换到检修状态的检修运行控制装置上的相同按钮。

（3）接地良好可靠　轿厢、曳引机等带金属外壳的部件均应可靠地连接在独立地线上，并符合《电气设备接地装置规程》的要求：①接地电阻值不大于 4Ω；②接地导线截面积不小于相线截面积的 1/3；③接地线为绿 - 黄双色绝缘铜导线。

2. 可靠性

（1）整机可靠性　整机可靠性检验为起制动运行 60000 次中，失效（故障）次数不应超过 5 次。每次失效（故障）修复时间不应超过 1h。由于电梯本身原因造成的停机次数或不符合本标准规定的整机性能要求的非正常运行，均被认为是失效（故障）。

（2）控制柜（屏）可靠性　被其驱动与控制的电梯起制动运行 60000 次中，控制柜（屏）失效（故障）次数不应超过两次。由于控制柜（屏）本身原因造成的停机或不符合本标准规定的有关性能要求的非正常运行，均被认为是失效（故障）。

3. 舒适感

在电梯运行过程中，人在电梯加速上升或减速下降时，加速度会使人产生重压感；而在加速下降或减速上升时，加速度会使人产生上浮感。这种重压感和上浮感统称为不舒适感。考虑到人体生理上对加、减速度的承受能力，GB/T 10058—2009《电梯技术条件》规定了电梯加速度的最大值和最小值：

1）乘客电梯起动加速度和制动减速度最大值均不应大于 $1.5m/s^2$。

2）当乘客电梯额定速度为 $1.0m/s<v≤2.0m/s$ 时，其加、减速度不应小于 $0.5m/s^2$；当乘客电梯额定速度为 $2.0m/s<v≤6m/s$ 时，其加、减速度不应小于 $0.7m/s^2$。

4. 平层准确度

平层准确度是指轿厢到站停靠后，轿厢地坎上平面与层门地坎上平面之间垂直方向的偏差。电力驱动曳引式乘客电梯和载货电梯轿厢的平层准确度宜在 ±10mm 范围内，平层保持精度宜在 ±20mm 范围内。

5. 振动与噪声指标

（1）振动　乘客电梯轿厢运行时，垂直方向振动最大峰峰值不应大于 $0.30m/s^2$；水平振动的最大峰峰值不应大于 $0.20m/s^2$。

（2）噪声　电梯的各机构和电气设备在工作时不得有异常振动或撞击声响。乘客电梯的噪声值应符合表 1-2 的规定。

表 1-2　乘客电梯的噪声值

额定速度 $v/（m/s）$	≤ 2.5	$2.5<v≤6.0$
额定速度运行时机房内平均噪声值 /dB（A）	≤ 80	≤ 85
运行中轿厢内最大噪声值 /dB（A）	≤ 55	≤ 60
开、关门过程最大噪声值 /dB（A）	≤ 65	

注：无机房电梯的机房内平均噪声值是指距曳引机 1m 所测得的平均噪声值。

 学习单元 1-3　电梯的安全使用要求

电梯的安全运行既基于电梯设备的质量，也有赖于平常保养的质量、使用管理的水平以及维修操作人员的素质。设备从制造到安装都必须符合国家制定的电梯相关标准、安全规范和电梯技术条件。2009 年国务院颁布的第 549 号令《特种设备安全监察条例》以行政法规的形式对电梯的生产（含设计、制造、安装、改造、维修）使用、检验检测及其监督检查做出了明确规定。根据《特种设备安全监察条例》《中华人民共和国特种设备安全法》、TSG T 5002—2017《电梯维护保养规则》，全国各地多个省市根据各自的实际情况制定了一些地方性法规和管理文件，对电梯的安全使用与管理、防止和减少事故进一步做出了明确的规定和要求。

一、电梯安全技术的特点

1. 电梯安全技术是一门综合性技术

电梯是机电一体化设备，电梯技术是机械、电气、自动控制、焊接及安装技术等多项技术的综合应用，所以电梯的安全技术知识涉及范围甚广，既有电工、电子、焊接、机械加工、高空作业、公共交通的安全技术知识，又有作为特种设备本身特有的安全技术知识。

2. 电梯是一种垂直运输的交通工具

电梯垂直运行的特点决定了在使用电梯时必须注意以下几个问题。

1）剪切运动的安全问题。电梯的垂直运动，轿厢地坎与层门地坎之间、轿厢顶与对重之间会形成剪切运动，需要特别注意剪切运动的安全问题，稍有不慎，就会酿成大错造成重大伤亡。

2）电梯在加速上升时，人体的重量会向下压，身体会有超重感；反之，当电梯加速下降时，人体会有失重感。这都会使乘客感觉不适，严重时甚至会对乘客身体造成伤害。所以要特别注意对电梯超速、飞车、坠落及高速运行中急停的安全保护问题。

3）超过一定高度差的人体坠落或者是硬质物体下坠击中人体，都会造成伤亡事故。

3. 电梯安全技术需要规范化

由于电梯安全技术贯穿在电梯的设计、制造、安装、运行与维修保养的工作过程中，因而要求使用单位根据国家的相关法律法规建立健全检验检测、日常维护、安全使用等制度，完善电梯设备的安全监督管理体系，才能保证电梯设备的安全使用。

二、电梯安全使用的条件

国家对电梯安全工作十分重视，2009 年 5 月 1 日起实施的中华人民共和国国务院令第549 号《特种设备安全监察条例》、2011 年 7 月 1 日起实施的国家质量监督检验检疫总局令第 140 号《特种设备作业人员监督管理办法》和 2014 年 1 月 1 日起实施的《中华人民共和国特种设备安全法》，以及 2017 年 8 月 1 日起实施的 TSG T5002—2017《电梯维护保养规则》、2017 年 8 月 1 日起实施的 TSG 08—2017《特种设备使用管理规则》等法规的颁布实施，标志着我国电梯管理已进入法治和标准化管理的轨道，必将对电梯的使用管理和维护保养水平的提高起到推动作用，对电梯的安全使用起到一定的保障作用。电梯使用单位必须严格遵守并贯彻执行上述法规。电梯的安全使用必须具备以下几个条件。

1. 投入运行的电梯必须是合格的电梯

一台合格的电梯应具备以下几点要求。

（1）经出厂检验合格　电梯出厂时各组件、整机必须经检验且合格，应附有安全技术规范要求的设计证明、安装和使用维护说明，以及监督检验证明等文件。生产单位应对所生产电梯的安全性能负责。

（2）经安装自检合格　施工单位安装、改造和重大维修完成后，必须对其施工的电梯进行全面调试和检验检测，并填写自检报告，且应对调试和检验检测的结果负责。

（3）经检验检测机构验收、检验合格　电梯的安装、改造和重大维修过程应及时报检验检测机构进行监督检验。安装、改造和重大维修竣工后，施工单位自检合格、拟投入使用的电梯应经检验检测机构进行验收检验，并应取得检验合格标志。未经验收检验合格的电梯不得投入使用。

2. 必须建立定期、定点的检验和维修保养制度

电梯交付使用后，必须根据电梯实际情况制订定期、定点的维修保养制度和通过技监有关机构的年检制度，这是保证电梯安全运行的重要条件。根据电梯运行的特点，一定要做好日巡和半月、季度、半年、年度维护保养和年检工作，以便发现问题及时修复，保证电梯正常运行。

3. 必须加强对电梯操作人员、维修人员的管理

在电梯安全运行的诸多因素中，人的因素是最重要的。从事电梯维修保养的人员，必须参加由政府批准的培训部门的培训，经考核合格并取得合格证，才能上岗工作。同时，从事电梯维修保养的人员还应分期分批参加职业技能等的培训考核，通过培训学习掌握电梯的工作原理、各部件的构造、各种新技术及新知识，掌握各种操作要领，熟悉安全操作规程，迅速排除电梯故障。这是电梯安全运行十分重要的一项措施。

4. 完善对电梯技术档案的保管和管理

电梯技术档案既是厂家生产、安装电梯的凭证，又是电梯日后维修保养的依据，为电梯的安全运行提供了可靠的技术保证。电梯技术档案应包括以下资料。

（1）电梯原始技术资料

1）电梯设备概况。主要有电梯名称、规格型号、出厂编号、安装地点、安装单位、使用日期、资产原值、额定载荷、额定速度、驱动方式、曳引绳规格、曳引绳根数、曳引功率、轿厢规格、层站数、屏（柜）型号和出厂编号、限速器型号和参数、缓冲器型号等。

2）主要部件技术资料。曳引机：型号、出厂日期、制造厂名、出厂编号、外形尺寸、总重，曳引轮直径、槽数；曳引电动机：型号、出厂日期、制造厂名、出厂编号、转速、功率、额定电流、额定电压、接法；减速器：型号、速比、蜗轮齿数、蜗杆头数；制动器类型，联轴器类型，测速发电动机型号，门电动机的型号、规格等。

3）电梯安装维修技术资料。负责安装电梯的单位在工程竣工后必须向建设单位（用户）提交有关电梯的竣工资料，如机房井道图、装箱单、产品出厂合格证、电梯使用维护说明书、电气原理图及符号说明、电梯电气接线图、电梯安装、调试说明书、安装单位许可证（复印件）、自检记录、电梯安装质量核验单、竣工验收单等。

4）电梯改造技术资料。主要有电梯改造批准书、承担改造单位名称及许可证、改造图样、施工方案、改造的项目与技术要求和指标、改造过程中出现的问题及处理报告、改造完毕的试车结果、各种试验技术数据及安全装置情况、改造过程中的质量检查记录、改造工程竣工验收报告等。

5）由各地市一级质监局统一核发的电梯安全技术登记簿和电梯检验报告书、年检报告书、电梯使用登记证和安全使用合格证等。

（2）电梯日常维修保养技术资料　主要有电梯日常维修更换零部件情况，日常维修保养检修情况，电梯运行状况，电梯发生设备和人身事故的过程、分析及处理结果，电梯维修保养检查、评比记录等。

（3）电梯周期性检修技术资料　主要指电梯大、中修后的技术资料，如电梯大、中修批复文件，承修单位和许可证、合同书，预结算报告，修理工艺，修理项目，更换主要配件，修理过程质量检查记录，各种试验、指标性能记录，竣工验收报告等。

（4）其他资料   主要包括电梯维修人员的技术资质、培训记录、上岗证，以及上级有关部门对电梯的检查结果、评语等。

（5）安全管理制度   使用单位应建立岗位责任制为核心的电梯使用和运营安全管理制度，并严格执行。

安全管理制度至少包括以下内容：

1）相关人员职责。

2）安全操作规程。

3）日常检查制度。

4）维保制度。

5）定期报检制度。

6）电梯钥匙使用保管制度。

7）作业人员与相关运营服务人员的培训考核制度。

8）意外事件或者事故的应急救援预案与应急救援演习制度。

9）安全技术档案管理制度。

 学习单元 1-4   电梯安全操作规程

一、电梯司机的职责

1）电梯司机须经安全技术培训并考试合格，持有当地主管部门核发的"特种设备作业人员上岗证"方可上岗。

2）对工作认真负责，热情为乘客服务。

3）了解所驾驶电梯的原理、性能，掌握驾驶电梯和处理紧急情况的技能。

4）爱护电梯设备，制止任何危及电梯安全运行的行为。

5）当发生事故和故障时，司机必须立即停止电梯运行，切断电源，抢救伤员，保护现场并必须及时通知维修人员前来处理。

二、司机在电梯行驶前的准备工作

1）做好接班工作，认真阅读工作日志，了解上一班电梯的运行情况，做到心中有数。

2）在开启层门进入轿厢之前，必须注意轿厢是否停在该层井道内，然后进入轿厢，开启轿内照明。

3）司机在使用电梯前，应开门数次，检查自动开关门的机构及检查层门和自动门锁是否正常，检查操纵盘内的内选按钮、厅外召唤的信号灯或命令登记的执行是否正确，轿内的主要安全装置，如安全触板开关、停止开关、警铃开关等是否正常，检查电话及五方通信设备是否通畅。

4）电梯正常投入使用前，应先上、下运行电梯数次，观察选层、起动、换速、平层、消号、开关门速度及安全触板等有无异常现象和声响；检查各种指示灯、信号灯指示是否正确。

5）检查轿厢内消防器材是否完好适用。对上班次司机所做轿厢、层门及门踏板滑动槽内的清洁卫生工作进行检查。

三、司机在电梯正常行驶时的注意事项

1）司机在工作时间不准擅自离开岗位。如必须离开轿厢时，应把轿厢内电源开关关闭，并且关闭好层门，在该层层门前悬挂指示牌。

2）严禁电梯超载运行。

3）司机应站在操纵盘前用手操作电梯，禁止用身体或脚操作，更不可用竹竿或木条来代替操作。

4）禁止用牙签之类的物件塞住控制按钮操作电梯。

5）不允许乘客电梯经常作为载货电梯使用。

6）严禁装运易燃易爆的危险物品，如遇特殊情况，必须经有关部门批准，并采取安全保护措施方能运载。

7）严禁在层门、轿厢门开启的情况下用检修速度做正常行驶。

8）不允许开启轿厢顶安全窗、轿厢安全门来装运超长物件。

9）门区是电梯轿厢内危险的地方。在等候装载物或人员时，司机和其他人员不可站在轿厢和层门之间，应该在轿厢内或井道层门外面等候。

10）轿顶上部不得悬挂其他杂物，轿厢内不得悬吊物品。

11）严禁以手控制轿厢门、层门的启闭来起动或者停止电梯。

12）载荷重心应尽可能稳妥地放置在轿厢中间，以免在运行中倾倒。

13）对于用层门按钮操纵的电梯（包括杂物电梯）还应做到：

① 严禁载人。

② 严禁把头伸入井道内呼叫。

③ 严禁用层门停止开关或开启层门来争抢电梯。

四、司机在协助进行电梯维修保养工作时的注意事项

1）维修人员在轿厢顶进行维修时，司机应将轿厢内检修运行开关转换至检修状态。

2）司机要服从维修人员的指挥，并按维修人员的指令实行应答操作。

五、司机在电梯发生故障时的处理方法

当电梯发生如下故障时，司机应立即按下停止开关、警铃按钮，并及时通知安全管理人员和维修人员。

1）已经选好层（定好向），层门、轿厢门关闭后，电梯未能正常起动行驶。

2）需揿按起动按钮控制起动的电梯，当层门、轿厢门关闭后，在没有发出起动指令时，电梯自行起动。

3）运行速度有显著变化（设有特殊保护装置除外）。

4）行驶方向与指令方向相反。

5）内选、平层、召唤和指层信号失灵。

6）电梯在运行过程中有异常噪声、较大振动和较大冲击。

7）超越端站位置而继续运行。

8）电梯在正常条件下运行，限速器安全钳误动作。

9）发觉机房有漏油。

10）接触到任何金属部分有麻电现象。

11）发现电气部件过热或有异味。

12）层门关闭不严密，或能在厅外扒开层门。

13）电梯在运行过程中，在没有内选或外呼信号的层站，电梯能自动换速平层。

14）电梯在运行过程中急停。

15）到达预选层站时，平层不准（误差过大），或者停层后不能自动开门等。

六、司机在电梯停驶后的工作

1）当电梯每日工作完毕后停驶时，司机应将轿厢返回至基站。

2）在离开轿厢前，应检查轿厢内外情况，做好清洁工作后，将轿厢内照明灯关闭，并关闭电源。

3）离开轿厢时，应关闭电源，并将轿厢门和层门关闭。

4）轮班司机要建立交接班制度，当班司机要做好电梯运行交班记录及注意事项，并向当班司机交代清楚。

七、司机在电梯发生紧急事故时的处理方法

（1）电梯上、下行超速时 安全装置动作过程及保护方法如下。

1）电梯下行超速，轿厢速度达到限速器动作速度时，超速开关断开，切断控制回路使曳引机失电制动。如果制动器失灵，轿厢继续超速，速度达到限速器动作速度，限速器夹绳机构夹住保险绳，从而拉动安全钳联动机构，带动装在轿底的安全钳夹紧装置，把轿厢夹持在导轨上，制停电梯。

2）电梯超速上行，轿厢速度达到限速器超速开关动作速度时，超速开关动作，切断控制回路，曳引机失电制停。

3）如果电梯超速，而轿厢未超速，轿厢到达上端站或下端站时，电梯先后通过终端强迫换速开关、限位开关、极限开关、缓冲器等安全装置迫使轿厢减速后制停。

（2）发生触电事故时 处理方法如下。

1）当发生触电事故时，应迅速切断电源开关，当离电源开关较远不能立即断开时，应使用干燥的绝缘物品使触电者与电源分开，注意防止造成触电者二次创伤，并对触电者进行抢救。

2）如果触电者呼吸微弱且无心跳，应马上施行胸外心脏按压法抢救。对成年的触电者施行心脏按压法时，每分钟压 60 次为宜。

3）如果触电者出现昏迷，但仍有呼吸、心跳，应采取闻氨水、按人中穴的抢救措施。

4）如果触电者出现休克现象，应迅速进行人工呼吸法抢救。在进行口对口人工呼吸法抢救时，每分钟吹气次数 12 次为宜。

5）保护现场并做好标记。

（3）盘车及其操作步骤 电梯在行驶中途因停电或其他原因停在井道内不能开门出去的地方（困人）时，须盘车。盘车应到机房，由电梯维修人员操作。盘车应按以下步骤进行。

1）安抚乘客，等待救援。

2）必须先把机房内电梯的动力电源开关切断。

3）要确定轿厢位置和轿厢门、层门处于关闭状态。

4）必须二人配合操作。

5）盘车方法：用专用工具设法使抱闸张开，一人用手把持盘车轮盘车，将轿厢盘至离平层位置约300mm内，用专用钥匙打开层门放人。放人后要关闭层门。

（4）建筑物发生火灾时 处理方法如下。

1）关好轿厢门、层门，防止火势通过电梯井道向其他楼层蔓延。

2）将电梯开至离火灾现场较远的楼层，并指引乘客从消防通道迅速离去。

3）关闭轿厢内电源，将火警情况报告有关领导和部门，配合消防人员工作。

（5）当电梯电气设备发生火灾或水浸时 处理方法如下。

1）如遇到火灾，应立即将总电源切断。设备发生火灾时，要使用二氧化碳、四氯化碳或干粉灭火器等不导电灭火器材，灭火人员不可使身体以及手持的灭火工具触及导线和电气设备，以防触电。

2）设备或底坑水浸时，应切断总电源后再将水清除干净。

（6）电梯发生意外伤人事故时 电梯发生意外伤人事故时，电梯作业人员应立即停止电梯运行，尽快抢救受伤人员，并保护现场。当抢救伤员需要移动现场时，须记下现场情况并设标记，及时把事故报告给有关部门，听候处理，并采取有效的防护措施，防止事故再次发生。

（7）电梯轿厢正常装载的四个基本要求

1）禁止电梯超载运行。

2）不允许运载超长物件。

3）装载时，人或货物应在轿厢中间均匀分布。

4）装载时，人或货物不准靠层门。

（8）轿厢内最危险和最安全的位置

1）电梯轿厢的门区和轿厢顶是电梯最危险的地方，电梯的伤人事故大部分发生在这两个位置。司机应劝诫乘客不要长时间在层门、轿厢门之间站立，且当维修人员进入轿厢顶工作时，司机要按下急停开关，并应服从维修人员的指令，小心驾驶电梯。

2）轿厢内电梯司机站立操纵的位置因为可以控制电梯的运行和开关门、停止开关等电气安全保护装置，所以这个位置是最安全的。无论在什么情况下，司机必须严守工作岗位。

（9）禁止运载易燃易爆物品 电梯一般不允许装运易燃易爆的危险物品。如遇特殊情况要运载，则应遵守下列规则。

1）要经过有关安全保卫部门批准，专人押运。

2）一次运载量不可过多。

3）将易燃易爆的危险物品包装好并放在轿厢中间，防止电梯运行时倾斜、泄漏。

4）严禁火种。

5）采取必要的安全保护措施，如在轿厢内放置干粉灭火器。

6）禁止与乘客混载。

（10）电梯正常运行的两个基本条件

1）必须确定好电梯的运行方向，接通定向电路。

2）必须关闭好所有层门、轿厢门，接通门联锁电路。

（11）禁止强行接通门联锁电路使电梯运行　正常情况下，为保证乘客的安全，电梯必须在门全部闭合上锁后才能运行。其电气原理是将所有的层门、轿厢门的门联锁开关串联后与门联锁继电器线圈串联，当所有门关闭、门锁开关动作接通后，门联锁继电器才能吸合，控制回路才能工作，电梯才能正常运行。如果强行接通门联锁电路，将导致电梯层门、轿厢门打开运行，容易发生人身和机械事故。

（12）不能通过手动操纵层门、轿厢门关闭或开启来起动或停止电梯

1）电梯正常运行的基本条件之一就是要关闭好所有层门和轿厢门。如果人为地破坏电梯正常运行的基本条件去使电梯运行，电梯将难以控制且容易损坏，进而引发故障和事故。

2）门区是电梯最危险的地方之一，是事故的多发区。人如果站立门区附近操纵电梯运行，将不能保证自身的安全。

3）电梯运行时开启层门（或轿厢门），电梯未经减速即紧急制动，其产生的冲击载荷对乘客和电梯设备本身将极为不利。

（13）电梯出现失控时　当电梯出现失控时（如电梯出现行驶方向与指令方向相反，电梯超速运行而无法控制，电梯在层门、轿厢门开启的情况下快速运行等不正常现象，断开轿厢内停止开关而无法制停电梯），司机应坚守岗位，并劝告乘客保持镇静，切勿企图跳出轿厢，使电梯借助各种安全保护装置自动发挥作用，将轿厢制停。

（14）关闭好层门、轿厢门后无法正常运行　司机应按照以下步骤处理。

1）检查是否选中楼层。

2）检查电梯是否处于检修或急停状态。

3）检查电梯是否已经确定了运行方向。

4）重复开关几次电梯门，检查电梯自动门锁及轿厢门联锁开关的闭合情况。

5）通过以上操作电梯仍不能运行时，应按下停止按钮，并通知维修人员检修。

（15）电梯在运行途中突然停车　如果电梯突然停在非开门区域，应按下停止开关（按钮）切断电梯的控制电源，劝告乘客保持镇静，设法通知维修人员，将轿厢盘车移动至井道层门处，打开层门和轿厢门疏散乘客。

（16）电梯在运行中突然停电　这时设置于轿厢内的应急照明灯立即照亮轿厢，电梯司机先按下轿厢内停止按钮并告诉乘客不要慌乱，保持镇静。同时，积极设法与外界联系，通知维修人员前来救援。如果停电时间较长，维修人员到机房用手动盘车方法将轿厢移动至平层位置后，再安全可靠地疏散乘客。

（17）发生火灾、地震或电梯发生严重冲顶或蹲底事故　这种情况需要经过有关部门严格检查、修复、鉴定后才能再次使用电梯。

学习单元 1-5　电梯维保安全操作规程

一、电梯维保人员的职责

电梯维保人员是对电梯进行例行保养、迅速排除电梯故障、保证电梯安全运行、确保乘客安全的责任人。维保人员除了必须熟悉电梯的基本工作原理，熟悉各机件位置、结构

外，还必须掌握并严格执行电梯维保工作的安全操作规程，所以维保人员必须经过有关部门的安全技术培训，并经考试合格，持有国家统一核发的《特种设备作业人员证》，方可上岗工作。

二、维修保养开始前的安全准备工作

1）要建立、健全申报制度。如果是一般性的检修和保养，应向单位主管部门申报，经批准方可工作。如果属较大项目的维修，如更换电梯的电气控制系统、更换曳引机等，应先向地方质量监督部门申报，批准后方可施工。

2）设立检修负责人统一指挥工作。负责人应由持证的、有从事电梯维修工作经验的人担任。

3）禁止酒后作业。

4）禁止带无关人员进入机房和井道。

5）应熟悉并遵守电梯驾驶的安全操作规程。

6）熟悉并严格遵守电气安全工作规程和其他电气焊、起重吊装、喷灯使用、高空作业等安全操作规程。

7）应熟练掌握触电抢救方法及多种灭火器材的使用方法。

8）定期进行安全技术学习，提高业务水平。

9）进行作业时，应穿戴劳动保护用品（安全帽、工作服、绝缘鞋、高空作业绑扎安全带等）。

三、维修保养工作中的安全操作规程

1）对检修、保养的电梯，应在各楼层层门悬挂"检修停用"等告示牌，并在轿厢停靠楼层悬挂"轿厢在此"的告示牌。

2）几台电梯共用机房，要停电检修一台电梯时，须在该电梯的电源开关手把上悬挂"禁止合闸、有人工作"标示牌。

3）严禁在井道内上、下同时作业，井道内作业人员必须戴上安全帽。

4）需要长时间停在井道内进行操作时，机房至井道的所有孔洞应遮盖好，以免高空坠物造成人身事故。

5）对电梯进行维修检查、清洁保养工作时，应断开相应的停止开关。

① 在机房作业时，应把机房电源总开关或停止开关断开。

② 在轿厢顶作业时，应把轿厢顶停止开关断开。

③ 在轿厢内作业时，应把操纵盘上的停止开关或电源钥匙开关断开（若有）。

④ 在底坑作业时，应把底坑停止开关断开。

6）严禁维修人员从井道进身到轿厢内（或轿厢顶）操作，或者从轿厢顶探身到层门外取工具等。

7）在井道内作业时，严禁一脚踏在轿厢，另一脚在井道中的任何一固定点上操作。要特别注意轿厢和对重相会时的距离。

8）当电梯运行时，应禁止揩拭、润滑或维修机件（检修时例外，但要做好安全措施）。

9）需要在机房用控制柜（屏）控制电梯行驶时，必须在确定所有层门、轿厢门都关闭

好，并切断门电动机回路后方可进行。

10）在轿厢顶和底坑进行保养或检修时，如需开动电梯，应与司机应答好，并选好站立位置，不准倚靠护栏，身体任何部位不得超出轿厢顶投影之外。

11）严禁人为短接安全开关（如安全钳开关、门联锁开关等）起动电梯。

12）在机房内、井道内，严禁用汽油清洗机件。

13）检修用照明灯应为 36V 安全电压。

14）电梯电气维修人员在维修、保养工作中应注意掌握以下两条原则。

① 维修保养能在电梯停止运行状态进行的，决不在电梯运行中进行。

② 维修保养时，应断开相应停止开关，非必要决不带电进行检修。如必须带电作业时，应遵守带电作业有关规定，并设专人监护，做好安全防护措施。

15）进入轿厢顶工作要按以下次序进行：进入轿厢顶前应先按下停止开关，再打开照明灯，将轿顶检修开关扳至检修状态，然后才能进入轿厢顶，慢慢地关闭层门。严禁跳入轿厢。退出轿厢顶次序与此相反。

16）进入底坑，若底坑深度超过 1.5m，应使用梯子上下，禁止攀附电缆和井道其他部件上下。进入底坑的方法如下。

① 在基站层门口设置"电梯例行保养中，禁止进入"防护栏杆。

② 检修状态下运行电梯，使电梯运行至底坑的上一层，然后按下操纵箱内的停止开关。

③ 在最底层打开层门，使层门呈完全打开状态，并按下底层停止开关，然后才进入底坑。

④ 底坑有安装爬梯时，则利用底坑爬梯小心进入。

⑤ 打开底坑照明开关，按下底坑停止开关。

退出底坑的方法如下。

① 收拾工具，把工具等杂物放置在厅外。

② 恢复底坑停止开关，关闭底坑照明。

③ 利用爬梯或梯子退出底坑并恢复底层停止开关。

④ 关闭层门。

⑤ 将楼面清理干净，将基站的防护栏杆收起。

17）在井道内进行维修保养工作时禁止吸烟。

18）维修时，不得擅自改动电路，改动电路应由原生产厂家技术人员进行，改动后应有相应的技术资料存档，并符合国家安全技术标准。

19）检修未完、检修人员须暂时撤离现场时，应做到以下几点。

① 关闭所有层门。对于一时关不上层门的楼层，必须设置明显和可行的障碍物，在该层门口悬挂"危险""切勿靠近"等警示牌，并派人看守值班。

② 切断电梯总电源开关。

③ 关好电焊、风焊、烙铁等热源开关，消除一切火种。

20）维修保养工作结束后应做到以下几点。

① 清理现场。剩油、废油、揩油布严禁乱放、乱倒，必须带走另做处理，不得留在工作现场。

② 清点工具、材料，慎防工具等遗留在设备上。

③ 摘除告示牌。

④ 把所有开关恢复到原来正常工作位置。

⑤ 送电试运行，观察电梯运行情况，发现异常及时停梯再检查，切勿把未彻底排除故障的电梯交付使用。

⑥ 认真填写维修保养记录，并将发生故障的现象、原因，检查的经过、结果，维修保养内容，机件调整前后的参数进行详细的记录，见表 1-3 和表 1-4。

表 1-3　电梯故障记录表

电梯编号			司机	
故障发生日期	年　月　日　时　分			
故障情况：				
故障分析	技术性故障		记录人：	
	困人次数			
	非技术性呼救			
	修理时间			
	故障分析人			

表 1-4　电梯检查、维修过程记录表　　　　　日期：

电梯编号		检查人		维修人		审核人	
检查的情况：							
维修的过程和效果：							

四、救援乘客的方法及安全措施

电梯因故障或停电等原因造成困人时，首先要安慰被困乘客，使其保持镇定并耐心等待救援，切断电梯主电源防止电梯意外起动，确认轿厢所在位置，然后由持有《特种设备作业人员证》的人员根据具体情况按下述方法实施救援。

（1）就地开启　当电梯轿厢停在距某平层位置约 ±600mm 范围内时，维修人员可以在该层的层门外用专用钥匙打开层门、轿厢门，协助乘客撤离轿厢。撤离轿厢后应关闭层门。

（2）盘车（人为移动轿厢）　当电梯轿厢停在距某平层位置大于 ±600mm 时，维修人员应到机房盘车（按学习单元 1-4 中的盘车步骤进行），将轿厢盘至距平层约 300mm 内。

五、机房和井道的安全管理

1）电梯使用单位应严格执行 TSG 08—2017《特种设备使用管理规则》和 TGS T5002—2017《电梯维护保养规则》的各项规定。

2）机房和井道须保证没有雨水侵入，应没有其他排烟、排水、通风和供电等管道通过。

3）机房内应干燥，与水箱和烟道隔离，通风良好，并有充分的照明。

4）机房内应保持整洁，除检查维修所必需的工具、仪器和灭火器外，不应存放其他物品。

5）电梯长期不使用时，应将机房的主电源断开。

6）用微机控制的电梯机房，必须保持恒温、恒湿、除尘的环境。

7）井道内除规定的电梯设备外，不得存放杂物。

8）井道底坑要定期清扫。底坑不得积油、积水、积尘、堆放杂物。

模块 2　电梯电气系统的构成与原理

学习目标

1）了解电梯的电气系统和电气控制方式、电气控制系统的三种主要类型。

2）了解电梯电力拖动系统的类型；掌握交流双速拖动系统和 VVVF 拖动系统的原理。

3）掌握 XPM 型五门五站客货两用电梯电气控制电路的原理。

4）掌握自动扶梯的电气系统。

5）认识电梯的常用电器元件和自动扶梯安全保护电路的相关电器。

6）能够分析 XPM 型五门五站客货两用电梯电路的工作原理，并排除电路的简单故障。

学习单元 2-1　电梯的电气系统概述

一、电梯的电气控制方式

电梯电气控制系统的作用是：对电梯的运行过程实行操纵和控制，完成各种动作功能，使电梯安全运行。电梯的基本运行程序是：定向→关门→起动加速→稳速运行→制动减速→平层→停梯→开门。整个过程都要由电气控制系统完成。

电梯的电气控制方式是指对电梯的运行实行操纵的方式。操纵方式可分为手柄开关控制、按钮控制、信号控制、集选控制、向下集选控制、并联控制和梯群程序控制等。

1）手柄开关控制。由电梯司机操纵轿厢内的手柄开关，实现电梯运行的控制方式（现已淘汰）。

2）按钮控制。操纵层门外侧按钮或轿厢内按钮发出指令，使轿厢停靠的控制方式。按钮控制具有自动平层功能，是一种简单的自动控制方式，可分为轿厢外按钮控制和轿厢内按钮控制两种。

轿厢外按钮控制由安装在各楼层层门外的按钮箱（操纵箱）进行操纵。按钮箱装有各楼层按钮，操作者在任一楼层只要按下某楼层的按钮，关门后就能使电梯运行到指定楼层平层停梯。一般用于杂物电梯。

轿厢内按钮控制的操纵箱安装在轿厢内，由司机进行操纵。电梯只接收轿厢内按钮指令，层门处的召唤按钮只能点亮轿厢内操纵箱上的指示灯，发出召唤信号，不能截停和操纵电梯，采用这种控制方式的电梯一般为货梯。

3）信号控制。信号控制（XH）是将层站的召唤信号、轿厢内选层信号及各种专用信号加以综合分析判断后，由司机操纵电梯运行的控制方式。

　　信号控制方式除有一般的自动平层和自动开门功能外，尚具有轿厢内指令登记、层站召唤信号登记、顺向截梯和自动换向等功能。司机操作简单，只需将需要停站楼层按钮逐一按下，再按下关门按钮，门关好后电梯自动起动运行，并按预先登记的楼层逐一自动停靠，自动开门。当一个方向的预先登记指令完成后，电梯自动换向，执行另一个方向的预先登记指令。在运行中，电梯能被符合运行方向的层站召唤信号截停。采用这种控制方式的电梯通常为货梯、医院用的病床电梯以及速度超过 2.5m/s 的观光梯。

　　4）集选控制。集选控制方式（JX）是将层站召唤信号、轿厢内选层信号及各种专用信号加以综合分析判断后，自动控制电梯运行的无司机操纵方式。

　　这种控制方式是在信号控制方式的基础上发展起来的高度自动化控制方式。它与信号控制方式的主要区别在于能实现无司机操纵，除具有信号控制方式的功能外，还具有自动响应层站应召服务、自动掌握停站时间、自动关门、自动换向应答逆向层站召唤等功能。

　　乘客进入轿厢后，只需按下选层按钮，在预定停站时间到达时，电梯会自动关门、起动运行。运行中，电梯会逐一响应层站外召唤信号，顺向截梯停靠，保留逆向召唤信号。在完成全部顺向指令后，自动换向应答逆向召唤信号。当无任何指令信号时，电梯自动关门待机或自动返回基站闭门待机。当某一层站有召唤信号时，电梯立即自动起动应答前往。由于是无司机操纵，轿厢必须安装超载装置。

　　集选控制电梯一般设置有/无司机转换操纵的开关，有司机操纵时，即为信号控制方式。采用这种控制方式的常为宾馆、饭店、办公大楼使用的客梯。

　　5）向下集选控制。为了适应住宅楼宇的特点，集选控制又派生出向下集选控制方式（即向下集中控制），当有呼梯信号时，各层站的召唤盒只有轿厢向下运行才能顺向应答召唤停靠，称为向下集选控制方式。

　　因为只有电梯下行时才能被截停，乘客欲从某一层到上面楼层时，只有先截停向下运行的电梯，下到基层后才能再次乘梯去目的层站。电梯上行时不能截停，采用这种控制方式的常为住宅电梯。

　　6）并联控制。两台电梯并排排列，共用层站召唤信号，按规定顺序自动调度、确定运行状态的控制称为并联控制方式（BL）。

　　对于采用并联控制方式控制的电梯，当无人使用时，一台电梯停在基站，称为主梯，另一台电梯停在预先选定的层楼（一般为中间层楼），称为副梯。当主梯离开基站时，副梯即自动起动前往基站候命。当除基站外的其他楼层有呼梯信号时，副梯前往服务，并在运行中应答所有与其运行方向相同的呼梯信号，在副梯运行过程中，当出现与副梯运行方向相反的呼梯信号时，则主梯自动起动前往应答。先完成任务的电梯，自动返回基站待机。

　　7）梯群程序控制。对集中排列的多台电梯，共用层站召唤信号，按规定程序自动调度、确定其运行状态的控制方式，称为梯群程序控制方式。

　　电梯的梯群程序控制方式主要是根据客流情况，以轿厢负载、楼层呼梯信号、运行时间间隔等为依据，按预先确定的运行程序进行集中调度和控制。电梯在工作中根据客流情况自动选择或人工切换运行状态。

　　8）梯群智能控制。梯群智能控制方式是由计算机根据客流情况、负载情况、呼梯信号等，自动分拆、选择最佳运行控制方式。其特点是自动分配电梯运行时间，省电、省设备、省人力，是一种高度自动化的自适应控制方式。

二、电梯电气控制系统的类型

目前电梯电气控制系统主要有以下三种类型。

1. 继电器控制

继电器控制方式原理简明、线路直观、易于掌握。继电器通过触点断合进行逻辑判断和运算，进而控制电梯的运行。由于触点易受电弧损伤，寿命短，因而继电器控制电梯的故障率较高，具有维修工作量大、设备体积大、动作速度慢、控制功能少、接线复杂、能耗大等缺点。继电器控制的通用性与灵活性较差，对不同的层楼和不同的控制方式，其原理图、接线图等必须单独设计绘制；如果要改变电梯的控制功能，则必须重新设计和安装。

2. PLC 控制

PLC 控制具有以下主要特点。

（1）编程方便　PLC 虽然采用了计算机技术，但许多基本指令类似于逻辑代数的与、或、非运算，亦即继电器控制的触点串联、并联等。程序编写采用梯形图，梯形图与继电控制原理图相似，因而编程语言形象直观。

（2）抗干扰能力强，可靠性高　PLC 的结构采取了许多抗干扰措施，输入/输出模块均有光电耦合电路隔离，可在较恶劣的环境下工作。

（3）构成应用系统灵活简便　PLC 的 CPU、输入/输出模块和存储器组合为一体，根据控制要求可选择相应电路形式的输入/输出模块。用于电梯控制时，可将 PLC 看作内部由各种继电器及其触点、定时器、计数器等电器构成的控制装置。PLC 的输入可直接与交流、直流或无源触点等信号相接，输出可直接驱动交流、直流的负荷，无须再进行电平转换与光电隔离，因而可以方便地构成各种控制系统。

（4）安装维护方便　PLC 本身具有自诊断和故障报警功能。当输入/输出模块有故障时，可方便地更换单个插入模块。

由于具有上述特点，所以 PLC 适用于对安全性要求高，且以逻辑控制为主的电梯控制系统。PLC 控制功能虽然没有微机控制功能多、灵活性强，但它综合了继电器控制与微机控制的许多优点，使用简便，易于维护。

目前国内已有多种类型的 PLC 控制电梯产品，使用的 PLC 机型有三菱的 FX_{2N}、FX_{3U} 系列和 OMROM 的 C60P 等。

3. 微机控制

当代电梯技术发展的一个重要标志就是将微型计算机应用于电梯控制。现在国内外主要电梯产品均以微机控制电梯产品为主。微机应用于电梯控制的主要特点表现在以下几个方面。

1）微机用于召唤信号处理，完成各种逻辑判断和运算，取代继电器控制和机械结构复杂的选层器。层楼数据和运行控制程序存入存储器，对不同的层站和不同的控制要求，只需更换或改写程序和数据，以及增加相应的输入/输出接口硬件插板即可，从而提高了系统的适应能力，增强了控制柜（屏）的通用性和可靠性。

2）微机用于控制系统的调速装置用数字控制取代模拟控制，由存储器提供多条可选择的理想速度指令曲线，以适应不同的运行状态和控制要求。微机控制可实现调速系统大部分控制环节的功能，与模拟调速相比，微机控制可实现各种调速方案，便于提高运行性能与乘坐舒适感。

3）微机用于群梯控制管理，实行最优调配，可提高运行效率，缩短候梯时间，节约能源。

由此可见，由 PLC 或微机控制的电梯具有较大的灵活性，不同的控制方式可使用相同的硬件，只是软件不相同。只要把按钮、限位开关、光电开关、行程开关等电气元件作为输入信号，而把制动器、接触器等功率输出元件接到输出端，就基本完成了接线任务。当电梯的功能、层站数变化时，通常无须增减继电器和改动大量外部线路，一般可通过修改控制程序来实现。

20 世纪 80 年代以前，电梯基本采用继电器逻辑电路，它具有原理简明、直观、容易掌握的优点，虽然目前继电器控制系统已经被可靠性高、通用性强、故障率低的 PLC 及微机控制系统所取代，但作为初学者，学习继电器控制电路，有助于形成对电梯电气控制系统整体性、系统性与逻辑性的认识。

三、电梯电气系统的主要组成

从功能角度区分，电梯的电气系统包括电力拖动系统和电气控制系统。

从硬件角度区分，电梯电气系统主要由电源总开关、电气控制柜（屏）、轿厢操纵箱以及安装在电梯各部位的安全开关和电器组成；如果按照电路的功能区分，又可分为电源电路、安全保护电路、运行控制电路、开关门电路、呼梯及楼层显示电路和安全保护电路（装置）等。

1. 电源电路

电源电路的作用是将市电网电源（三相交流 380V，单相交流 220V）经断路器配送到主变压器、相序继电器、照明电路等，为电梯各电路提供合适的电源电压。

2. 安全保护电路

电梯安全保护电路的设置主要是考虑电梯在使用过程中，因某些部件质量问题、保养维修欠佳、使用不当，电梯在运行中可能出现的一些不安全因素，或者维修时要在相应的位置对维修人员采取确保安全的措施。如果该电路工作不正常，安全接触器便不能得电吸合，电梯则无法正常运行。

3. 运行控制电路

运行控制电路的作用是对电梯的运行过程实行操纵和控制，保证电梯正常与安全运行。电梯的运行过程通常是：选层（定向）→关门→起动加速→稳速运行→制动减速→平层停梯→开门。整个过程都由控制电路实现自动控制。

4. 开关门电路

开关门电路的作用是根据开门或关门的指令控制门电动机的正反转，从而使电梯在平层位置时实现电梯门的自动开和关。

为了保护乘客及运载物品的安全，电梯运行的必备条件是电梯的轿厢门和层门均锁好，门锁回路正常使门联锁接触器吸合，发出门已关好的信号。

5. 呼梯及楼层显示电路

呼梯及楼层显示电路的作用是将各处发出的召唤信号转送给微机主控制器，在微机主控制器发出控制信号的同时把电梯的运行方向和楼层位置通过楼层显示器显示出来。

6. 安全保护电路（装置）

安全保护电路（装置）包括供电系统断相，错相的相序保护装置，电气系统的短路和过载保护装置，电气设备的接地保护，以及各种起保护作用的电气开关（如急停按钮、层门开关、安全关门开关、超载开关、钢带轮的断带开关、消防开关等）。

学习单元 2-2 电梯常用电气元件

本单元主要介绍电梯电气系统中的主要电气装置与电气部件，特别是一些电梯专用的电气部件，其余通用的电气部件可参阅相关资料。

一、电气控制柜内的主要电气部件

电梯电气控制柜一般设置在机房内，无机房电梯的电气控制柜多数设置在顶层层门附近且嵌入墙内。电气控制柜的内部结构如图 2-1 所示，其主要的电气元件可见表 2-1（供参考）。

图 2-1 电气控制柜的内部结构

表 2-1 机房电气控制柜主要电气元件一览表

序号	名　　称	型号/规格	单位	数量	功　　能
1	配电箱总电源开关	AC 380V	个	1	电源隔离开关
2	断路器	AC 380V	个	1	控制主变压器输入电源
3	断路器	AC 220V，4A	个	1	控制开关电源输入及 201、202 输入端
4	断路器	AC 110V，3A	个	1	控制 AC 110V 桥式整流输入端电源
5	断路器	DC 110V，4A	个	1	控制 DC 110V 输出电源
6	相序继电器		个	1	断相、错相保护
7	变压器		个	1	控制系统电压分配及电源隔离
8	整流桥	AC 110V/DC 110V	个	1	将交流电转变为直流电
9	安全接触器		个	1	在电气控制上保障电梯安全运行
10	开关电源		个	1	向信号控制系统提供 DC 24V 电源
11	抱闸接触器		个	1	保证电梯安全运行、控制抱闸线圈工作状态
12	运行接触器		个	1	决定电梯曳引主机控制电路的工作状态
13	门锁继电器		个	1	确保电梯在所有的层门和轿厢门已关闭后才能安全运行

（续）

序号	名　称	型号/规格	单位	数量	功　能
14	主控制电路板		块	1	电梯信号控制系统主板
15	再平层控制板		块	1	再平层控制
16	门旁路控制板		块	1	门旁路控制
17	锁梯继电器		个	1	电梯停用时锁梯
18	检修转换开关		个	1	电梯运行状态转换
19	控制柜急停开关		个	1	安全保护
20	机房检修上行按钮		个	1	检修状态时点动上行
21	机房检修下行按钮		个	1	检修状态时点动下行
22	计数器				
23	制动电阻				
24	电阻				
25	机房电话机		个	1	与轿厢顶、底坑等通信联络
26	排风扇		个	1	控制柜散热

1. 电梯一体化控制器

电梯一体化控制器（主控电路板）是电梯自动控制的枢纽，将在学习单元 3-3 中详细介绍。

2. 变频器

变频器用于曳引电动机的调速控制，也将在学习单元 3-3 中详细介绍。

3. 低压断路器

低压断路器是集多种保护功能于一体的保护电器，在电路工作中常作为电源开关。当电路发生短路、过载和失电压等故障时，能自动跳闸切断故障电路，从而保护电路中的电气设备。

4. 电源变压器

电源变压器主要为控制电路、轿厢照明电路、信号及检修照明电路提供电源，电源变压器将 380V、220V 电压降到电路所需要的各电压值。

5. 相序继电器

相序继电器是防止三相电源错相、断相的一种继电器。所谓错相，是指电梯的三相交流电动机（曳引电动机）定子三相交流电源的相序变更，可能会引起电梯的冲顶、蹲底和超速运行故障。错相一般发生在电梯安装、大修或供电电源变动后。为防止错相，在电梯电源主电路设置相序继电器，一旦错相，相序继电器立即动作，自动切断主电路电源。

相序继电器按执行装置的不同，可以分为有触点相序继电器和无触点相序继电器两种。

（1）有触点相序继电器　有触点相序继电器使用电磁继电器或交流接触器作为其执行装置，利用电磁继电器或交流接触器的触点来分断相序错误的三相电源，如图 2-2a 所示。

（2）无触点相序继电器　无触点相序继电器采用固体继电器（晶闸管、IGBT、高压VMOS）作为其执行装置，使用电子元器件关断的方式来分断错误电源。它可实现自动相序识别、自动相序转换，保证电动机恒定相序转动，如图 2-2b 所示。

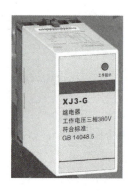

a) 有触点相序继电器   b) 无触点相序继电器

图 2-2 相序继电器

6. 接触器

接触器是一种利用电磁原理工作的控制电器，可远距离频繁地接通和断开交直流主电路及大容量控制电路，具有欠电压和失电压保护功能，其主要控制对象是电动机，也可用于控制其他负载。接触器可分为直流接触器和交流接触器两种。

7. 继电器

继电器是一种根据输入信号的变化来接通或分断小电流电路的控制电器。继电器的种类很多。

8. 制动电阻

制动电阻主要用于变频器控制电动机快速停车过程中，使电动机将所产生的再生电能转换为热能。电梯上使用的制动电阻如图 2-3 所示。

9. 开关电源

开关电源是控制开关管开通和关断的时间比来维持稳定输出电压的一种直流电源，并具备短路保护、过载保护和过电压保护功能。LRS-150-24 型开关电源如图 2-4 所示。该电源为电梯一体化控制板提供 24V 直流稳压电源。

图 2-3 电梯上使用的制动电阻

图 2-4 LRS-150-24 型开关电源

二、电气控制柜外的主要电气部件

1. 轿厢内控制屏

控制屏是操纵电梯运行的控制中心，通常安装在电梯轿厢门侧的轿壁上，外面仅露出控制屏面板，如图 2-5 所示。控制屏面板上装有根据电梯运行功能设置的按钮和开关，下面简单介绍普通客梯轿厢内控制屏上装有的按钮和开关及其主要功能。

（1）选层按钮　控制屏面板上装有与电梯停站层数相对应的选层按钮，通常按钮内装有指示灯，如图 2-6 所示。当按下代表所选楼层的按钮后，该指令被登记，相应的指示灯亮；当电梯到达所选的楼层时，相应的指令被消除，指示灯也就熄灭；未停靠在预选楼层时选层按钮内的指示灯仍然亮，直到完成指令之后才熄灭。

（2）召唤信号指示灯　在选层按钮旁边或在控制屏面板上方装有召唤信号指示灯。当有人按下层站召唤按钮时，相应召唤楼层指示灯亮或铃响，提示轿厢内司机。现在的电梯通常使用轿厢内选层指示灯同时作为召唤楼层指示，轿厢内选层时指示灯常亮，而层站召唤时指示灯闪烁。当电梯到达召唤楼层时，指示灯熄灭。

（3）开门与关门按钮　开、关门按钮用于控制电梯门的开启和关闭。

（4）上行与下行起动按钮　电梯在有司机操纵状态下，该按钮的作用是确定运行方向及起动运行。当司机按下要去楼层的选层按钮后，再按下所要去的方向（上行或下行）按钮，电梯轿厢就会关门并起动驶向要去的楼层。在检修运行方式下，也可操纵电梯以检修速度运行。

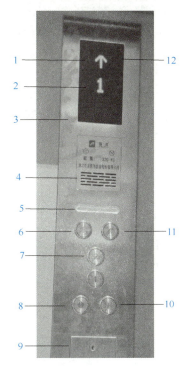

图 2-5　电梯轿厢内的控制屏

1—运行方向指示　2—楼层指示
3—轿厢内操纵箱　4—对讲机
5—应急照明　6—报警按钮
7—选层按钮　8—开门按钮
9—轿厢内检修盒　10—关门按钮
11—多方通话按钮　12—轿厢内显示屏

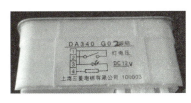

图 2-6　选层按钮

（5）方向指示灯　显示电梯的运行方向。

（6）报警按钮　当电梯在运行中突然发生故障停车，而电梯司机或乘客又无法从轿厢中出来时，可以按下该按钮，通知维修人员及时援救轿厢内的电梯司机及乘客。

（7）多方（三方或五方）通话按钮　电梯的三方通话即轿厢内、机房人员与值班人员互相通话；五方通话即轿厢内、机房人员、轿厢顶、井道底坑与值班人员互相通话。

（8）召唤蜂鸣器　电梯在有司机状态下，当有人按下层站召唤按钮时，控制屏面板上的蜂鸣器发出声音，提醒司机及时应答。

（9）轿厢内检修盒　检修盒在电梯轿厢内控制屏的下部（见图2-5），检修盒有专门的钥匙，平常是锁上的，只有管理维护人员或电梯司机在对电梯进行检修维护时才能打开。检修盒内有各种功能开关，且多采用船形开关，如图2-7所示。

1）轿厢照明开关：用于控制轿厢内的照明设施。其电源不受电梯动力电源的控制，当电梯故障或检修停电时，轿厢内仍有正常照明。

2）风扇开关：控制轿厢通风设备的开关。

3）运行方式开关：电梯的主要运行方式有自动（无司机）运行方式、手动（有司机）操纵运行方式、检修运行方式及消防运行方式。检修盒内面板上装有用于选择控制电梯运行方式的开关（或钥匙开关），可分别选择自动、有司机操纵（直驶）、检修运行方式（供电梯检修时使用）。

4）急停按钮：断开控制电路使轿厢停止运行的按钮。当出现紧急状态时按下停止按钮，电梯立即停止运行。急停按钮一般是红色，可以是船形开关（见图2-7），也可能是圆形按钮，如图2-8所示，按下圆形急停按钮时电梯停止，恢复电梯运行时顺时针方向旋转圆形急停按钮即可。

a）外部

b）内部

图 2-7　轿厢内检修盒

（10）层楼指示器　电梯层楼指示器用于指示电梯轿厢目前所在的位置及运行方向。电梯层楼指示器通常有电梯上、下运行方向指示灯和层楼指示灯，以及到站钟等。

层楼指示器有如下几种。

1）信号灯。一般在继电器控制系统中使用，在层楼指示器上装有和电梯运行层楼相对应的信号灯，每个信号灯外都采用数字表示。当电梯轿厢运行到达某层时，该层的层楼指示灯就亮，指示轿厢当前的位置，离开该层时，相应的指示灯就灭。上、下行方向指示灯则

图 2-8　圆形急停按钮

通常用"▲"（表示上行）和"▼"（表示下行）来指示。

2）数码管。一般在微机或PLC控制的电梯上使用，层楼指示器上有译码器和驱动电路，显示轿厢到达层楼位置。有的电梯还配有语音提示（语音报站、到站钟）。

3）液晶显示屏。较新的电梯通常采用液晶显示屏，除显示层楼与运行方向信号外，还可以显示其他信息（如广告等），如图2-9所示。

图 2-9　液晶显示屏

2. 呼梯盒

呼梯盒是设置在层站门一侧召唤轿厢停靠在呼梯层站的装置，如图2-10所示。在下端站只装一个上行呼梯按钮，上端站只装一个下行呼梯按钮，其余的层站根据电梯功能，装有上呼和下呼两个按钮，各按钮内均装有指示灯。当按下向上或向下按钮时，相应的呼梯指示灯立即亮。当电梯到达某一层站时，该层顺向呼梯指示灯熄灭。

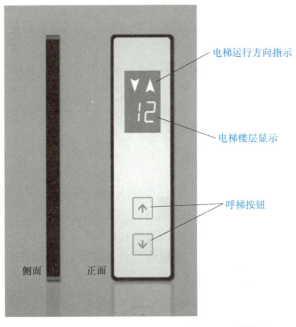
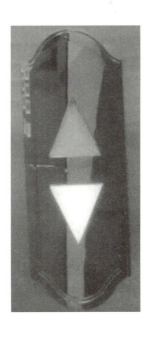

电梯运行方向指示

电梯楼层显示

呼梯按钮

侧面　　正面

图 2-10　呼梯盒

另外，在基站层门外的外呼盒上方设置消防开关，消防开关接通时电梯进入消防运行状态，如有泊梯功能则基站外呼盒上设置钥匙泊梯开关。

3. 平层装置

（1）平层装置的结构　所谓平层，就是在平层区域内使轿厢地坎平面与层门地坎平面达到同一平面的运动。平层装置包括装在轿厢顶部的两个或三个平层感应器（两个为上、下平层感应器；如有三个，则中间的是开门区域感应器），以及装在井道导轨支架上的隔磁板（或遮光板，下同），如图 2-11 所示。当感应器进入隔磁板时，给出电梯轿厢在井道位置的信号，由主板采集，以控制电梯的起动、加速、额定速度运行、减速和平层停车开门的信号。

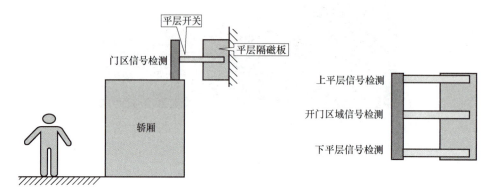

图 2-11　平层装置安装位置示意图

（2）平层过程　下面以上平层为例说明装有三个平层感应器的平层过程。

1）当电梯轿厢上行接近预选的层站时，电梯运行速度由快速减为慢速继续上行，装在轿厢顶上的上平层感应器先进入隔磁板，此时电梯仍继续慢速上行。

2）接着开门区域感应器进入隔磁板，使开门区域感应器动作，开门继电器吸合，轿厢门、层门打开。

3）此时轿厢仍然继续慢速上行，当隔磁板插入下平层感应器，轿厢平层停在预选层站。

4）如果电梯轿厢因某种原因超越平层位置时，上平层感应器离开了隔磁板，则可通过电路控制使电梯下行再平层，最后回到准确的平层位置停止。

（3）平层感应器的类型与原理　平层感应器以前多使用永磁感应器，现在多使用光电感应器取代永磁感应器。两种平层感应器介绍如下。

1）永磁感应器。永磁感应器即干簧管感应器，由 U 形永久磁钢、干簧管、盒体组成，如图 2-12a 所示。其原理是：由 U 形永久磁钢产生磁场作用于干簧管，使干簧管内的触点动作，其动合触点闭合、动断触点断开，干簧管内部结构如图 2-12b 所示；当隔磁板插入 U 形永久磁钢与干簧管中间的空隙时，由于干簧管失磁，其触点复位（即动合触点断开、动断触点闭合）；当隔磁板离开感应器后，干簧管内的触点复位。

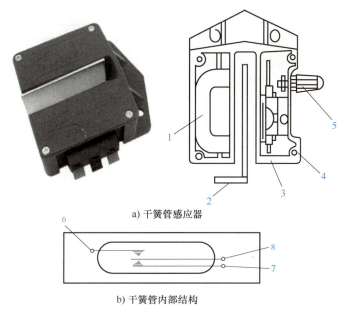

a) 干簧管感应器

b) 干簧管内部结构

图 2-12 永磁感应器结构

1—U 形永久磁钢 2—隔磁板 3—干簧管 4—盒体
5—接线端 6—动合触点 7—动断触点 8—切换触点

2）光电感应器。现在电梯更多使用光电感应器。光电感应器的作用与永磁感应器相同，如图 2-13 所示，光电感应器的发射器和接收器分别位于 U 形槽的两边，当遮光板插入 U 形槽中时，因光线被遮住而使触点动作。光电感应器较永磁感应器工作更可靠，适用于高速电梯。

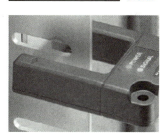

图 2-13 光电感应器

4. 选层器

（1）选层器的功能　选层器是一种机械或电气驱动的装置。用于实现以下全部或者部分功能：确定运行方向、加速、减速、平层、停止、取消呼梯信号、门操作、位置显示和层门指示灯控制。选层器的主要功能如下。

1）根据（电梯轿厢内、外的）选层信号及轿厢当前所在位置确定电梯的运行方向。

2）当电梯将要到达所需停站的楼层时，发出换速信号使其减速。

3）当平层停车后，消去已应答的呼梯信号，并指示轿厢位置。

（2）选层器的类型与原理　常用的选层器有机械式、继电器式和微机（电子）式三种，其中，前两种已随着电梯控制电路的发展逐步被淘汰。如今电梯的选层器已采用数字式选层器——旋转编码器。

旋转编码器是一种将旋转位移转换成一串数字脉冲信号的旋转式传感器，这些脉冲能用来控制角位移，如果旋转编码器与齿轮条或螺旋丝杠结合在一起，也可用于测量直线位移，如图 2-14 所示。

图 2-14　旋转编码器

　　旋转编码器产生的电信号由电梯的控制系统处理。在编码器中，角位移的转换采用光电扫描原理。读数系统是基于径向分度盘的旋转，分度盘由交替的透光窗口和不透光窗口构成。此系统全部用一个红外光源垂直照射，这样光就把分度盘上的图像投射到接收器表面，该接收器覆盖着一层光栅，称为准直仪，它具有和分度盘相同的窗口。接收器的工作是感受分度盘转动所产生的光变化，然后将光变化转换成相应的电变化。一般地，旋转编码器也能得到一个速度信号，这个信号反馈给变频器，从而调节变频器的输出数据。

　　编码器有增量式与绝对式两种类型，其主要区别在于：增量式编码器的位置是由从零位标记开始计算的脉冲数量确定的，而绝对式编码器的位置是由输出代码的读数确定的。在一圈中，绝对式编码器每个位置的输出代码读数是唯一的；当电源断开时，绝对式编码器并不与实际的位置分离。如果电源再次接通，那么位置读数仍是当前有效；不像增量编码器那样，必须去寻找零位标记。绝对式编码器的每一个位置对应一个确定的数字码，因此其指示值只与测量的起始和终止位置有关，而与测量的中间过程无关。

　　增量式编码器如图 2-15 所示。它主要包括码盘、敏感元件和计数电路，一般需要两套敏感元件，一套用于检测方向，另一套用于检测转角。一个中心有轴的光电码盘，其上有环形通、暗的刻线，由光电发射器件和接收器件读取，获得 4 组正弦波信号，组合成 A、B、C、D，每个正弦波相差 90° 相位差（相对于一个周波为 360°），将 C、D 信号反向，叠加在A、B 两相上，可增强稳定信号；另外，每转输出一个 Z 相脉冲以代表零位参考位。由于 A、B 两相相差 90°，可通过比较 A 相在前还是 B 相在前，来判别编码器的正转与反转，通过零位脉冲可获得编码器的零位参考位。

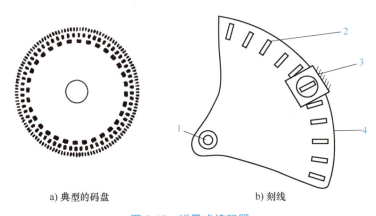

a) 典型的码盘　　　　　　　　b) 刻线

图 2-15　增量式编码器

1—轴　2—等距区段　3—读取器件　4—码盘

　　绝对式编码器如图 2-16 所示。通过读取头的排列及在码盘或码带上的多轨道图案，可以产生指示位置的数字编码。常用的线性编码有二进制码、格雷（Gray）码和 BCD 码等，非线性编码有正弦、余弦、正切等。

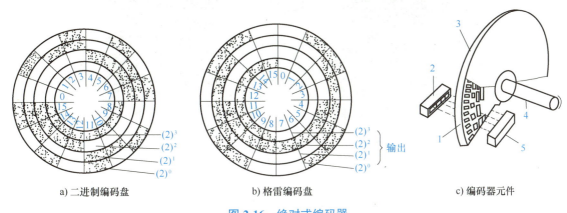

图 2-16　绝对式编码器

1—读出行　2—光电传感器　3—码盘　4—旋转轴　5—光源

　　绝对式编码器码盘上有许多道刻线，每道刻线依次以 2 线、4 线、8 线、16 线、…编排，这样在编码器的每一个位置，通过读取每道刻线的通、暗，获得一组 $2^0 \sim 2^{n-1}$ 的唯一的二进制编码（格雷码），称为 n 位绝对式编码器。绝对式编码器由机械位置决定每个位置的唯一性，它不受停电、干扰的影响，无须记忆，无须找参考位，而且不用一直计数，需要确定位置时就去读取其位置，从而大大提高了编码器的抗干扰性和数据的可靠性。

　　目前在电梯上使用的编码器主要是增量式编码器，它与变频器或其他调速器配合使用，为调速系统或控制系统提供速度、位置信息，一般须加分频器进行脉冲当量变换。编码器安装时，要与曳引电动机同轴连接，对电动机进行测速及反馈。目前变频门系统的门电动机也装有编码器，作为开关门速度、开度的反馈元件。

　　5. 轿厢顶检修装置

　　轿厢顶检修装置设置在轿厢顶部，供电梯检修人员检修时使用。装置内设有检修开关、停止按钮以及慢上、慢下按钮。轿厢顶检修装置内还装有电源插座、照明灯及其他开关等。轿厢顶检修开关优先权最高。有的电梯在机房、轿厢内、底坑同样设有检修盒，如图 2-17 所示。

　　6. 端站停止开关

　　端站停止开关是当轿厢超越了端站后，强迫其停止的保护开关。为防止电梯超越行程位置发生冲顶、蹲底，在井道的上、下两端都安装了强迫缓速开关、限位开关和极限开关，如图 2-18 所示。

　　（1）强迫缓速开关　当电梯运行到最高层或最低层应减速的位置而没有减速时，装在轿厢边的上、下开关碰铁首先碰到上缓速开关或下缓速开关并使其动作，强迫轿厢减速运行到平层位置。

　　（2）限位开关　当轿厢超越应平层的位置 50mm 时，轿厢打板使上限位开关或下限位开关动作，切断电源，使电梯停止运行（此时可以用检修开关点动电梯慢速反向运行退出行程极限位置）。

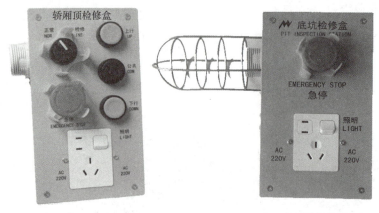

a) 轿厢顶检修盒   b) 底坑检修盒

图 2-17   电梯检修盒

（3）极限开关   当以上两个开关均不起作用时，则作为终端保护的最后一道防线，轿厢上的打板最终会碰到上、下极限开关的碰轮使终端极限开关动作，切断电源使电梯停止，防止轿厢冲顶或蹲底。

7. 其他外围设备

此外，电梯还有一些专用的电器（如各种专用的开关）。

（1）检修开关   如图 2-19a 所示，检修开关用于电梯正常工作与检修状态之间的切换，当检修开关置于"正常"位置时，电梯正常运行；当检修开关置于"检修"位置时，电梯不响应内呼和外选指令，只能以检修速度慢行。

（2）各类行程开关   行程开关通常用于限制机械运动的位置或行程，使运动机械按一定位置或行程自动停止、反向运动、变速运动或自动往返运动等。行程开关在电梯中主要用作上、下限位开关（滚轮式），缓冲器、安全钳开关，盘车轮安全开关，限速器电气开关（直动式）等，它们虽然外观不一样，但是内部结构基本相同，如图 2-19b~e 所示。

（3）各类门开关

1）轿厢门关门到位开关和轿厢门门锁开关。轿厢门由门电动机带动，轿厢门关闭，压到关门到位开关时，关门到位开关闭合，将"门已完全关闭可以继续运行"的信息传递给控制部分。而轿厢门门锁开关则是当层门与轿厢门关闭后锁紧，轿厢门门锁开关与层门门锁开关接通控制电路后电梯方可运行的机电联锁安全装置，如图 2-19f 所示。

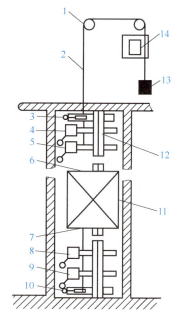

图 2-18   端站停止开关

1—滑轮 2—钢丝绳 3—上极限开关
4—上限位开关 5—上强迫缓速开关
6—上开关打板 7—下开关打板
8—下强迫缓速开关 9—下限位开关
10—下极限开关 11—轿厢 12—导轨
13—张紧配重 14—终端极限开关

a) 检修开关

b) 上、下限位开关

c) 缓冲器、安全钳开关

d) 盘车轮安全开关

e) 限速器电气开关

f) 轿厢门门锁开关

图 2-19 电梯各类专用开关

g) 层门门锁开关

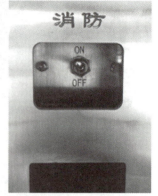
h) 消防开关

图 2-19 电梯各类专用开关（续）

2）层门门锁开关。如图 2-19g 所示，与轿厢门门锁相似，层门门锁开关由电气和机械两部分组成。机械部分主要用于防止人员在层门外扒开层门造成事故。而电气部分主要实现门锁电路的控制，电梯层门上一般有两个检测开关，一个是带锁钩的主锁，另一个是采用行程开关的副门锁，用于检测层门的到位情况。两个开关串联，当层门关好后两个开关应处于接通状态。

（4）消防开关 消防开关是发生火警时可供消防人员将电梯转入消防状态使用的电气装置，一般设置在基站。在基站呼梯按钮上方装有消防开关，如图 2-19h 所示，该开关用透明的玻璃板封闭，开关附近注有相应的操作说明。一旦发生火灾，可用硬器敲碎玻璃面板，按下消防开关。

需要说明的是，不同电梯上装备的电器会有所不同，以上介绍的各种电器装置在同一台电梯上不一定会全部装备。

学习单元 2-3　电梯的电力拖动系统

一、电梯电力拖动系统的类型

电力拖动系统是电梯的动力源，其组成与分类如下。

$$
电力拖动系统
\begin{cases}
轿厢运动的电力拖动系统
\begin{cases}
曳引电动机 \\
供电系统 \\
速度反馈装置 \\
电动机调速装置
\end{cases} \\
电梯门开关运动的电力拖动系统
\end{cases}
$$

如按照曳引电动机是采用直流或交流电动机，又可分为直流拖动系统和交流拖动系统。

$$
曳引电动机拖动系统
\begin{cases}
直流拖动系统
\begin{cases}
单相励磁、发电机组供电的直流电动机拖动 \\
三相励磁、发电机组供电的直流电动机拖动 \\
晶闸管供电的直流电动机拖动 \\
斩波控制的直流电动机拖动
\end{cases} \\
交流拖动系统
\begin{cases}
双速交流异步电动机变极调速拖动 \\
交流调压—能耗制动的交流异步电动机拖动 \\
交流调压—涡流制动的交流异步电动机拖动 \\
交流调压—反接制动的交流异步电动机拖动 \\
变压变频（VVVF）交流异步电动机拖动 \\
永磁同步电动机变频拖动 \\
直线电动机拖动
\end{cases}
\end{cases}
$$

在上述各种拖动系统的类型中，发电机组供电的直流电动机拖动系统由于能耗大、技术落后，已不再生产；20 世纪 60 年代后期生产的双速交流异步电动机变极调速拖动系统也已不再生产，但在额定运行速度 ≤ 0.63m/s 的低层站、大载重量货梯仍有使用；而 20 世纪七八十年代出现的变压变频（VVVF）交流异步电动机拖动系统，以其优异的性能和逐步降低的价格已成为大部分新装电梯的首选拖动方式；永磁同步电动机近年来开始在快速、高速无齿电梯中应用，是目前最有发展前途的拖动方式；对于目前不断发展的超高层建筑，由于电梯中心区的面积占建筑总水平投影面积的比例将会超过 50%，采用直线电动机驱动的无曳引绳电梯将能够改变这种状况，因此有预言直线电动机拖动系统将是未来电梯的发展方向。

二、电梯的运行速度曲线

1. 电梯的运行性能

电梯的运行性能主要包括安全性、可靠性、高效性和舒适性。

1）安全性是指电梯产品安全稳定运行的能力，电梯的其他性能均以安全性为前提展开。

2）可靠性是指电梯产品在规定时间内保持规定功能的概率。

3）高效性是指电梯产品在 5min 高峰期内的运输能力。

4）舒适性是指人们乘坐电梯时的内心感觉。研究表明，人们对电梯开关门间隔时间最短要求为 30s，到达目的地最长心理承受时间为 90s，因此，可通过加速度、减速度的运用和气压装置的调整满足人们乘坐电梯时的舒适性要求。

2. 电梯的运行性能分析

电梯作为一种现代交通工具，快速性是一个很重要的指标，特别是处在快节奏的现代城市生活中，节省时间对于乘客尤其必要。但电梯的快速性又与乘坐的舒适性形成了矛盾。如何在快速性与舒适性之间取得一个平衡点，就需要从电梯的运行速度曲线进行分析。

（1）实现电梯快速性的方法　电梯的快速性主要通过以下方法实现。

1）提高电梯的运行速度。提高电梯的额定速度，将有效缩短运行时间。现代电梯的额定运行速度在不断提高，最高的已达到 21m/s。但是在提高电梯额定速度的同时，对电梯运行的安全性、可靠性也将提出更高的要求，因此电梯的造价也随之升高。

2）集中布置多台电梯，通过增加电梯台数来增加客流量，以减少乘客候梯时间。

3）尽可能减少电梯起、停过程中的加速、减速时间。电梯是一个频繁起、制动的设备，其加速、减速所用时间往往占运行时间很大比重（如电梯单层运行时，几乎全处在加、减速运行中）。如果加、减速阶段所用时间缩短，便可以为乘客节省时间，达到快速性要求，因此电梯在起、制动阶段不能太慢。在上述三种方法中，前两种需要增加设备投资（而且电梯的数量也不能无限制地增加），第三种方法通常不需要增加设备投资，因此在电梯设计时，应尽量减少起、制动时间。GB/T 10058—2009《电梯技术条件》规定：当乘客电梯额定速度为 1.0m/s$<v\leqslant$2.0m/s 时，按 GB/T 24474—2009《电梯乘运质量测量》测量，加、减速度不应小于 0.50m/s^2；当乘客电梯额定速度为 2.0m/s$<v\leqslant$6.0m/s 时，加、减速度不应小于 0.70m/s^2。

但是，起、制动时间的缩短意味着加、减速度的增大，而加、减速度的过分增大和不合理的变化将造成乘客的不适感。因此形成了电梯快速性与舒适性的矛盾。

（2）对电梯的舒适性要求

1）由加速度引起的不适。人在加速上升或减速下降时，加速度引起的惯性力叠加重力，使人产生超重感，器官承受更大的重力；而在加速下降或减速上升时，加速度产生的惯性力抵消了部分重力，使人产生失重感，感到不适，头晕目眩。根据人体生理上对加、减速度的承受能力，GB/T 10058—2009《电梯技术条件》规定："乘客电梯起动加速度和制动减速度最大值均应不大于 1.5m/s^2。"

2）由加速度变化率引起的不适。实验证明，人体不但对加速度敏感，而且对加加速度（即加速度变化率）也很敏感，当加加速度较大时，人的大脑感到晕眩、痛苦，其影响比加速度的影响还严重。

（3）电梯的理想速度曲线　当轿厢静止或匀速升降时，轿厢的加速度、加加速度都是零，乘客不会感到不适；而在轿厢由静止起动到以额定速度运行的加速过程中，或由匀速运行状态制动到静止状态的减速过程中，就要兼顾快速性与舒适性两方面的要求，即在加、减速过程中既不能过猛，也不能过缓：过猛时，快速性好了，舒适性变差；过缓时，则反之。因此，有必要设计电梯运行的速度曲线，兼顾快速性与舒适性两方面的要求，科学、合理地解决两者之间的矛盾。图 2-20 所示为电梯理想的速

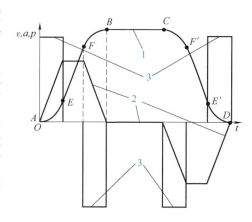

图 2-20　电梯理想的速度、加速度、
加加速度曲线

1—速度曲线　2—加速度曲线　3—加加速度曲线

度、加速度和加加速度曲线，由速度曲线 1 可见，曲线分为三段：曲线的 *AEFB* 段是由静止起动到匀速运行的加速段，*BC* 段是匀速运行段（额定速度），*CF'E'D* 段是由匀速运行制动到静止的减速段，通常是一条与加速段对称的曲线。

由加速度曲线 2 可见，在电梯起动和制停时，其加速度的变化率出现了跳变，影响了电梯运行的舒适性。曲线 2、3 读者可自行分析。

图 2-21 为在图 2-20 曲线基础上实际应用的两种电梯速度曲线，其中，图 2-21a 为交流双速电梯的速度曲线，通常采用开环控制，为了提高平层准确度，在停车前有一段低速运行阶段。这种速度曲线停车所用时间较长，舒适感较差。图 2-21b 为高速梯的速度曲线，由于额定速度较高，在单层运行时，梯速尚未加速到额定速度便要减速停车，这时的速度曲线没有恒速运行段。在高速电梯中运行距离较短（如单层、二层、三层等）的情况下，都有尚未达到额定速度便要减速停车的问题，因此这种电梯的速度曲线中有单层运行、双层运行、三层运行等多种速度曲线。

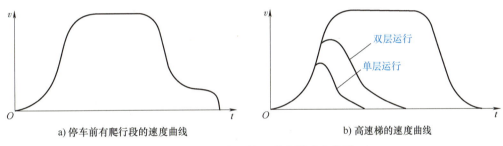

a) 停车前有爬行段的速度曲线　　　　　　　b) 高速梯的速度曲线

图 2-21　实际应用的两种电梯速度曲线

现将电梯理想的运行速度曲线特点归纳如下。

1）为了获得好的舒适感，电梯速度曲线在转弯处必须圆滑过渡，加、减速度最大值均应不大于 1.5m/s^2。

2）为了提高电梯的快速性、缩短运行时间，电梯在起、制动阶段不能太慢，加、减速度不能太小，不能小于 0.5m/s^2。

3）为了实现预定的速度曲线，调速电梯在加、减速阶段需采用速度闭环控制，不允许出现超调和振荡。

三、交流双速拖动系统

1. 交流异步电动机变极调速的基本原理

由三相异步电动机的转速

$$n=n_0\left(1-s\right)=\frac{60f_1}{p}\left(1-s\right) \tag{2-1}$$

可见，三相异步电动机的调速方法不外乎以下三种：一是改变异步电动机定子绕组磁极对数 p 的变极调速；二是改变异步电动机转差率 s 的调速，三是改变电源频率 f_1 的变频调速。

由式（2-1）可见，在电源频率 f_1 一定的前提下，电动机的同步转速 n_0 与磁极对数 p 成反比。当磁极对数 p 改变时，电动机的同步转速 n_0 将成倍地变化，从而使电动机的转速 n 也近似成倍地变化。因此，专门制造了变极调速的双速（或三速）异步电动机。如电梯专用的

YTD 系列双速笼型异步电动机，有高、低速两套绕组，一般为 4/16 极或 6/24 极，后者的高速绕组为 6 极电动机（$p=3$，$n_0=1000$r/min），低速绕组为 24 极电动机（$p=12$，$n_0=250$r/min）。

2. 电路原理

曳引电动机主电路如图 2-22 所示（见图 2-33 图区 1~5）。图中，M1 为曳引电动机，采用电梯专用的 YTD 系列双速笼型异步电动机，由接触器 KM1、KM2 控制其正、反转。由 KM3 接通高速绕组，由 KM4 接通低速绕组。起动时，电动机的高速绕组串入阻抗 $R1$、$L1$ 减压起动，由时间继电器 KT1 控制 KM5 一次短接 $R1$、$L1$。在停层前，先由高速转为低速，电梯慢速运行，作为运行与停靠之间的缓冲，提高平层的准确性和乘坐的舒适感。换速时，电动机处于再生发电制动状态，并串入阻抗 $R2$、$L2$ 限制制动电流，分别由时间继电器 KT2~KT4 控制 KM6~KM8 分三级短接 $R2$、$L2$（见图 2-33 图区 7~14、42~46）。

QS1 为电源总开关；QS2 为极限开关，在电梯超越行程的极限位置时切断电源。FU1 作为全电路的短路保护。FR1 和 FR2 分别作为 M1 高、低速运行的过载保护。

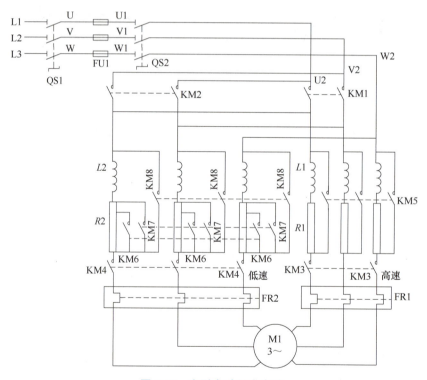

图 2-22　曳引电动机主电路

图 2-23 为曳引电动机的机械特性曲线，下面结合图 2-23 分析曳引电动机的起动和停机过程。

（1）起动过程　电梯起动时，上行接触器 KM1（或下行接触器 KM2，现以上行为例）与高速接触器 KM3 吸合，使电动机的高速绕组（$p=3$，$n_0=1000$r/min）串入阻抗 $R1$、$L1$ 减压起动，电动机起动转矩 $T_a>T_d$，电动机沿图 2-23 中机械特性曲线 1 的 a 点起动加速到 b 点后，高速加速接触器 KM5 吸合，短接阻抗 $R1$、$L1$，电动机在全电压下从曲线 1 的 b 点转到高速绕组的固有特性曲线 2 的 c 点，继续加速到额定转矩 T_d 对应的 d 点，电梯进入稳速运行，完成了电动机的起动和加速过程。

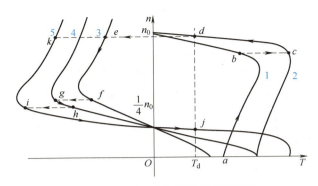

图 2-23　曳引电动机的机械特性曲线
1—高速绕组串入阻抗的机械特性（人为特性）
2—高速绕组的固有机械特性
3—低速绕组串入阻抗的机械特性（人为特性）
4—低速绕组短接部分阻抗的机械特性（人为特性）
5—低速绕组的固有机械特性　T_d—恒转矩负载

通常电动机起动电流最大约为额定电流的 4 倍，串入电抗后，起动电流可减少为额定电流的 2 倍，从而可减小起动的冲击电流，改善了电梯舒适感。

（2）停机过程　电梯运行到达所选层站进行平层之前，先由高速转换成低速，减速时，高速接触器 KM3 释放，低速接触器 KM4 吸合，电动机由高速绕组切换到低速绕组（$p=12$，$n_0=250$r/min），因惯性，电动机瞬间仍保持 d 点的转速，此时电动机处于发电制动状态。如果不串入阻抗，将直接过渡到曲线 5 的 k 点（第Ⅱ象限），其制动转矩可达额定转矩的数倍，将使轿厢急剧减速而产生较大的冲击力；在串入阻抗 R2、L2 后，将由图 2-23 中曲线 2 的 d 点转到曲线 3 的 e 点上，可见，制动转矩大大降低，此时电动机运行于发电制动状态；在制动转矩的作用下，电动机沿曲线 3 由 e 点减速运行至 f 点；此时换速接触器 KM6 和换速接触器 KM7 吸合，短接了大部分阻抗，电动机由曲线 3 的 f 点转至曲线 4 的 g 点；当继续减速运行至 h 点时，换速接触器 KM8 吸合，将阻抗 R2、L2 全部短接，电动机的低速绕组直接（全电压）接到电源上，由曲线 4 的 h 点转至低速绕组的固有特性曲线 5 的 i 点上，使电动机转速沿着曲线 5 下降到 $n_0/4$ 点，再进一步减速运行至第Ⅰ象限的 j 点，电动机的电磁转矩与负载的静态转矩相平衡，$T_j=T_d$，电梯进入低速运行阶段，直至平层停梯。

从电动机的加、减速过程可见，当电动机的转矩大于负载转矩，加速度为正，转速上升；当电动机转矩小于负载转矩，加速度为负，转速降低；如果电动机转矩等于负载转矩，加速度为零，转速不变、电动机稳速运行。从图 2-24 所示交流双速电动机速度曲线可以看出，交流双速电动机有两个速度运行阶段，一个是高速运行阶段，一个是低速运行阶段。因此，双速电梯的起动加速过程和换速减速过程的速度变化不是圆滑的，是有"台阶"的。而且这种拖动系统没有速度反馈环节，舒适感较差，所以现在仅适用于速度不大于 1.0m/s 的货梯。

四、交流调压调速（ACVV）拖动系统

1. 调压调速

异步电动机在一定条件下，电动机的电磁转矩 T 与加在定子绕组上的电压 U_1 的二次方

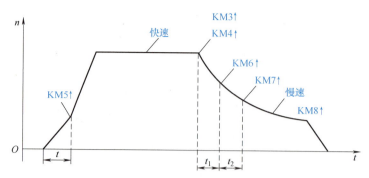

图 2-24　交流双速电动机速度曲线

成正比，即 $T \propto U_1^2$。所以可采用调节电动机定子电压来调节电动机的转速，但由于电动机的工作电压不能超过其额定电压，所以只能在额定电压以下降压降速。而且为了获得较大的调速范围，通常要求调速的电动机具有较软的机械特性。如图 2-25 所示，改变定子电压可以得到一组曲线，电梯起动时，定子电压由 u_5 逐步提升至 u_1，电动机的工作点由图中的 a 点变化到 j 点。

　　由于调速电梯采用了机械特性较软的电动机，转速 n 受负载变化影响较大，为了获得稳定的运行速度，调压调速系统一般引入速度负反馈组成闭环控制系统，其原理框图如图 2-26 所示。

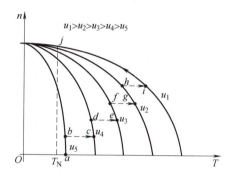

图 2-25　调压调速电动机的机械特性

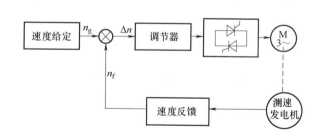

图 2-26　速度闭环控制系统框图

2. 交流调压调速电梯主电路

　　交流调压调速电梯主电路如图 2-27 所示。比照图 2-22 可知，交流调压调速电梯采用反并联晶闸管或双向晶闸管模块，取代起动电阻或电抗来控制起动过程；减速时，在低速绕组通入可控直流电流进行能耗制动，并采用闭环控制，便可实现速度的连续调节，有效满足改善舒适感和平层准确度的要求。

　　在图 2-27 所示电路中，M 为 4/16 极双速电动机，KMS 和 KMX 为电动机的正、反转接触器，晶闸管 VTH1~VTH6 用于调节电动机的电压，晶闸管 VTH7、VTH8 和二极管 VD1、VD2 组成单相半控桥式整流电路，为电动机的低速绕组提供能耗制动。BR 为测速发电机，通过图 2-26 所示的闭环系统实现对电动机转速进行调节。

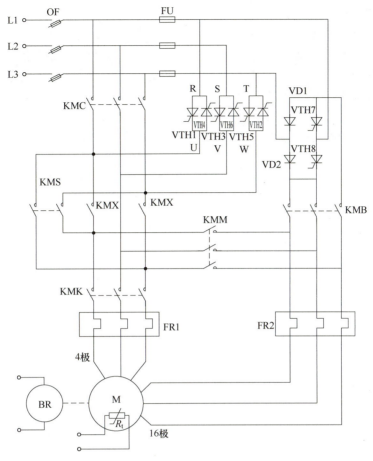

图 2-27　交流调压调速电梯主电路

五、交流变压变频调速（VVVF）拖动系统

1. 变频调速的基本原理

由式（2-1）可知，电动机的转速 n 与电源频率 f_1 成正比。当转差率 s 变化不大时，若能均匀、连续不断地改变频率 f_1，则可连续平滑地改变电动机的转速 n。电动机的电磁转矩 T 的计算公式为

$$T = K_T \Phi I_2 \cos\varphi_2 \tag{2-2}$$

式中，K_T 为转矩常数；$I_2 \cos\varphi_2$ 为电动机转子电流的有功分量；Φ 为电动机定子旋转磁场（每极）的磁通。

由式（2-2）可见，电动机产生的电磁转矩 T 与 Φ 成正比。

$$\Phi = K_1 \frac{U_1}{f_1} \tag{2-3}$$

可见，电动机的磁通 Φ 与电源频率 f_1 成反比。若电压 U_1 不变，当频率 f_1 增加时，磁通 Φ 就会减小，电动机的转矩 T 也将减小。而电梯属于恒转矩负载，按电梯的使用要求，在调速时须保持电动机的最大转矩不变，这就会使电动机定子电流 i_1 大大增加，导致电动机发热，

甚至有可能烧毁电动机。

为了维持磁通 Φ 不变，就必须在改变频率 f_1 的同时，相应改变电动机的输入电压 U_1，并使 U_1/f_1 保持为一常数，确保磁通 Φ 保持不变。为此，要求电动机的变频装置应具有能同时改变供电频率和电压的功能，这就是通常所说的变压变频（VVVF）调速。

2. 变压变频调速系统的分类

1）按有无直流环节分类，有交 - 直 - 交变频和交 - 交变频调速系统。

图 2-28a 所示为交 - 直 - 交变频调速系统，图中晶闸管 VTH1~VTH6 用于调压，将工频交流电整流成直流电；然后再由晶闸管或大功率晶体管 VTH7~VTH12 调频，将直流电压逆变成交流电压。

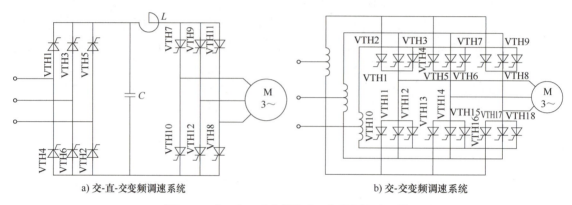

a) 交-直-交变频调速系统　　　　　　　　b) 交-交变频调速系统

图 2-28　交 - 直 - 交变频和交 - 交变频调速系统

图 2-28b 为交 - 交变频调速系统。图中没有直流环节，通过对晶闸管 VTH1~VTH18 的控制，直接将工频交流电转换成可变频率的交流电。由于交 - 交变频的输出频率只能在比输入频率低得多的范围内改变，适用于低转速、大转矩场合，在电梯中基本不采用交 - 交变频方式。

2）按直流环节的特点分类，可分为电压型变频器和电流型变频器。

图 2-28a 的交 - 直 - 交变频调速系统电路中，若直流环节的电容器 C 的容量较大，而电感器 L 的电感量很小（或根本没有），那么直流侧的电压将不能突变，这种变频器称为电压型变频器。反之，如果电容较小，而电感器较大，那么直流侧的电流就不能突变，这种变频器称为电流型变频器。

3）按改善输出电压电流波形的方法分类，可分为采用多重化技术和采用脉冲宽度调制两种。

多重化技术是采用两组或两组以上的变频器给一台电动机供电，使电动机的电压电流波形得到改善。

脉冲宽度调制（Pulse Width Modulation，PWM）是中、小容量变频器改善波形常用的方法。

4）按逆变器所用的开关元件分类。

开关元件的主要性能指标有耐压能力，工作电流、最高工作频率及可控性等。

目前变频器所用的开关元件主要有晶闸管（SCR）、门极关断（GTO）晶闸管；双极型晶体管（BJT，又称电力晶体管，GTR）、绝缘栅双极晶体管（IGBT）等。因此，按开关元件来划分，则分别有门极关断晶闸管变频器、电力晶体管变频器、绝缘栅双极晶体管变频器。

IGBT 的栅极具有 MOS 结构，驱动功率小，控制电路简单，工作频率比 GTR 高一个数量级，可以制成性能优良的正弦波 PWM 变频器，有逐步取代 GTR 变频器的趋势。

3. VVVF 调速系统

VVVF 调速系统如图 2-29 所示。由图可见，无论是低速还是中、高速电梯，其基本共用环节主要由晶体管逆变器、基极驱动电路、PWM 控制电路、拖动系统主机、速度反馈用光电编码器和电流反馈用电流互感器组成。低速电梯采用二极管整流器和再生电路，再生电路作为曳引电动机再生制动时的能量消耗。而在中、高速电梯中，由于整流器采用晶闸管，电梯再生能量可通过晶闸管反馈到电网，所以不需要再生电路。

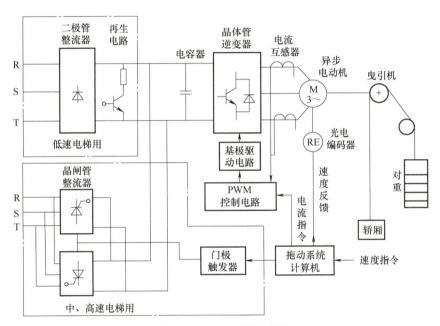

图 2-29　VVVF 调速系统

电梯变频器通常采用交 - 直 - 交形式。三相交流电经二极管整流模块（或晶闸管整流模块）组成的整流器变成直流电，经高电压大容量的电解电容器进行滤波后成为平滑的直流电，然后通过大功率晶体管模块（GTR）组成的逆变器将直流电变换为频率不同、电压可变的三相交流电，驱动变频电动机实现变压变频无级调速。

为了提高系统的控制精度，拖动系统通常采用 16 位或 32 位微机控制，根据速度指令信号和速度反馈信号，经运算后产生电流指令信号去控制 PWM 电路。PWM 电路将电流指令信号和电动机实际电流反馈信号比较后形成 PWM 控制信号，此信号经基极驱动电路放大后控制逆变器中功率晶体管的导通和截止，使逆变器输出变压变频的正弦交流电源。

图 2-30 为广州电梯工业公司近年引进日立电梯技术生产的微机控制 YPVF 型变频调速电梯拖动系统结构图。主电路由二极管整流器和晶体管逆变器组成，主机采用 8 位微机实现运行控制，副机采用 16 位微机实现速度控制。此外，该系统还引入连续负荷补偿装置，负荷信号由装在轿厢底的负载检出差动变压作为起动补偿用。

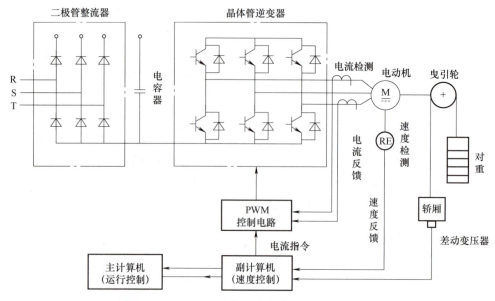

图 2-30　YPVF 型变频调速电梯拖动系统结构图

六、永磁同步电动机拖动方式

永磁同步电动机转子没有励磁绕组，因此节省了励磁供电电路，省去了同步电动机的电刷集电环装置，使电动机结构紧凑、体积减小、省电、高效。由于永磁同步电动机具有结构简单紧凑、节能环保、效率高、安全性好、可靠性高等优点，所以在电梯领域得到广泛应用。近年来，采用永磁同步无齿轮曳引机的 VVVF 电梯已占到国内市场 90% 以上的份额。

1. 永磁同步电动机主电路

永磁同步电动机的主电路就是对定子三相绕组供电的电路，有两种形式，如图 2-31 所示。

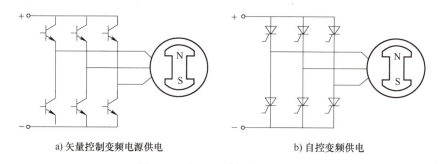

a) 矢量控制变频电源供电　　　　　　　　b) 自控变频供电

图 2-31　永磁同步电动机主电路

图 2-31a 为采用大功率晶体管（GTR 或 IGBT）组成变频器给电动机供电的主电路，为了提高系统的性能，通常采用矢量控制方式进行控制。

图 2-31b 为采用晶闸管组成变频器给同步电动机供电的主电路，这种供电方式通常采用自控变频方式进行控制。控制系统不断检测转子位置，在自然换流点之前触发需要导通的晶闸管，实现晶闸管间的换流。这样就不需要设置晶闸管的关断电路，控制电路结构简单。在自控方式下，同步电动机不会失步，工作比较可靠，相当于直流电动机供电，因此把这样的

系统称为无换向器（直流）电动机，多用于大功率场合。

2. 无齿轮永磁同步电动机拖动系统

无齿轮永磁同步电动机拖动系统原理图如图 2-32 所示，与异步电动机变频调速系统相比，其控制系统需要有精确的转子位置检测装置和电压电流检测装置，以便随时确定磁场的大小和方向。转子位置的精确控制是永磁同步无齿轮曳引技术的关键技术之一，它将直接关系到电梯起动、制动的舒适性和平层准确度。

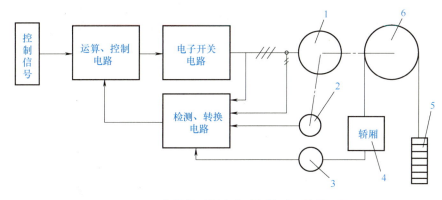

图 2-32　无齿轮永磁同步电动机拖动系统原理图
1—无齿轮永磁同步电动机　2—转子位置传感器　3—轿厢负载检测传感器　4—轿厢　5—对重　6—曳引轮

永磁同步电动机转子位置检测通常采用旋转编码器。旋转编码器的优点是检测位置准确、操作简单，但容易受电磁场（波）干扰。

轿厢负载检测在无齿轮曳引驱动中尤为重要，因系统对电动机的起动转矩要求更高。有齿轮曳引系统的减速机构有较大的传动比，一些低速电梯的蜗轮蜗杆副还具有自锁功能，采用具有线性变化规律的轿厢负载检测传感器来预先测量并计算，可解决开闸瞬间由于不同负载引起轿厢起动过慢（倒溜）或起动过猛的问题。系统可预先测量计算并给出恰当方向和大小的转矩，使系统运行全过程由被动控制变为主动控制。

轿厢负载检测传感器有位置型、压力型等多种形式。输出有开关量、模拟（电压）和频率等。

将上述反馈信号与给定控制信号进行比较、运算，按预定的控制方式加以控制，便可以得到优于其他驱动系统的性能。

 # 学习单元 2-4　电梯的电气控制电路

如上所述，如今电梯的继电器控制系统已基本被 PLC 控制系统和微机控制系统取代，仅在一些尚未被淘汰的货梯或客货两用梯中使用。由于继电器控制系统原理简明易懂、电路直观、易于掌握，学习继电器控制电路有助于理解电梯自动控制的基本原理，了解各控制环节之间的逻辑关系，所以本单元仍以交流双速电梯的继电器控制系统为例，介绍电梯控制的基本原理。

图 2-33 为 XPM 型五门五站客货两用电梯的电气控制电路。"XPM"的含义：X 表示选层

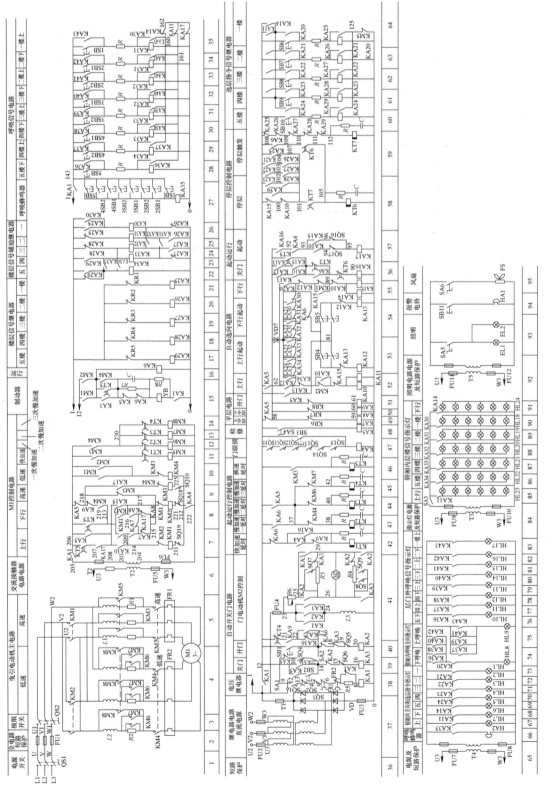

图 2-33 XPM 型五门互站客货两用电梯的电气控制电路

按钮控制；P 表示自动平层；M 表示自动门。所谓五层五站，是指楼层有五层，每层只有一个层门，即单面开门。该电梯对自动控制最基本的要求有三条。

1）能按照目的楼层自动选择运行方向。

2）到达目的楼层能自动停层。

3）停层后能自动平层并自动开门。

电梯的自动控制过程如图 2-34 所示。

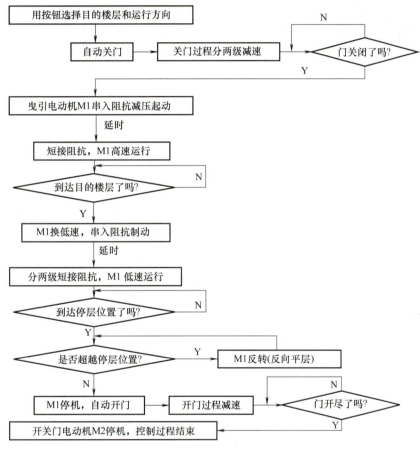

图 2-34　电梯的自动控制过程

一、各部分电路

全电路的电气原理图如图 2-33 所示，主要电气元器件明细见表 2-2。为分析方便，下面将全电路按功能分为 13 个部分，并分别介绍电路的构成和功能。

1. 曳引电动机主电路

曳引电动机主电路可见图 2-22 和图 2-33 图区 1~5，其原理和工作过程已在学习单元 2-3 中有过详细介绍。

表 2-2　XPM 型五门五站客货两用电梯电气元器件明细

符号	名　称	用　途	符号	名　称	用　途	符号	名　称	用　途
M1	曳引电动机	电梯运行动力	KA7	上平层继电器	由永磁感应器发出上、下平层及进入开门区域的控制信号	KA26	二楼楼层信号继电器	发出楼层信号（无自锁）
M2	开关门电动机	自动门动力	KA8	下平层继电器		KA27	三楼楼层信号继电器	
FR1	热继电器	M1 高速过载保护	KA9	开门区域继电器		KA28	四楼楼层信号继电器	
FR2	热继电器	M1 低速过载保护	KA10	上行继电器	电梯上行控制	KA29	五楼楼层信号继电器	
KM1	上行接触器	M1 正转（上行）	KA11	上行辅助继电器		KA30	一楼楼层信号辅助继电器	登记楼层信号（有自锁）
KM2	下行接触器	M1 反转（下行）	KA12	上行起动继电器	发出上、下行起动控制信号并自动关门	KA31	二楼楼层信号辅助继电器	
KM3	高速接触器	M1 高速运行	KA13	下行起动继电器		KA32	三楼楼层信号辅助继电器	
KM4	低速接触器	M1 低速运行	KA14	下行辅助继电器	电梯下行控制	KA33	四楼楼层信号辅助继电器	
KM5	高速加速接触器	M1 快加速一次短接阻抗	KA15	下行继电器		KA34	五楼楼层信号辅助继电器	
KM6	换速接触器（一）	M1 高低速转换短接阻抗 第一级	KA16	关门控制继电器	自动关门控制	KA35	蜂鸣器继电器	发出呼唤音响
KM7	换速接触器（二）	第二级	KA17	起动继电器	电梯起动控制	KA36	五楼下呼唤继电器	登记上、下呼唤（电梯的）信号
KM8	换速接触器（三）	第三级	KA20	一楼选层指令继电器	登记选层信号	KA37	四楼上呼唤继电器	
KA1	电压继电器	欠电压保护	KA21	二楼选层指令继电器		KA38	四楼下呼唤继电器	
KA2	开门继电器	M2 正转（开门）	KA22	三楼选层指令继电器		KA39	三楼上呼唤继电器	
KA3	关门继电器	M2 反转（关门）	KA23	四楼选层指令继电器		KA40	三楼下呼唤继电器	
KA4	门联锁继电器	门联锁控制	KA24	五楼选层指令继电器		KA41	二楼上呼唤继电器	
KA5	检修继电器	检修运行控制	KA25	一楼楼层信号继电器	发出楼层信号（无自锁）	KA42	二楼下呼唤继电器	
KA6	运行继电器	电梯运行控制				KA43	一楼上呼唤继电器	

(续)

符号	名　称	用　途	符号	名　称	用　途	符号	名　称	用　途
1SB	一楼上呼唤按钮	发出上呼唤（电梯的）信号	SQ7	开门变速行程开关	开门2/3行程减速控制	SB6	一楼选层指令按钮	在轿厢内操纵屏上，用于发出选层指令信号
2SB2	二楼上呼唤按钮		SQ8	关门变速行程开关	关门2/3行程减速	SB7	二楼选层指令按钮	
3SB2	三楼上呼唤按钮		SQ9		关门3/4行程减速	SB8	三楼选层指令按钮	
4SB2	四楼上呼唤按钮		SQ10	轿厢门联锁行程开关	门联锁控制	SB9	四楼选层指令按钮	
2SB1	二楼下呼唤按钮	发出下呼唤（电梯的）信号	SQ11	一楼门联锁行程开关		SB10	五楼选层指令按钮	
3SB1	三楼下呼唤按钮		SQ12	二楼门联锁行程开关		SB11	报警按钮	轿厢内报警信号
4SB1	四楼下呼唤按钮		SQ13	三楼门联锁行程开关		R1	电阻器	M1起动控制用
5SB	五楼下呼唤按钮		SQ14	四楼门联锁行程开关		R2	电阻器	M1换速控制用
YB	曳引电动机M1直流制动器	M1机械制动	SQ15	五楼门联锁行程开关		R3	电阻器	M2开门变速及制动
SA1	轿厢内操纵屏钥匙开关		SQ16	下行减速行程开关	行程越位强迫减速	R4	电阻器	M2开门变速及制动
SA2	基站层门外呼唤箱钥匙开关		SQ17	上行减速行程开关		R5	电阻器	KA1串联电阻
SA3	指示灯开关	轿厢内指示灯	SQ18	下行限位行程开关	行程终端限位保护	R6	可变电阻器	M2串联电阻
SA4	检修开关	检修运行控制	SQ19	上行限位行程开关		R7	电阻器	YB串联电阻
SA5	照明灯开关	轿厢内照明灯和电风扇开关	SB1	开门按钮开关	在轿厢内操纵屏上，用于发出开关门、应急和上、下起动控制信号	R8	电阻器	YB并联电阻
SA6	风扇开关		SB2	关门按钮开关		L1	电抗器	M1起动控制用
SQ1	安全窗开关	限速保护	SB3	应急按钮开关		L2	电抗器	M1换速控制用
SQ2	安全钳开关		SB4	上行起动按钮		L3	线圈	M2的励磁线圈
SQ3	限速器开关		SB4	上行起动按钮		L3	线圈	M2的励磁线圈
SQ4	基站行程开关	基站层门开关门控制	SB5	下行起动按钮		FS	风扇	轿厢内通风设备
SQ5	开门行程开关	门开尽						
SQ6	关门行程开关	控制门关闭						

（续）

符号	名　称	用　途	符号	名　称	用　途	符号	名　称	用　途
T1	三相变相器	控制电路变压器	HL6	下行指示灯	轿厢内选向指令指示灯	EL1	照明灯	轿厢内照明设备
T2	控制变压器	接触器电源变压器	HL7	上行指示灯		EL2		
T3	信号指示灯电源变压器	提供信号指示灯及呼唤蜂鸣器电源	HL8	下行呼唤指示灯	轿厢内呼唤方向指示	KR1	一楼楼层信号感应器	发出轿厢所在楼层和平层位置信号
T4			HL9	上行呼唤指示灯		KR2	二楼楼层信号感应器	
T5	照明变压器	提供照明及风扇电源	HL10	五楼下呼唤指示灯	层站上、下呼唤指令指示	KR3	三楼楼层信号感应器	
KT1	M1 起动加速时间继电器		HL11	四楼上呼唤指示灯		KR4	四楼楼层信号感应器	
KT2	M1 换速第一级时间继电器		HL12	四楼下呼唤指示灯		KR5	五楼楼层信号感应器	
KT3	M1 换速第二级时间继电器		HL13	三楼上呼唤指示灯		KR6	上平层信号感应器	
KT4	M1 换速第三级时间继电器		HL14	三楼下呼唤指示灯		KR7	下平层信号感应器	
KT5	制动控制时间继电器		HL15	二楼上呼唤指示灯		KR8	开门区域信号感应器	
KT6	停层控制时间继电器		HL16	二楼下呼唤指示灯		FU1	熔断器	全电路短路保护
KT7	停层触发时间继电器		HL17	一楼上呼唤指示灯		FU2	熔断器	控制电路短路保护
HA1	报警电铃	发出报警信号	HL18	一楼楼层信号指示灯		FU3	熔断器	直流电路短路保护
HA2	呼唤（电梯）蜂鸣器	发出呼唤音响信号	HL19	二楼楼层信号指示灯	指示电梯运行位置	FU4	熔断器	M2 短路保护
HL1	一楼选层指令指示灯	轿厢内选层指令指示	HL20	三楼楼层信号指示灯		FU5	熔断器	接触器电源变压器 T2 的一、二次侧短路保护
HL2	二楼选层指令指示灯		HL21	四楼楼层信号指示灯		FU6	熔断器	
HL3	三楼选层指令指示灯		HL22	五楼楼层信号指示灯		FU7	熔断器	指示灯变压器 T4 的一、二次侧短路保护
HL4	四楼选层指令指示灯		HL23	上行指示灯	指示电梯运行方向	FU8	熔断器	
HL5	五楼选层指令指示灯		HL24	下行指示灯		FU9	熔断器	指示灯变压器 T3 的一、二次侧短路保护
						FU10	熔断器	

（续）

符号	名　　称	用　　途	符号	名　　称	用　　途	符号	名　　称	用　　途
FU11	熔断器	照明变压器 T5 的一、二次侧短路保护	VC	整流器	提供直流电源	QS2	极限开关	行程极限保护
FU12	熔断器		QS1	电源开关	电源引入开关			

2. 曳引电动机控制电路

曳引电动机控制电路位于图 2-33 中的图区 7~14。由控制曳引电动机 M1 的 8 个交流接触器 KM1~KM8 的线圈电路组成。

3. 安全保护电路

安全保护电路位于图 2-33 中的图区 38，是 KA1 的线圈支路。KA1 是电压继电器，本身具有欠电压保护作用，而且在其支路中串接了电梯的各种保护开关和电器的触点，包括热继电器 FR1、FR2 的动断触点，安全窗开关 SQ1 的动合触点、安全钳开关 SQ2 和限速器开关 SQ3 的动断触点。由控制电路可见，KA1 的动合触点串联在各电路的输入端（205-206、1-12、1-143），只要 KA1 的支路断开→KA1 复位→动合触点断开→各继电器、接触器电路均断电，从而起到保护的作用，KA1 支路各触点的作用将在后面的电路的安全保护环节中详细介绍。

4. 自动开关门电路

自动开关门电路位于图 2-33 中的图区 39~41。M2 为开关门动力的直流电动机，工作电压为直流 110V，由三相整流变压器 T1 降压、三相桥式整流器 VD 整流提供，同时，它也是所有继电器的工作电源。L3 是 M2 的励磁线圈。KA2 与 KA3 是开关门继电器，控制 M2 的正、反转来实现门的开关。R3 是开门变速电阻，当电梯门开至 2/3 行程时由行程开关 SQ7 将其短接；R4 是关门变速电阻，当门关至 2/3 和 3/4 行程时由 SQ8、SQ9 分两级短接。

5. 轿厢内选层指令信号电路

XPM 型电梯根据操纵者在轿厢内发出的选层指令信号选择上、下行方向，轿厢内选层指令信号电路在图 2-33 中的图区 60~64，SB6~SB10 是轿厢内操纵屏上 1~5 楼的选层指令按钮，当操纵者按下代表目的层站的指令按钮后，选层指令信号由相应的选层指令继电器 KA20~KA24 登记。选层指令信号的消除采用短接 KA20~KA24 线圈的方法，由图 2-33 可见，KA20~KA24 的线圈分别并联了对应楼层的楼层信号继电器 KA25~KA29 的动合触点，当轿厢在该层停靠时，M1 换成低速，KM5 断电，KM5 的辅助动断触点（0-125）闭合，使该层的选层信号继电器线圈被短接，其自锁触点断开。为防止线圈被短接时造成电源短路，在各支路中串联了电阻。

6. 楼层信号电路

楼层信号电路位于图 2-33 中的图区 17~26，由 1~5 楼的楼层信号继电器 KA25~KA29 和楼层信号辅助继电器 KA30~KA34 组成。当电梯轿厢停在某层时，装在轿厢顶部的停层隔磁板插入该层的停层感应器（KR1~KR5）之中，使干簧管继电器的触点动作，对应的楼层信号和楼层信号辅助继电器接通。如电梯停在三楼，则三楼停层感应器 KR3 的动断触点闭合，三楼楼层信号继电器 KA27 通电，并由 KA27 的动合触点接通三楼楼层信号辅助继电器 KA32。楼层信号辅助继电器与楼层信号继电器的区别是后者没有自锁，当轿厢离开该层（如三楼）时即断电复位；而前者有自锁，要到轿厢离开该层并到达下一层（如二楼或四楼）时，才由下一层的楼层信号继电器的动断触点断电复位。

7. 电梯自动选向电路

自动选向电路用于实现"能按照目的楼层自动选择运行方向"的控制要求，电路位于图 2-33 中的图区 52~55，KA10、KA11 和 KA14、KA15 分别为上行（上行辅助）和下行（下行辅助）继电器，SB4、SB5 和 KA12、KA13 分别为上、下行起动按钮和继电器。

电梯只有上、下两个运行方向，而选择运行方向的依据也只有两个：一是当前要去哪一层，二是电梯轿厢当前在哪一层。为便于解释该电路自动选择运行方向的原理，现将其单独画出，如图 2-35 所示（为使电路原理更为清晰，将部分电器或电器的触点省略）。可见，在 KA10、KA11（上行）和 KA14、KA15（下行）两条支路中，接有代表选层信号的 KA20~KA24（一~五楼选层信号继电器）动合触点，以及代表轿厢所在楼层信号的 KA30~KA34（一~五楼楼层信号辅助继电器）的动断触点。假设轿厢现在停在三楼，则三楼楼层信号辅助继电器 KA32 的两对动断触点（71-72）（72-73）都断开，可见，此时若选择去三楼，即使三楼选层信号继电器 KA22 的动合触点（67-72）闭合，无论是上行还是下行，电路都不会接通；若选四楼或五楼，则对应的选层信号继电器 KA23 或 KA24 动合触点闭合，接通上行继电器 KA10、KA11；若选一楼或二楼，则为 KA20 或 KA21 的动合触点闭合，接通下行继电器 KA14、KA15，从而自动确定运行方向。

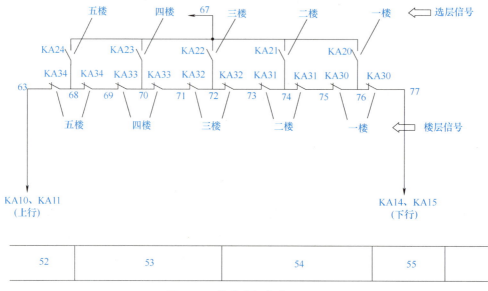

图 2-35 自动选向电路原理图

8. 起动运行控制电路

电路包括 KT1~KT5 5 个时间继电器（图区 42~46）、关门控制继电器 KA16、起动控制继电器 KA17（图区 56、57），以及制动器 YB、运行继电器 KA6（图区 15、16）。

电路中的所有时间继电器都使用与其他继电器相同型号的直流继电器(有利于电器的通用互换),只是在其电磁线圈两端并联了一条阻容支路,当线圈断电时,由于电容器的放电作用,使继电器的触点延时复位,因此所有时间继电器均为断电延时类型,其延时时间的长短可由电阻进行调节(R均为可调电阻)。

9. 停层控制电路

停层控制电路位于图区 58、59,由 KT6(停层)和 KT7(停层触发)两只时间继电器组成。该电路用于实现"到达目的楼层能自动停层"的控制要求,同样为分析电路方便起见,将这部分电路单独画出,如图 2-36 所示。

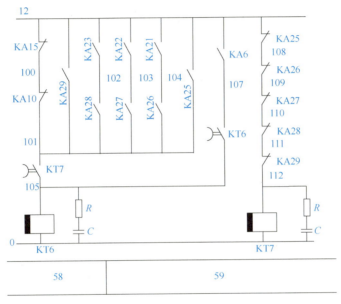

图 2-36 停层控制电路原理图

在 KT7 线圈支路中串联了一～五楼的楼层信号继电器 KA25~KA29 的动断触点,这 5 个继电器都没有自锁功能,当电梯起动后运行在两层之间时,总有某一时刻 5 个楼层信号继电器均断电,其动断触点都闭合,从而使 KT7 通电,为停层做准备;而当电梯到达下一层楼时,KA25~KA29 其中一个通电动作,使 KT7 断电,但由于 KT7 有断电延时功能,其延时断开动合触点(101-105)要延迟一段时间才断开,这就保证了 KT6 有足够的时间接通并自锁。由于 KT7 的作用是短时接通 KT6 支路,所以被称为停层触发继电器。

KT6 称为停层继电器,在电梯运行期间,只要 KT6 通电动作,电梯就换速并准备在该楼层平层停靠。确定电梯是否在该层停靠的依据有两个:一是有无该层的选层信号,二是电梯(轿厢)是否到达该层,两者是与逻辑关系。本例为五层电梯,因此在 KT6 电路中并联了代表一～五楼的 5 条支路,其中二、三、四楼为中间层站,每条支路由代表选层信号的 KA21、KA22、KA23 和代表楼层信号的 KA26、KA27、KA28 的动合触点相串联,如果两个动合触点都闭合,说明在该层有选层信号并且已到达该层,所以 KT6 可以接通、准备停层;而一楼和五楼为终端层站,支路中只有楼层信号继电器 KA25、KA29 的动合触点,说明只要到达终端层站,不管有无选层信号都要停下。

10. 平层电路

XPM 型电梯具有平层功能，即当轿厢停靠在任何一层楼，都能确保准确地停在使轿厢地坎与层站楼面平齐的位置上。平层功能主要由上、下平层感应器 KR6、KR7 控制的上、下平层继电器 KA7、KA8（图 2-33 中的图区 49、50）实现，其触点在上、下行接触器 KM1、KM2 的支路中（图 2-33 中的图区 7、8）接成桥式电路，当电梯轿厢接近欲停靠的楼层并换成低速运行时，装在轿厢顶部的 KR6、KR7 依次被平层隔磁板插入，由此控制 KA7、KA8 → KM1、KM2，实现电梯的平层和反向平层。电路原理和平层控制的过程将在下文详细介绍。

11. 呼梯信号电路

XPM 型电梯可由装在各楼层层门外的呼梯按钮向轿厢内的操纵者发出呼梯信号，呼梯信号电路在图 2-33 中的图区 28~35，1SB、2SB2、3SB2、4SB2 为 1~4 层的上呼按钮，2SB1、3SB1、4SB1、5SB 为 2~5 层的下呼按钮，对应所控制的继电器为 KA36~KA43，并由 KA35 接通蜂鸣器 HA2 发出呼唤的音响信号。与选层信号电路一样，呼梯信号的消除也是采用短接 KA36~KA43 线圈的方法。呼梯信号被消除的条件：电梯同向运行并到达该楼层。所以分别由 KA11 和 KA14（上、下行辅助继电器）的动断触点（161-162）、（160-162）控制上、下行两条支路。当电梯准备停层时，起动继电器 KA17 断电，其动断触点（0-162）闭合，相应的呼梯信号继电器线圈被短接，呼梯信号被消除。

12. 信号指示电路

信号指示电路在图 2-33 中的图区 65~91，包括轿厢内的选层信号指示灯和层楼信号指示灯，层门外的呼唤信号指示灯和电梯上、下行指示灯，以及层楼信号指示灯。

13. 辅助电路

辅助电路位于图 2-33 中的图区 92~95，包括轿厢内的两盏照明灯 EL1、EL2，电风扇和报警电铃 HA1。

控制电路中交流接触器电路和照明电路的电压为交流 220V，继电器电路的电压为直流 110V，信号指示灯电路电压为交流 6.3V。

二、各控制环节

下面以一个电梯使用的全过程为例，说明 XPM 型电梯各自动控制环节的功能。该过程如下：上一次使用完电梯后，司机将电梯驶回基站，关门后离开电梯；本次使用电梯时，司机在基站层门外用钥匙开门进入电梯（轿厢），用钥匙接通控制电源，用按钮选层、选向（以选三楼上行为例），电梯自动关门、起动上行，到三楼前自动换速，自动平层，自动开门。分段说明如下。

1. 使用完电梯后关门

XPM 型电梯由司机在轿厢内操纵，每次使用完毕后，必须将轿厢驶回基站（一般为底层，本例中为一楼）。此时，基站行程开关 SQ4 被压合，SQ4 的动合触点（10-11）（图 2-33 中图区 39）闭合，为接通关门继电器 KA3 做好准备，然后司机应按如下程序操作。

1）转动轿厢内操纵屏上的钥匙开关 SA1。

2）司机离开轿厢，转动基站层门外的钥匙开关 SA2。

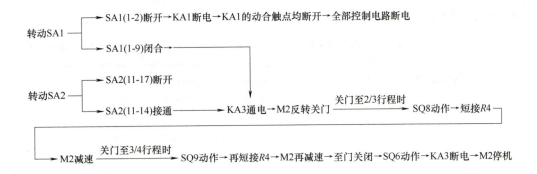

2. 使用电梯前开门

1）在使用电梯前，司机在基站层门外用锁匙转动 SA2。

转动SA2→SA2(11-17)接通→开门继电器KA2通电→M2正转开门 ——开门至2/3行程时——→ SQ7动作→短接$R3$→M2减速 ——→

——→ 至门开尽→SQ5动作→KA2断电→M2停机

2）电梯门打开后，司机可进入轿厢内，用另一把钥匙转动 SA1。

转动 SA1 → SA1（1-2）接通→ KA1 通电→ KA1 的动合触点均闭合→全部控制电路都通电

> **说明：** 由电梯开关门的过程可见，在开关门的过程中用行程开关短接与 M2 并联的电阻 $R3$、$R4$，使 M2 逐步减速。在开关门结束后，$R3$、$R4$ 与 M2 的电枢绕组并联，在 M2 的停机过程中起能耗制动的作用。

3. 选层选向，起动运行

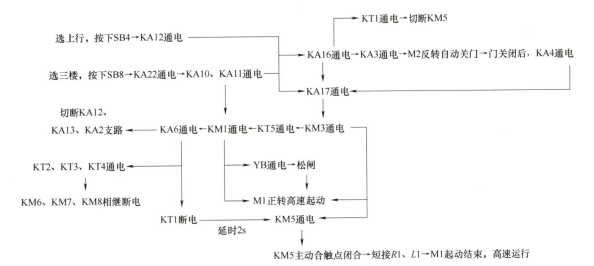

4. M1 停层换速

电梯轿厢到达三楼 → 隔磁板插入三楼的楼层信号感应器KR3之中 → KR3复位，其动断触点闭合 → KA27动作 ──

┌→ KA27动断触点(109-110)断开 → KT7断电 → KT7动断触点(101-105)延时断开

├→ KA27动合触点(101-105)闭合 → KT6通电 ─┬→ KT6动合触点(105-107)闭合 → 自锁

　　　　　　　　　　　　　　　　　　　　　└→ KT6动断触点(89-90)断开 → KA16断电 → KA16动合触点断开

┌─ KT2动断触点闭合 ←──延时── KT2断电 ← KM4辅助动断触点(37-38)断开 ← KM4通电 ← KM3断电 ← KA17断电 ←─

│　　　　　　　　　　　　　　　　　　　　　　M1换成低速运行　　　　　　　　　　　　　┌→ KT5断电 → 延时

│　　消除选层信号 ← KA22复位 ← 短接KA22线圈 ← KM5动合触点(0-125)闭合 ← KM5断电 ─┘

└→ KM6通电 → KM6辅助动断触点(37-40)断开 → KT3断电 ──延时── KT3动断触点闭合 → KM7通电 → 全部短接R2 ─┐

┌──┘

└→ KM7辅助动断触点(37-42)断开 → KT4断电 ──延时── KT4动断触点闭合 → KM8通电 → 短接R2、L2 → M1慢速运行

5. 平层

M1换速后，轿厢以慢速运行，并准备平层。上、下平层感应器KR6、KR7及位于两者中间的开门区域感应器KR8分别控制对应的继电器KA7、KA8、KA9（图2-33中图区49、50、51），控制平层的桥式电路位于图2-33中图区7、8，为便于分析平层过程，现将该电路单独画出，如图2-37所示。

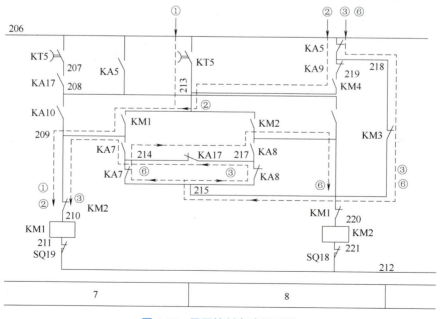

图2-37 平层控制电路原理图

整个平层过程可分为 6 步：

①M1 换速时，KA17 断电→KT5 断电（延时）→KM1 靠 KT5 延时断开的动合触点(206-213)和自锁触点(213-209)保持通电

    KA17 动合触点(207-208)断开   M1 仍慢速正转，轿厢上行

②紧接着 KM4 通电→KM4 动合触点(219-213)闭合→KM1 靠(206-218-219-213-209)支路保持通电→轿厢继续慢速上行

③平层隔磁板开始插入上平层感应器之中，使 KR6 复位，而 KR7、KR8 尚未动作：

KR6 复位→KR6 动断触点(58-59)闭合→KA7 通电→KM1 由(206-218-215-217-214-209)支路保持通电→轿厢继续上行

KR7 未复位→KR7 动断触点(58-60)仍断开→KA8 仍断电

> **注意：**此时，第②条支路仍然接通。而当 M1 高速运行时，由于 KM3 和 KA17 通电，KM3 的辅助动断触点（218-215）及 KA17 的动断触点（214-217）断开，该桥式电路不起作用。

④平层隔磁板接着插入中间的开门感应器之中，使 KR8 接着复位（而 KR7 还未动作）：

KR8 复位→KR8 动断触点(58-61)闭合→KA9 通电→KA9 动断触点(218-219)断开→支路②断开→此时仅由支路③保持 KM1 通电→轿厢继续慢速上行

⑤平层隔磁板接着插入最下面的下平层感应器 KR7 之中，使 KR7 也复位：

KR6、KR7、KR8 均复位→KA7、KA8、KA9 均通电→支路③断开→KM1 断电→M1 与 YB 同时断电→停车制动，平层结束

⑥若电梯(轿厢)因惯性超出平层位置，使最上方的上平层感应器露出隔磁板，则 KR6 动作→KA7 断电（而 KA8、KA9 仍保持通电），这时开始进行反向平层：

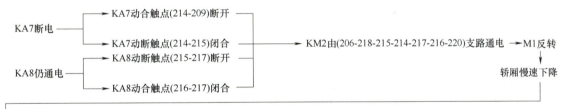

至此，平层过程结束。由平层过程可见，当平层隔磁板置于三个感应器之间，造成 KR6、KR7、KR8 均复位→KA7、KA8、KA9 均通电动作时，M1 才停机，这就保证了电梯轿厢停靠在准确的位置上，即轿厢的底板与楼面平齐。

6. 平层后自动开门

电梯换速后→KT6 通电→KA16 断电   →KA16 动合触点(12-14)断开→切断 KA3 电路

             →KA16 动断触点(17-22)闭合

进入开门区域→KR8 复位→KA9 通电→KA9 动合触点(22-21)闭合→KA2 通电→M2 正转→开门

平层结束后→KM1（或 KM2）断电→KA6 断电→KA6 动断触点(18-17)闭合

7. 检修运行控制

除了上述电梯正常运行的控制之外，为便于对电梯进行检修及调整，还设有检修运行控制环节。SA4 和 KA5 分别为检修运行开关和继电器（图 2-33 中图区 48），正常运行时，KA5 断电；当需要检修运行时，扳动位于轿厢内操纵屏上的检修开关 SA4，使 KA5 通电。

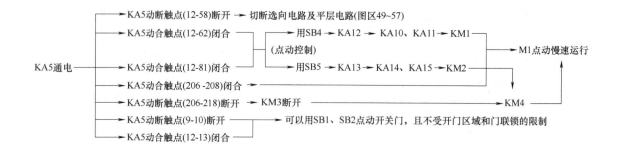

三、电路的各安全保护环节

1. 电梯运行电路与开关门电路的互锁环节

正常运行时（检修运行除外），电梯门（包括轿厢门和各层门）未关闭不能起动运行，而电梯在运行过程中以及在未进入开门区域时不能开门。实现运行电路和开关门电路互锁保护的电器主要有以下几种。

1）门联锁继电器 KA4（图 2-33 中图区 47）。在 KA4 支路中串联了轿厢门和 1~5 楼层门的联锁行程开关 SQ10~SQ15 的 6 个动合触点，而 KA4 的动合触点（92-93）串联在起动继电器 KA17 的支路中（图 2-33 中图区 57），显然，这 6 扇门只要有 1 扇没关好，KA4 就不通电，KA17 就无法接通，电梯就不能起动运行。此外，轿厢门联锁行程开关 SQ10 的动合触点（225-212）还串联在高速接触器 KM3 的支路中（图 2-33 中图区 9），若门未关好，KM3 也不能接通。SB3 是应急按钮，在 SQ10~SQ15 损坏、门限位功能出现故障时，可按下 SB3 将 SQ10~SQ15 的 6 个触点短接，使 KA4 → KA17 通电，作为应急使用（只能慢速运行）。

2）开门区域继电器 KA9（图 2-33 中图区 51）和运行继电器 KA6（图 2-33 中图区 16）。如前面对平层后自动开门过程的分析，由于在开门继电器 KA2 的支路中串入 KA9 的动合触点（21-22）和 KA6 的动断触点（17-18），从而保证了电梯（轿厢）只有在进入平层（即开门区域）位置，而且在停止运行时才能开门。

2. 行程终端限位保护

电梯是按照行程位置进行控制的设备，当电梯（轿厢）到达终端楼层（本例中为一楼和五楼）应停下时，如果因故障原因不能停下，则需要行程终端的限位保护。XPM 型电梯的行程终端限位保护装置示意图如图 2-38 所示。由图可见，当轿厢超越五楼或一楼平层位置时仍不停下，则装在轿厢顶或轿厢底的上、下打板首先碰到上、下行减速行程开关 SQ17、SQ16，由于 SQ17、SQ16 的动断触点（94-95）、（96-95）串联在起动继电器 KA17 的支路中（图 2-33 中图区 57），造成 KA17 断电，强迫换速。如果电梯轿厢还不能停下，则打板随之碰到上、下限位行程开关 SQ19、SQ18，而 SQ19、SQ18 的动断触点（211-212）、（221-212）分别接在上、下行接触器 KM1、KM2 支路中（图 2-33 中图区 7、8，也可见图 2-37），所以它们的动作就造成电梯强迫停车，这时可以用检修开关点动电梯慢速反向运行退出行程极限位置。如果上述保护措施都失效，电梯仍然继续运行，则作为终端保护的最后一道防线，打板最终会碰到上、下极限杠杆，牵动与装在机房的极限开关相连的钢丝绳，使之在对重的作用下，极限开关 QS2 动作（图 2-33 中图区 3），切断电梯的全部电源以强迫停车，防止轿厢冲顶或蹲底。XPM 型电梯的三重限位保护作用见表 2-3。

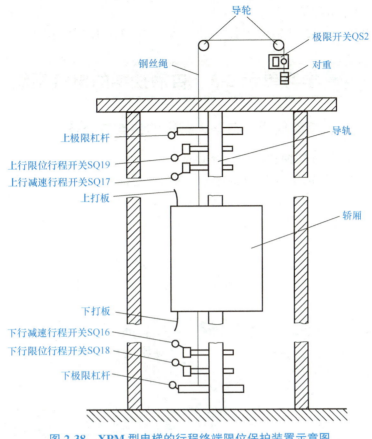

图 2-38　XPM 型电梯的行程终端限位保护装置示意图

表 2-3　XPM 型电梯的三重限位保护作用

	第一级:强迫减速		第二级:强迫停车	第三级:切断电源
上限位保护	SQ17 →	切断 KA17 → KM3	SQ19 →切断 KM1	QS2 动作
下限位保护	SQ16 →		SQ18 →切断 KM2	

3. 轿厢超速下降安全保护

当轿厢的下降超速时,限速器动作将限速器钢丝绳夹持住,此时,如果电梯轿厢继续下行,限速器钢丝绳通过安全钳联动机构提起安全钳将轿厢夹持在导轨上。在电路中,限速器和安全钳的开关 SQ2、SQ3 的动断触点 (3-4)、(4-5) 串联在 KA1 的支路中 (图 2-33 中图区 38),在其动作的同时切断 KA1 →切断控制电源。

4. 安全窗

现在的电梯已经不再设置安全窗,但 XPM 型电梯还装有安全窗,当电梯因出现故障使轿厢偏离停层位置停在井道中间时,轿厢内的人员如果无法使用应急和检修开关起动电梯,一方面可用报警电铃(电话)向外发出报警信号,另外则可以打开安全窗。此时,串联在 KA1 支路的安全窗开关 SQ1 的动合触点 (2-3) 断开(因为当安全窗关闭时,SQ1 被压合,所以使用动合触点),由 KA1 切断控制电源。

5. 电路的各种常规保护

如热继电器 FR1、FR2 对 M1 的过载保护，熔断器 FU1~FU12 对各电路的短路保护。

学习单元 2-5　自动扶梯的电气系统

一、自动扶梯和自动人行道的特点与分类

1. 自动扶梯和自动人行道的定义

按照 GB/T 7024—2008《电梯、自动扶梯、自动人行道术语》，自动扶梯是指带有循环运行梯级，用于向上或向下倾斜输送乘客的固定电力驱动设备。自动人行道是指带有循环运行（板式或带式）走道，用于水平或倾斜角不大于 12° 输送乘客的固定电力驱动设备。

自动扶梯和自动人行道如图 2-39 所示。因为自动扶梯和自动人行道是连续运行的，所以在人流较密集的公共场所（如机场、车站、商场等）被大量使用。

a) 自动扶梯　　　　　　　　　　　　　　b) 自动人行道

图 2-39　自动扶梯和自动人行道

2. 自动扶梯和自动人行道的分类

（1）自动扶梯的分类　自动扶梯可以按载荷能力、使用场所、安装位置、机房位置、倾斜角度及护栏种类等进行分类。

1）按载荷能力及使用场所，可分为普通型、公共交通型和重载型自动扶梯。

2）按照安装位置，可分为室内型和室外型自动扶梯。

3）按照机房位置，可分为机房上置、下置、外置和中间驱动式自动扶梯。

4）按倾斜角度，可分为 27.3°、30° 和 35° 自动扶梯。

另外，如果按照护栏种类分类，可分为玻璃（全透明与半透明）护栏和金属护栏自动扶梯；按扶手照明可分为有扶手照明和无扶手照明自动扶梯等。

（2）自动人行道的分类　自动人行道可以按结构、使用场所、安装位置和倾斜角度进行分类。

1）按照结构，可分为踏板式和胶带式两种自动人行道，其中以踏板式自动人行道较为常见。

2）按照使用场所，可分为普通型和公交型自动人行道。

3）与自动扶梯类似，自动人行道按照安装位置可分为室内型和室外型。

4）按照倾斜角度可分为水平型（倾斜角为 0°~6°）和倾斜型（倾斜角为 6°<α≤12°）两种。

3. 自动扶梯和自动人行道的主要参数

自动扶梯和自动人行道的主要参数有提升高度、倾斜角、速度（包括名义速度和额定速度）、名义宽度、最大输送能力和水平移动距离等，具体可查阅相关资料。

二、自动扶梯的基本结构

自动扶梯主要由桁架、梯级导轨、梯级、梳齿板与楼层板、驱动系统、扶手带系统、润滑系统、安全保护系统和电气系统等组成，如图 2-40 所示。

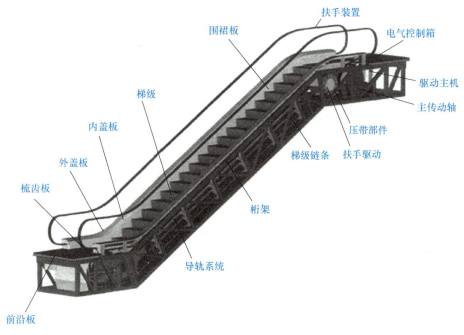

图 2-40　自动扶梯的基本结构

三、自动扶梯安全保护系统

自动扶梯安全保护系统是为了在任何情况下都能够保证乘客和自动扶梯设备本身的安全而设置的各种保护装置。自动扶梯安全保护系统包括梯级链保护装置、梯级塌陷保护装置、梯级缺失监测装置、梳齿板安全保护装置、围裙板安全保护装置、扶手带入口保护装置、扶手带断带保护装置、超速保护和非操纵逆转保护装置等。

1. 梯级链保护装置

GB 16899—2011 规定：梯级链条应能连续地张紧。在张紧装置的移动超过 ±20mm 之前，自动扶梯应自动停止运行。

梯级链保护装置是一种当梯级驱动链断裂或过分松弛时，能使自动扶梯停止的电气装置。梯级链保护装置通常是在梯级链张紧弹簧两端部各设置一个电气安全开关。当张紧装置的前后位移超过 20mm 时，开关动作，自动扶梯停止运行，如图 2-41 所示。

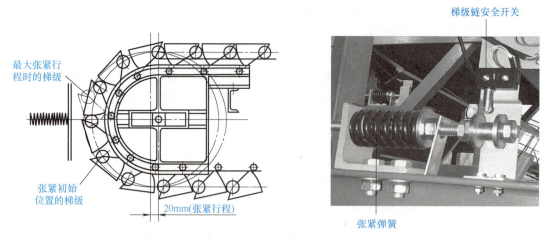

图 2-41   梯级链保护装置

2. 梯级塌陷保护装置

因梯级滚轮破损、梯级轴承断裂或者梯级其他部位破损等原因导致梯级下陷、倾斜时，如果自动扶梯未能及时停止运行，将会导致梯级上的乘客跌倒或者自动扶梯设备本身造成严重损坏。因此，当发生上述情况时，通过设置在自动扶梯上的梯级塌陷安全保护装置起作用，可以令自动扶梯立即停止运行，如图 2-42 所示。

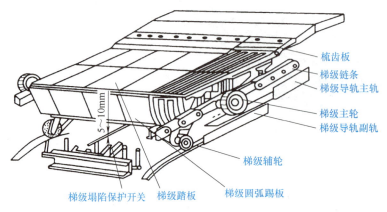

图 2-42   梯级塌陷保护装置

3. 梯级缺失监测装置

如果自动扶梯在维修后没有及时装上被拆卸的梯级而自动扶梯又能起动运行，或者因其他原因造成的梯级缺失，都会造成严重的后果。因此，自动扶梯应在驱动站和转向站安装梯级缺失监测装置，在没有安装梯级的缺口从梳齿板出现之前使自动扶梯停止，如图 2-43 所示。

4. 梳齿板安全保护装置

在上、下梳齿板两侧各装有一个梳齿板安全开关，一旦梯级与梳齿相啮合处有异物卡住，将使梳齿板向后或向上移动，从而断开梳齿板安全开关，使自动扶梯停止运行，如图 2-44 所示。

a) 梯级缺失带来的危险状态　　　　　　　　　　b) 梯级缺失监测装置

图 2-43　梯级缺失监测装置

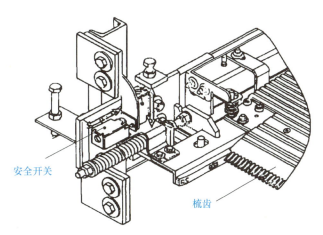

图 2-44　梳齿板安全保护装置

5. 围裙板安全保护装置

围裙板安全保护装置由围裙板安全毛刷和围裙板安全开关组成，如图 2-45 所示。围裙板毛刷安装在自动扶梯的两侧围裙板上，防止乘客的衣物被夹在梯级与围裙板之间的间隙。围裙板安全开关安装在围裙的后面与围裙板之间，一般安装在上、下弯转部位，分左、右共 4 个（当提升高度较大时，在扶梯的中间段也要加装安全开关）。当围裙板与梯级间夹有异物时，由于围裙板变形而断开相应的安全开关，从而使自动扶梯停止运行。

6. 扶手带入口保护装置

扶手带入口保护装置主要由入口套、微动开关和托架等组成，如图 2-46 所示。当有异物或人手推压入口处时，入口套变形后触发微动开关使自动扶梯停止。

7. 扶手带断带保护装置

目前大多数自动扶梯都装有扶手带断带保护装置。扶手带断带保护装置一般安装在扶手带驱动系统靠近下平层的返回侧，如果扶手带出现松弛、张力不足或者扶手带发生断裂，扶手带断带开关动作，使自动扶梯停止运行。

8. 超速保护和非操纵逆转保护装置

超速保护和非操纵逆转保护装置如图 2-47 所示。

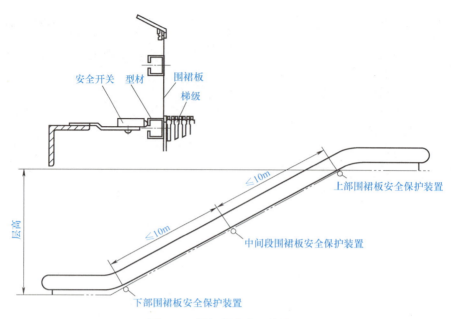

图 2-45　围裙板安全保护装置

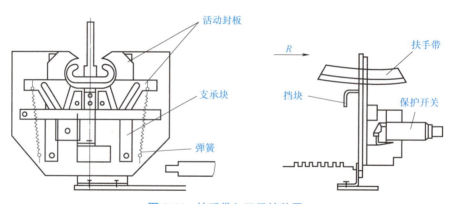

图 2-46　扶手带入口保护装置

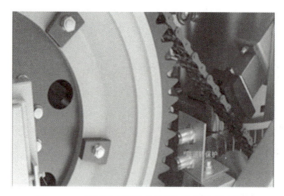

图 2-47　超速保护和非操纵逆转保护装置

（1）超速保护　自动扶梯应在速度超过额定速度的 1.2 倍或 1.4 倍之前自动停止运行。常用的超速保护装置有主驱动轮安装速度传感器或编码器、导轨安装速度感应器两种。

1）主驱动轮安装速度传感器或编码器监测：从主驱动链轮的齿轮上采集速度相关的脉冲信号，检测出自动扶梯的实际运行速度，当实际运行速度过低或者发生逆转时，给控制系统发出信号，切断主机电源，使自动扶梯停止。

2）导轨安装速度感应器监测：直接将监测器件安装在导轨上，监测梯级的运行速度和方向的变化，监测自动扶梯的实际运行速度，当实际运行速度过低或者发生逆转时，监测器给控制系统发出信号，系统切断主机电源，使自动扶梯停止。

（2）非操纵逆转保护　常见的自动扶梯逆转保护装置有电子式和机械式两种。

1）电子式逆转保护装置。自动扶梯的逆转基本上只发生在扶梯上行状态，在逆转发生前必然是先意外减速，当速度降到正常速度的 50%~20% 时，电子式速度监测装置发出信号，使自动扶梯制动器动作；如果此时工作制动器失效，出现逆转，电子式速度监测装置检测到自动扶梯出现逆转，则附加制动器动作，紧急制停自动扶梯。

2）机械式逆转保护装置。为了提高对逆转检测的可靠性，有的自动扶梯在装有电子式速度监测装置的同时，还安装有机械式逆转保护装置。

四、自动扶梯电气系统

1. 自动扶梯电气系统的组成

自动扶梯的电气系统由电气控制箱、故障显示器、自动运行钥匙开关和紧急停止按钮、安全保护开关、电磁制动器、自动润滑电动机、速度监测电气装置、扶手照明电路、梯级间隙照明电路、下端机房接线箱、移动检修盒等部件组成。

（1）电气控制箱　自动扶梯所有的电气控制元件都装在一个控制箱内，位于上部机房，松开螺栓可将电气控制箱提出机房，便于维修人员进入机房进行维修，如图 2-48 所示。

a) 位置　　　　　　　　　　　　　　　b) 箱内

图 2-48　电气控制箱

（2）故障显示器　自动扶梯一般有两个故障显示器，分别位于电气控制箱的门上和箱内。

1）安全回路故障码显示装置。在电气控制箱门上装有一个故障显示器，如图 2-49a 所示，故障显示器由三个数码管组成，电气控制箱门上附有一块故障说明牌，显示常见的安全回路故障，便于维修人员快速查找故障。

2）安全监控故障码显示器。该显示器位于电气控制箱内，如图 2-49b 所示。

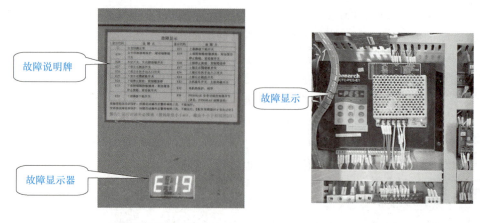

故障说明牌

故障显示

故障显示器

a) 安全回路故障码显示器　　　　　　b) 安全监控故障码显示器

图 2-49　故障显示器

（3）自动运行锁匙开关和紧急停止按钮　自动扶梯起动及运行方向的确定，是由操作人员转动钥匙开关来实现的。在自动扶梯的上、下端部都装有电源钥匙开关和一个红色的紧急停止按钮（对于提升高度超过 6m 的自动扶梯，应在中间增加一个紧急停止按钮），如图 2-50 所示。

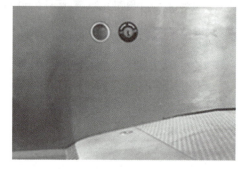

（4）安全保护开关　安全保护开关的作用是保护自动扶梯的运行安全，一旦扶梯某部位发生故障，扶梯会立即停止运行。并且故障显示器将显示发生故障部位的代码，维修人员依据故障显示器排除故障后，扶梯才能重新起动，投入正常运行。自动扶梯各安全保护开关的位置如图 2-51 所示。

图 2-50　自动运行锁匙开关和紧急停止按钮

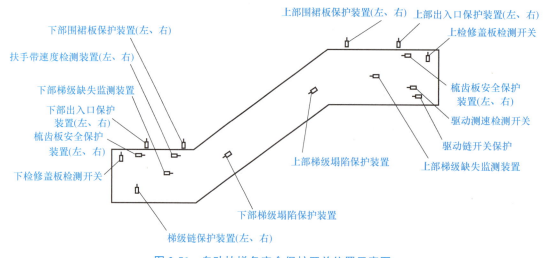

下部围裙板保护装置(左、右)

扶手带速度检测装置(左、右)

下部梯级缺失监测装置

下部出入口保护装置(左、右)

梳齿板安全保护装置(左、右)

下检修盖板检测开关

梯级链保护装置(左、右)

下部梯级塌陷保护装置

上部围裙板保护装置(左、右)　上部出入口保护装置(左、右)

上检修盖板检测开关

梳齿板安全保护装置(左、右)

驱动测速检测开关

驱动链开关保护

上部梯级缺失监测装置

上部梯级塌陷保护装置

图 2-51　自动扶梯各安全保护开关位置示意图

2. 自动扶梯的电气控制

自动扶梯一般有 4 种电气控制方式，可根据用户的需求进行配置。

1）星 - 三角起动：起动后，一直按 0.5m/s 的速度运行。

2）变频起动：起动后，按 0.5m/s 的速度运行，如在 3min 内无人乘梯，速度降为 0.2m/s 以减少耗电，直至感应有人乘梯后速度再恢复至 0.5m/s。

3）自起动：起动后，按 0.5m/s 的速度运行，如在 3min 内无人乘梯，自动扶梯停止运行以节省电能；如图 2-52 所示，若通过出入口的感应器检测到有人乘梯后，再重新起动运行。

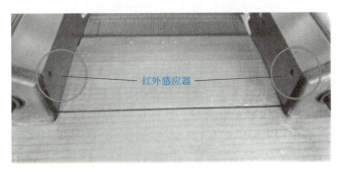

红外感应器

图 2-52　光电感应开关装置

4）变频 - 自起动：起动后，按 0.5m/s 的速度运行，如在 3min 内无人乘梯，速度自动降至 0.2m/s；如再过 3min 仍无人乘梯，自动扶梯停止运行直至感应到有人乘梯后再重新起动运行。

3. 自动扶梯的运行控制

（1）运行方式　自动扶梯的拖动部分采用变频器调速，通过调节电动机三相交流电压及频率来改变电动机的转速，从而改变扶梯的运行速度；当无人乘坐时，约 60s 后，扶梯以额定速度的 2/7 运行；当检测到运行方向有人进入自动扶梯感应区内时，扶梯自动加速到额定速度运行。

（2）运行过程

1）检修运行过程如下。

① 拔下上部或者下部控制箱上的附加插头，插入检修插头，该插头为多芯航空用插头，如图 2-53 所示，继电器 KJX 不动作，扶梯转换为检修运行。

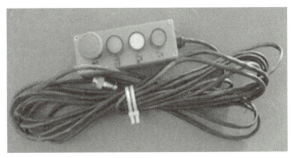

a) 扶梯检修盒

b) 检修插座及插头

图 2-53　扶梯检修

② 手持操纵检修盒，检查 FU3-FU4 柜内熔断器，合上电源开关 QF、K1、KF。

③ 若安全回路畅通，PLC 供电正常，且在"RUN"状态下，则打开检修盒上的停止开关（STOP），点动检修盒公共按钮（SQ）及上行或下行按钮（UP 或 DOWN），接触器将按下列顺序工作：KU（或 KD）吸合→抱闸接触器 KMB 吸合→运行接触器 YC 吸合→抱闸释放检测开关 KBZ1/KBZ2 动作→ PLC 快车继电器信号输出，扶梯按配置的运行方式运行。

④ 检修运行时，扶梯速度监控、非操纵逆转保护、制动距离检测仍起作用。

2）正常运行过程如下。

① 将上、下端部两只检修附加插头都插上，继电器 KJX 吸合。

② 检查 FU3-FU4 柜内熔断器，合上电源开关 QF、K1、KF。

③ 若安全回路正常，PLC 供电正常，且在"RUN"状态下，插入运行起动钥匙，按所需方向旋转，并保持约 0.5s 后复位，控制元器件将按以下顺序工作：KU（或 KD）吸合→抱闸接触器 KMB 吸合→运行接触器 YC 吸合→抱闸释放检测开关 KBZ1/KBZ2 动作→信号通过 PLC/Y01 传输到 INV 变频器 DI3 端口，扶梯按配置的运行方式运行。

3）智能变频运行过程如下。

① 经济运行方式。插入钥匙，按运行方向旋转一次，扶梯起动运行。如果连续约 1min 无人进入感应器检测范围，则扶梯以额定速度的 2/7 运行；当检测到有人进入自动扶梯感应区内时，自动加速到额定速度运行。

② 标准运行方式。插入钥匙，按运行方向要求旋转三次，扶梯按配置的运行方式运行，直到按停止按钮停车。此方式为扶梯的标准运行方式（无须智能感应器）。

模块 3 电梯电气系统的分析方法

 **学习目标**

1）了解电梯电气系统分析的基本思路和方法。

2）初步掌握电梯继电器控制系统和微机控制系统，以及自动扶梯电路常见故障的诊断与排除方法。

 学习单元 3-1 电梯电气系统分析的基本思路与方法

一、电梯维修保养的重要性、特点及工作要求

1. 电梯维修保养的重要性

电梯的性能和运行状态是否良好，影响着电梯的使用效率和服务质量，关系到乘客的安全。所以，乘客在乘坐电梯时，极为关注电梯的运行状态和保养状况。"三分使用、七分保养"这句话强调了电梯维修保养的重要性，其意义主要体现在以下几个方面。

1）可以保持电梯应有的性能和良好的工作状态，提高服务质量。

2）通过日常检查维护，能够及时发现电梯隐患，实现电梯安全可靠地运行，避免事故发生。

3）有利于延长电梯的使用寿命，节约维修费用和建设资金。

4）有助于在维修保养工作中锻炼维修队伍，不断提高电梯维修人员的素质。

5）通过对电梯的使用管理和维修保养，可以不断积累电梯的运行管理经验，并将电梯在设计、制造、安装方面存在的不足之处反馈给电梯生产厂家和安装单位，有利于加强电梯产品的全面质量管理，促进我国电梯业的发展。

2. 电梯维修保养的特点

电梯结构复杂，控制环节多，安全可靠性要求高，且有相当一部分零部件安装在封闭的井道内，增加了维修保养的难度。

（1）检查部件分散　电梯的各组成部件，除机房部件安装比较集中外，其余大部分组件分散安装在电梯专用井道、底坑及各层站上。所以电梯的日常检查维护，既要注意易巡视和操作方便的部位，更要重视不易巡视、操作难度大的部位，使电梯的日常维护检查真正建立在全方位的基础上。

（2）维护保养工作量大　电梯的运行故障大多源于组成部件脏污、润滑不良，以及配合间隙和相对位置因紧固螺栓松动、磨损等发生变化。这主要表现在以下几方面。

1）电梯的大部分组件安装在井道、底坑及轿厢外部，且不具备良好的密封条件，极易被井道里对流空气带入的灰尘沾染。轿厢门和层门地坎、门导轨、吊门轮和滑块及门锁等部

件，因乘客的频繁进出、空气中的尘埃和地毯中的细纤维等沾染得更快，造成机构动作受阻，电气触头接触不良。

2）电梯在运行过程中，由于频繁的起停和换向所产生的冲击力，使转动部件的磨损加快。如轴承的磨损，制动带的磨损，蜗轮蜗杆的啮合面磨损，曳引轮轮槽与曳引绳的磨损，导靴靴衬的磨损，以及门机系统、门锁、吊门轮和滑块的磨损等。除制动闸瓦和导靴靴衬易损件须定期更换外，各机械部件都必须保持良好的润滑，以避免转动部件的直接摩擦。有的电梯之所以出现抱轴、断轴事故，均因润滑不良所致。

3）组成电梯的构件多达几十种，这些构件因频繁动作受力，往往易出现紧固部件松动，致使构件动作难以准确到位而出现运行故障。为了使构件正常工作，必须定期检查其配合间隙和相对位置的精度，及时紧固松动的零部件，更换已磨损严重的构件。

由此可以看出，电梯的日常维护保养主要是做好清洁保养、润滑保养和调整紧固这三项工作。这些基础性的保养工作在电梯的全部维修保养中占有相当大的比重，可以说，电梯的日常维护保养是保证电梯安全、正常运行的关键。

（3）安全可靠性要求高　电梯的主要服务对象是人，因此电梯的维修保养必须以保证电梯安全运行为宗旨。尽管现代电梯设置了多种安全保护装置，但这只是电梯在运行中一旦出现意外情况为避免事故发生而采取的保护措施。如果把电梯的安全运行仅仅建立在其安全保护装置的保护上，而忽略、放松全面的维修保养，显然不符合 TSG T5002—2017《电梯维护保养规则》的要求。

（4）机电结合紧密性强　电梯是机械与电气紧密结合且技术含量较高的复杂机器，在运行过程中的反复起动、升降和平层停车、开关门以及异常情况下的安全保护，都是在电气系统的控制下完成的。多构件的有机组合与复杂电气线路的密切结合是电梯产品的突出特点之一。因此，维修保养工作必须从构件的相互关系和电气的相关控制环节两方面进行。

3. 电梯维修保养工作的要求

（1）电梯规范化使用管理　电梯的维修保养工作必须做到 5 个坚持。

1）坚持日常巡视检查制度。每日通过对电梯运行状态的监视，掌握各主要部位的润滑、温升、运转声音、仪表指示和信号显示的实际状况，及时排除异常现象，对电梯的运行状态做到心中有数。

2）坚持定期维护保养制度。严格按照 TSG T5002—2017《电梯维护保养规则》以半月、季度、半年、年度的保养周期和项目进行维护保养工作。

3）坚持计划性检修制度。根据电梯的日常保养状况和使用频繁程度，确定大、中修的项目和时间。对电梯各部位进行分解、清洗、检查、修理，更换磨损严重已不能继续使用和老化的零部件、元器件，使电梯达到应有的技术性能和工作状态，延长电梯的使用寿命。

4）坚持年度安全技术检验制度。通过每年一次由当地政府主管部门对电梯安全系统和安全性能的全面规范性检验，对存在的问题及时整改，以确保电梯的使用安全。

5）坚持规范化的使用管理制度。包括安全使用管理、技术档案管理、维修人员和电梯司机的专业培训考核等，必须规范，有章可循。同时，电梯维修人员应保持相对稳定。

（2）电梯使用管理与维护保养制度

1）维保单位对其维保电梯的安全性能负责。对新承担维保的电梯是否符合安全技术规范要求应当进行确认，维保后的电梯应当符合相应的安全技术规范，并且处于正常的可用运行状态。

2）维保单位应当履行以下职责。

① 按照《电梯使用管理与维护保养规则》及有关安全技术规范，以及电梯产品安装使用维护说明书的要求，制定维保方案，确保其维保电梯的安全性能。

② 制定应急措施和救援预案。每半年至少针对本单位维保的不同类别（类型）电梯进行一次应急演练。

③ 设立 24 小时维保值班电话，保证接到故障通知后及时予以排除，接到电梯困人故障报告后，维修人员及时抵达维保电梯所在地实施现场救援，抵达现场时间不得超过 30min。

④ 对电梯发生的故障等情况及时进行详细的记录。

⑤ 建立每部电梯的维保记录，并且归入电梯技术档案，档案至少保存 4 年。

⑥ 协助使用单位制定电梯安全管理制度和应急救援预案。

⑦ 对承担维保的作业人员进行安全教育与培训，按照特种设备作业人员考核要求，组织取得具有电梯维修项目的《特种设备作业人员证》的作业人员进行培训和考核，培训和考核记录存档备查。

⑧ 每年至少进行一次自行检查，自行检查在特种设备检验检测机构定期检验之前进行，自行检查项目根据使用状况决定，但不能少于本规则年度维保和电梯定期检验规定的项目及其内容，并向使用单位出示具有自行检查项目和审核人员的签字、加盖维保单位公章或者其他专用章的自行检查记录或者报告。

⑨ 安排维保人员配合特种设备检验检测机构进行电梯的定期检验。

⑩ 在维保过程中，发现事故隐患，应及时告知电梯使用单位；发现严重事故隐患，应及时向当地质量技术监督部门报告。

3）按照 TSG T5002—2017《电梯维护保养规则》，电梯的维保分为半月、季度、半年、年度维保。维保单位应当依据各附件的要求，按照安装使用维护说明书的规定，并且根据所保养电梯使用的特点，制订合理的保养计划与方案，对电梯进行清洁、润滑、检查、调整，更换不符合要求的易损件，使电梯达到安全要求，保证电梯能够正常运行。

现场维保时，如果发现电梯存在的问题需要通过增加维保项目（内容）予以解决的，应当增加相应项目并及时调整维保计划与方案。如果发现电梯仅依靠合同规定的维保已经不能保证安全运行，需要改造、维修或者更换零部件、更新电梯时，应当向电梯使用单位书面提出。

4）维保单位进行电梯维保，应当进行记录。记录至少应包括以下内容。

① 电梯的基本情况和技术参数，包括整机制造、安装、改造、重大维修单位名称，电梯品种（形式），产品编号，设备代码，电梯原型号或者改造后的型号，电梯基本技术参数。

② 使用单位、使用地点、使用单位内编号。

③ 维保单位、维保日期、维保人员（签字）。

④ 电梯维保的项目（内容），进行的维保工作，达到的要求，发生调整、更换易损件等工作时的详细记录。

维保记录应当经使用单位安全管理人员签字确认。

二、排除电梯故障的思路与方法

1. 电梯故障的定义和原因

由于电梯机械系统中的零部件或电气系统中的元器件自然磨损松脱、受潮、老化、调整不当或损坏，使电梯失去原设计中预定的一个或一个以上主要功能，导致电梯不能正常运行、必须停梯检修，甚至造成设备损坏或人员伤亡，称为电梯故障。

造成电梯故障的原因是多方面的，既涉及制造厂家配套零部件的质量，安装的质量，又同维护保养的质量和使用强度有很大的关系。电梯验收使用后，能否正常、安全运行，关键在于日常维修保养和一旦发生故障后的排故能力。所以，一方面要求电梯维护人员按上述要求加强日常维护保养，把故障消灭在萌芽状态；另一方面，电梯一旦出现故障，维护人员又必须有清晰的故障排除思路和寻找故障的办法，迅速、准确地找出故障点，并及时、高质量地予以排除。

2. 寻找电梯故障的思路

电梯一旦发生故障，维修人员应尽快判断故障所在，并加以排除。由于电梯由机械、电气系统构成，而电气系统又由主拖动电路和各控制电路组成。从大处着眼，电梯的故障也就发生在两大系统之中。一般来说，电梯机械系统的故障约占全部故障的30%，电气系统的故障却占70%左右，而且主要是电气控制电路的故障。所以应该先判断故障是出自机械系统还是电气系统；然后再确定出自哪个部分；接着再判断故障出自哪个部件或哪个环节电路，最后才能判断故障出在哪个零件或元器件（或触点）上。

判断电梯故障的类型与部位，一般的方法是将电梯置于检修状态，点动电梯慢下（或慢上）来确定。由于检修状态下的上行（或下行）电路是最简单的电路，中间没有任何控制环节，而是直接控制主拖动电路。所以当能点动电梯运行，又无异声、异味，基本可以肯定：①机械系统没有问题；②电气系统中的主拖动电路没有问题，故障出自电气控制电路。然后用下面介绍的排除电气电路故障的方法迅速寻找出故障点所在。反之，如果不能点动电梯运行，故障就可能出自机械系统或主拖动电路。此时，如果可以用手动盘车（如果能手动盘车而且没有异常），就基本确定机械系统正常，故障出自主拖动电路。如果手动车盘不能使轿厢移动，或出现异声及其他异常现象，就可以判定故障出自机械系统。

3. 排除电梯故障的一般方法

（1）机械系统的故障类型及一般排除方法　电梯机械系统的故障率比较低。但是，机械系统一旦发生故障，却往往会造成严重的后果。轻则需要较长的停梯修理时间，重则会造成设备严重损坏。所以，要做好日常的维护保养，尽可能减少机械系统的故障。

1）机械系统的常见故障类型。

① 润滑问题引起的故障。润滑的作用是减小摩擦力、减少磨损、提高效率、延长机件寿命，同时还起到冷却、防锈、减振、缓冲等作用。由于长时间缺少润滑或者润滑油不足、质量差，或润滑不当，都会造成机械部分的过度发热、烧伤、抱轴或轴承损坏。

② 自然磨损引起的故障。机械部分在运转过程中，自然磨损是正常的。只要及时地调整、保养，电梯就能正常运行。如果不能及时发现滑动、滚动部件的磨损情况并加以调整，就会加速机件的磨损，从而造成机件的磨损报废，造成机械故障。

③ 插接件松脱引起的故障。电梯在运行过程中，由于振动等原因而造成紧固件松动或

松脱，使机件发生位移、脱落或失去原有精度，从而造成磨损、碰坏电梯机件，造成故障。

从上面分析的故障类型可知，只要注意日常的维护保养工作，定期润滑有关部件，检查固件情况，调整机件的工作间隙，就能大大地减少机械系统的故障。

2）排除电梯机械系统故障的一般方法。一旦确定是电梯机械系统出现故障，维修人员首先应向电梯安全管理员、司机或乘客了解出现故障时的详细情况，查看以往的维修记录。然后用检修速度点动电梯上、下运行，除非电梯已不能运行，通过观察、测量等方法分析判断故障发生的准确部位。

故障部位一经确定，就可按电梯有关技术文件的要求把出现故障的部件进行拆卸、清洗、检查、测量。能修复的，可按技术图样尺寸修复后使用。不能修复的，则按原型号规格更换新的部件。无论是修复还是更换新件，均应经过调整、调试并经试运行后，电梯方可交付使用。

（2）电气系统的故障类型及诊断方法　由于电梯的控制环节比较多，自动化程度比较高，电气元器件安装分散，而且故障形式变化多，给维修工作带来一定的困难。但只要维修人员熟练掌握电梯电气控制原理，思路正确，熟识各元器件的安装位置和线路的敷设情况，熟识电气故障的类型，掌握排除电气故障的步骤和方法，就能提高排除电气故障的效率。

1）电梯电气故障的类型。

① 断路型故障。造成断路故障的原因是多方面的，如触点严重积尘；电气元器件接线端的压紧螺钉松动或焊点虚焊造成断路或接触不良；继电器或接触器的触点被电弧烧蚀、烧毁；触点表面有氧化层；触点的簧片被触点接通或断开时产生的电弧加热自然冷却后失去弹力，造成触点的接触压力不够而接触不良或接而不通；一些继电器或接触器吸合和复位时触点产生颤动或抖动造成开路或接触不良；电气元器件烧毁或撞毁造成断路等。

② 短路型故障。短路就是电源两端不经负载直接相连形成短接。短路时，电阻很小、电流很大，轻则烧毁熔断器，重则烧毁电气元器件，甚至引起火灾。对已投入正常运行的电梯电气控制系统，造成短路的原因也是多方面的。常见的有方向接触器或继电器的机械和继电器联锁失效，可能产生接触器或继电器抢动作而造成短路；接触器的主触点接通或断开时，产生的电弧使周围的介质击穿而产生短路；电气元器件的绝缘材料老化、失效、受潮造成短路；由于外界原因造成电气元器件的绝缘损坏，以及外界导电材料入侵造成短路等。

断路和短路故障在电梯继电器控制系统中较为常见。

③ 位移型故障。在电梯电气控制电路中，有的电路是由位置信号控制的。很多电梯的位置信号由位置开关发出。如电梯运行的换速点、消号点、平层点的确定；开关门电路中的慢、更慢、停止信号是由凸轮组件根据开关门的位置由开关发出的；井道端站上的强迫换速信号、限位信号和极限信号是由轿厢位置触碰开关控制的。在电梯运行过程中，这些开关不断与凸轮或轿厢打板接触碰撞，时间长了容易产生磨损位移。位移的结果轻则使电梯的性能变坏，重则使电梯产生故障。

④ 干扰型故障。对于采用微机作为过程控制的电梯电气控制系统，还会出现其他类型的故障。如外界干扰信号造成系统程序混乱产生误动作、通信失效等。

2）排除电梯电气故障前的准备工作。

① 必须熟练掌握电梯电气控制原理。电梯的电气系统特别是控制电路结构较为复杂。一旦发生故障，要迅速排除，单凭经验是不够的。这就要求维修人员必须掌握电气控制电路

的工作原理，并弄清从选层、定向、关门、起动、运行、换速、平层、开门等控制环节电路的工作过程，明白各电气元器件之间的相互关系及作用，了解电路原理图中各电气元器件的安装位置，并弄明白它们之间是如何实现配合动作的。只有这样，维修人员才能做到心中有数，才能准确地判断故障的发生点，并迅速予以排除。

② 必须把故障现象搞清楚，才有可能根据故障现象从电路原理出发，迅速、准确地分析、判断出故障的性质和范围。搞清楚故障现象的方法很多，可以通过听取司机、乘客或管理人员描述发生故障时的情况，或通过看、听、闻、摸，以及其他必要的检测手段和方法，把故障现象（即故障的表现形式）彻底搞清楚。

所谓看，就是查看维修保养记录，查看在故障发生前是否调整或更换过元器件，观察每个零部件是否正常工作，观察控制电路和信号指示是否正确，观察电气元器件外观颜色是否改变等。

所谓听，就是听电梯是否有异常的声音，如果听到噪声、刺耳声或其他异常声音，可能表明电梯存在故障。

所谓闻，就是闻电路元件（如电动机、变压器、继电器、接触器线圈）是否有异味。

所谓摸，就是用手触摸电气元器件温度是否异常，拨动接线是否松动等。

3）寻找电梯电气系统故障的方法和步骤。完成上述工作后，便可采用以下方法和步骤寻找电气控制电路的故障。寻找故障的方法通常有程序法，电位法，短接法，断路法和分区、分段法等。

① 程序法。电梯正常运行过程中，都要经过选层、定向、关门、起动（包括加速）、运行、换速、平层、开门的循环过程。其中，每一步称为一个工作环节，实现每个工作环节的控制电路，称为工作环节电路。这些工作环节电路都是先完成上一个工作环节电路，才开始下一个工作环节电路，一步跟着一步，一环紧扣一环。

程序法就是维修人员根据电梯的运行程序观察各环节电路的电器动作是否正常。如果某一电器不工作，就说明此工作环节电路发生了故障。这时，可以给该工作环节电路传入相应的电信号，使相应的继电器吸合，或者用手直接按动相应继电器处于吸合状态（注意：防止触电），然后再仔细观察下一环节继电器的动作程序是否正确。所以，维修人员可以根据各工作环节电路继电器的动作顺序和动作情况判断故障出自哪个控制环节电路。使用程序检查法，就是把电气控制电路的故障确定在某个具体控制电路上。

② 电位法。一个闭合的电路，当电流通过某一个电气元器件时，就会在该元器件上产生电压降。只要检测某一元器件是否有电压降，就可以知道有没有电流通过此元器件。所谓电位法，就是使用万用表的电压挡检测电路某一元器件两端的电位的高低，来确定电路（或触点）工作情况的方法。

使用电位法可以测定触点的通或断。当触点两端的电位一样，即电压降为零，也就是电阻为零，判断触点为通；当触点两端的电位不一样，电压降为电源电压，也就是触点电阻为无限大，即可判断触点为断。用同样的方法还可以测定继电器线圈断路或短路。

使用电位法电路必须通电，检测时，身体部位切勿直接触及带电部位。并注意选择合适的电压表挡位，以免损坏仪表或控制板。

③ 短接法。短接法就是用一段导线逐段控制电路中各个开关触点（或线路），模拟该开关（或线路）闭合（或接通）来检查故障的方法。

短接法主要用来寻找电路的断点，检测触点或线路是否接通，当发现故障点后，应立即拆除短接线，不允许用短接线代替开关或触点接通。

采用短接法时千万要注意：不要把负载短路。

④ 断路法。断路法主要适用于排除或逻辑关系的控制电路，以及触点被短路的故障。电梯电气控制电路有时还会出现不该接通的触点被接通，造成某一环节电路提前动作，使电梯出现故障。排除这类故障的最好方法就是断路法。

断路法就是把产生故障的可疑触点或接线强行断开，观察电路是否恢复正常的一种方法。如定向电路，如果某一层的内选触点粘连，就会产生未选层也会自动定向的故障现象，此时，只要把可疑触点断开，如果故障现象消失，就说明判断正确。

⑤ 分区、分段法。有些电路故障是对地短路。由于对地短路，所以保护电路熔断器内的熔体必然烧毁。在这种情况下，可以在关断电源的情况下使用万用表的电阻挡分区、分段地全面测量检查，逐步查找，把对地短路点找出来。对地短路的故障，也可以用熔断器作为辅助检查方法。把已经烧毁的熔断器换上新熔丝，然后分区、分段送电，查看熔断器是否烧毁。如果给 A 区电路送电后熔断器没有烧毁，而给 B 区电路送电后熔断器立即烧毁，说明短路故障点在 B 区。如果 B 区域比较大，还可以把其分为若干段，然后再按上述方法分段送电检查。这就是分区、分段法。

采用分区、分段法检查对地短路故障，可以很快地把发生故障的范围缩到最小。

除了上述 5 种寻找电梯电气控制电路故障的方法还有此其他的方法，如使用仪表（万用表、钳形电流表、绝缘电阻表、示波器等）检测，以及替代法、电流法、低压灯光检测法、铃声检测法等，在此不予赘述。

检查出电梯的电气故障后，就可以准确分析判断故障范围，制定出切实可行的维修方案了。

学习单元 3-2　电梯继电器控制电路的分析

电梯的继电器控制电路已在学习单元 2-4 进行过介绍，下面仍以图 2-33 所示 XPM 型五门五站客货两用电梯的电气控制电路为例，主要从电路常见故障的诊断与排除方法的角度分析电路的工作原理及相互关系。

一、电梯电源电路的分析

1. 电源电路的功能与原理

电梯的电源电路位于图 2-33 中图区 1~3、6、36、37、65、84 和 92。如上所述，除曳引电动机 M1 的工作电源为三相交流 380V 电源外，控制电路中交流接触器电路和照明电路的电压均为单相交流 220V，信号指示灯电路电压为单相交流 6.3V，均由变压器降压获得。继电器电路的电压为直流 110V，由三相桥式整流电路获得（图区 37）。

2. 电源电路的分析

由此可见，若电源电路发生故障，将直接影响全梯的工作。如三相电源断了一相，不但造成曳引电动机 M1 断相运行，还会使三相整流器的直流输出小于 80V，使直流继电器无法动作；若供电电压的波动大于 ±7% 的规定，使电压小于 330V，电压继电器 KA1 将不动作。

二、电梯开关门电路的分析

1. 开关门电路的功能与原理

自动开关门电路位于图 2-33 中图区 39~41，在电梯的继电器控制电路中，自动开关门电路也是经常发生故障的电路之一。

2. 开关门电路的分析

下面以 5 个常见的故障为例进行分析。

1）电梯门关闭后，经选层、起动后，轿厢不能运行。除了电梯运行电路本身的故障之外，出现这种情况的最大可能是门联锁电路故障。如电梯的轿厢门、层门变形，或在关门轨道有杂物，使门关闭不到位。在图 2-33 所示电路中，KA4 为门联锁继电器，SQ10~SQ15 分别为轿厢门和 1~5 层层门的门联锁行程开关，如果轿厢门或任一层门关闭不到位，使 SQ10~SQ15 中的任何一个不动作，KA4 不通电，在接触器电路中的 KA4 触点（222-212）与 SQ10 触点（212-225）不动作，KM1~KM4 就不能动作，电梯就不能起动运行。当然，也需要检查 SQ10~SQ15 或 KA4 这些电器本身有无故障。

2）层门、轿厢门未关好，但轿厢仍能够起动运行。如上分析，故障同样会出自门联锁电路，最大的可能是门联锁继电器 KA4 的动合触点（222-212）因烧结而短路，因此电梯门虽未关好，经选层、起动后轿厢仍可运行。需要注意的是，如果 SQ10（轿厢门联锁行程开关）正常，则因 SQ10 动合触点（212-225）断开 KM3，电动机由于 KM4 接通低速绕组而低速起动，这时应尽快停机，因为曳引电动机低速绕组的连续运行时间一般不能超过 3min，否则容易烧坏电动机。

3）电梯停层后不能开门。

① 若电梯停层后不能自动开门，但可以手动开门，则可能是自动开关门电路故障，可检查开门继电器 KA2（12-17）支路中的相关电器（触点），重点之一是开门区域继电器 KA9。电梯换速后进行平层时，装在上、下平层感应器 KR6、KR7 中间的开门区域感应器 KR8 动作，接通 KA9，预示着电梯已进入开门区域，可以开门；随着平层的结束，KT4 与 KA16、KA6 相继复位，（12-17-18）支路接通，KA2 通电动作，门电动机 M2 带动轿厢门和层门自动开启；如果这一支路的有关电器（触点）损坏，则电梯无法自动开门，须按下手动开门按钮 SB1 开门。

② 如果电梯不但不能自动开门，手动按下 SB1 也无法开门，则应在开门继电器 KA2、门电动机 M2 及其电路中寻找故障。如 KA2 本身有无损坏，其触点接触是否良好；开门行程开关 SQ5 的触点能否接触；M2 有无故障，FU4 有无熔断，电阻 $R6$ 有无接线不牢或电阻丝断线等。当然，SB1 也应在检查的范围内。此外，开关门的机械系统出现故障也会造成无法开门，如门变形、受到卡阻，传动链条脱落等。

4）电梯在运行中发现可以开门。除检修运行外，电梯在运行中是不能开门的，这主要由运行继电器 KA6 与开门继电器 KA2 的互锁来实现。如果 KA6 损坏，其串联在 KA2 支路的动断触点（18-17）不断开，则在电梯运行时可以按下开门按钮 SB1 开门，而随着门的打开，门联锁继电器 KA4 动作，电梯可能会在运行中停下，这不仅影响正常运行，而且很容易发生危险，所以平时应注意对运行继电器 KA6 的检修。

5）不能关门。XPM 型电梯是在选层后按下 SB4 或 SB5（上、下行按钮）接通关门控制继电器 KA16，由 KA16 控制关门继电器 KA3 实现关门，因此应重点检查 KA16 和 KA3 的支路：如 KA16 的触点（12-14）有无接触不良，开门继电器 KA2 的互锁触点有无接触不良，关门限位行程开关 SQ6 有无损坏等。

三、电梯运行电路的分析

1. 运行电路的功能与原理

曳引电动机的主电路位于图 2-33 中图区 1~5（亦可见图 2-22），曳引电动机的控制电路位于图 2-33 中图区 7~14，起动、运行控制电路位于图 2-33 图区 15、16、42~46、56、57，这些电路的功能与原理已在学习单元 2-3 和学习单元 2-4 中有过介绍。

2. 运行电路的分析

运行电路的常见故障如下。

1）电源指示灯亮，而电梯不能起动。造成这一故障的原因较多，除前面分析的门联锁电路故障外，还可从以下几方面寻找原因。

① 发生在主电路的故障。如电源开关未接通，熔断器熔断，热继电器动作，交流接触器主触点接触不良，电压继电器 KA1 回路中串联的触点未能接通或接触不良，甚至可能是曳引电动机 M1 损坏等。

② 电梯起动控制的电器出现故障，包括 KA16（关门继电器）、KA17（起动继电器）、KM1 或 KM2 和 KM3（高速接触器）等；此外，装在井道的行程终端限位保护开关 SQ16~SQ19 的触点如果接触不良，也会造成 KA17 或 KM1、KM2 不能接通，导致电梯无法起动。

2）电梯起动时，轿厢振动较大。

① 电梯起动时由 KM3 接通高速绕组，并串入阻抗 R1、L1 限制起动电流，由时间继电器 KT1 控制 KM5 一级短接。如果 KT1 的延时时间不合适（一般调整为 2 s），或是 R1、L1 的阻抗值不合适，甚至 KM5 的主触点烧结，都会造成电梯在起动时有较明显的振动，应对这些电器进行检查或调整。

② 曳引电动机的闸瓦式制动器电磁线圈 YB 使用直流 110V 电源，如果电磁线圈损坏，或直流电压过低，或 YB 支路接触不良，甚至是制动器产生机械故障，都可能在电动机起动时制动器不能打开，轿厢产生振动。

3）电梯由高速换为低速时有振动或变速过于明显。电梯在停站前，由高速绕组（6 极）换接成低速绕组（24 极），由于惯性的作用，电动机处于再生发电制动状态，产生的最大制动转矩可达电动机额定转矩的二十几倍，因而会产生剧烈的振动和冲击；为此，曳引电动机在换速时串入阻抗 R2、L2，由时间继电器 KT2、KT3、KT4 控制 KM6、KM7、KM8 分三级短接，以达到平滑减速的目的。由此分析，如果 R2、L2 的阻抗值不合适，或是 KT2、KT3、KT4 的延时时间不合适（过早切除阻抗），甚至 KM6~KM8 的主触点烧结而造成电阻、电抗未接入或未全部接入，制动电流过大，都会产生明显振动，应对这些电器进行检查和调整。

4）电梯在行驶中急停。造成这种情况的原因较多，主要有以下几点。

① 突然停电。可能是供电中断，也可能是主电路故障所致，如熔丝熔断、开关跳闸，电源开关触点接触不良等。

② 曳引电动机故障，如电动机损坏，或电动机起动、换速时间过长，造成熔丝熔断或热继电器动作。

③ 串联在电压继电器 KA1 支路的有关电器动作（如热继电器 FR1、FR2，安全窗开关 SQ1，安全钳开关 SQ2，限速器开关 SQ3），或限流电阻 $R5$ 断开。

④ 运行电路的有关接触器、继电器故障。

⑤ 轿厢门带动层门的门刀歪斜，造成层门动作，门联锁继电器 KA4 断电。

四、电梯选层（选向）电路的分析

1. 选层（选向）电路的功能与原理

选层（选向）电路是交流双速电梯继电器控制电路的核心部分，电路位于图 2-33 中图区 52~55（亦可见图 2-35），其电路原理已在学习单元 2-4 有过详细分析。

2. 选层（选向）电路的分析

选层（选向）电路的常见故障如下。

（1）电梯到达预选的层站不停车

1）预选层站的停层感应器 KR1~KR5 损坏，不能发出到达该层站的停层信号；也有可能是相应的楼层信号继电器 KA25~KA29 或楼层信号辅助继电器 KA30~KA34 损坏；此外，中间层站（二、三、四楼）的选层继电器 KA21、KA22、KA23 损坏，也会造成不能停车。

2）电梯的停层主要是由停层控制时间继电器 KT6 控制，若 KT6 或其支路中的电器触点损坏，则不能实现停层功能。检查时，可将触点（12-101-105）短接，观察 KT6 能否动作。

3）如果 KT6 未损坏，则应注意检查串接在 KT6 支路中的 KT7 延时断开动断触点（101-105），KT7 称为停层触发时间继电器，当轿厢运行在两层之间时接通，每到一层即断开，但其触点（101-105）需延时 0.3~0.5s 才断开，以保证 KT6 能通电吸合后自锁。由此分析，如果发生以下情况：

① KT7 的延时时间不当；

② KT7 支路中的 KA25~KA29 触点接触不良造成 KT7 不能通电；

③ KT7 本身损坏；

④ KT6 的自锁触点（107-105）或与之串联的 KA6 动合触点（12-107）损坏。

都会造成电梯不能正确停层。

（2）电梯冲顶或蹲底

1）按上述故障分析，首先应检查停层继电器 KT6 的电路。有可能是一楼和五楼两个端站的停层感应器 KR1、KR5 或是相应的楼层信号继电器 KA25、KA29 故障，造成 KT6 不能通电；但在 KT6 支路的触点（12-101）之间还并联有上、下行继电器 KA10、KA15 的动断触点（相串联），所以还应对这两个触点进行检查。

2）电梯均设有行程终端限位保护，如果电梯超过终端站（一楼或五楼）的停层位置仍不停下，需要紧急停车或由极限开关切断电源，则应检查在井道上、下终端的行程限位保护开关 SQ16~SQ19 和极限开关 SQ1。平时应按规定检查并定期进行超程保护试验。

3）机械制动器故障，抱闸抱不紧。

（3）电梯到达未选的层站停车

1）如果停车的过程完全正常，只是所停的层站并无预选，则可能是接在 KT6 支路上的选层继电器（KA21~KA23）的触点烧结。但是，如果出现上述第（1）点的故障，电梯经过预选的层站不停车，而在到达终点层站（一楼或五楼）时，则不经预选电梯也会自动停下，则属于正常情况。

2）运行时高速接触器 KM3 因故障突然断开，换成 KM4 接通，电梯则会减速并在随后的层站平层停车，所以也应对接触器 KM3 及其支路进行检查。

（4）电梯不能上行（或下行）　以上行为例进行分析。

1）KA10、KA11 为上行继电器，KA12 为上行起动继电器，如果在选层并按下上行按钮 SB4 后 KA16 不动作，不能关门，则应重点检查 KA10~KA12。

2）如果按下 SB4 后 KA16 动作，电梯可以关门但门关闭后不能上行，除按上述方法检查门联锁电路之外，还应检查起动继电器 KA17 和上行接触器 KM1。

（5）电梯运行方向与指令方向相反　这种故障多数发生在电梯检修后，可能的原因如下。

1）电源相序被调换，因此曳引电动机的运行方向与原来相反。

2）上、下行控制电路有关电器的触点、接线接错，如上、下行继电器 KA10、KA11 与 KA14、KA15，上、下行起动继电器 KA12 与 KA13，上、下行接触器 KM1 与 KM2 等，应逐一进行检查。如检修后将 KM2 主触点的接线接错，电动机没有换相，则无论是 KM1 还是 KM2 动作，电动机均为正转，电梯均为上行。

五、电梯停层与平层电路的分析

1. 停层与平层电路的功能与原理

电梯停层电路位于图 2-33 中图区 58、59（亦可见图 2-36），平层电路位于图区 49、50（亦可见图 2-37），其原理和工作过程在学习单元 2-4 中有过详细介绍。

2. 停层与平层电路的分析

停层与平层电路也是经常发生故障的电路之一，常见故障有以下几种。

（1）平层位置不准确

1）制动器故障，包括电磁制动器线圈 YB 电路故障和制动器机械故障，制动过松或过紧。

2）电梯经检修后，上、下平层感应器 KR6、KR7 或平层隔磁板的安装位置不合适。

3）平层电路有关支路中的接线或电器触点接触不良，可检查（206-218-219-209 或 216），及（218-215-214 或 217）、（214-209）、（217-216）、（217-214）等，如有故障会过早停车，造成上平层（位置）较低或下平层较高。

4）与平层动作有关的继电器、接触器（如上、下平层继电器 KA7、KA8，上、下行接触器 KM1、KM2 等）使用时间较长，动作迟缓。

5）换速电路的问题，如换速太迟，换速后速度仍较高等。

6）非电气系统的故障，如电梯超载，对重太轻或太重，曳引绳与曳引轮打滑等。

（2）电梯到达预选层站能够换速，但换速后不能停站

应重点检查开门区域感应器 KR8 和开门区域继电器 KA9，观察 KA9 能否动作，其动断触点（218-219）能否断开。

电梯继电器控制电路常见电气故障的原因和排除方法见表 3-1，供参考。

表 3-1　电梯继电器控制电路常见电气故障的原因和排除方法

故 障 现 象	故 障 原 因	排 除 方 法
一、曲引机组的电气故障		
电动机空载电流三相严重不平衡	重绕定子绕组后，三相匝数不相等	重绕定子绕组
	定子绕组接线错误	检查每相极性，检查接线是否正确，纠正接线
绝缘电阻降低	潮气侵入或雨水滴入电动机内	用绝缘电阻表检查绝缘电阻后进行烘干处理
	绕组上灰尘污垢太多	清除灰尘及污垢后，浸漆处理
	引出线或接线盒接头线的绝缘即将损坏	重新包扎引出线或接头线
	绝缘老化	重新绝缘处理
电动机带负载运行时转速低于额定值	过载	检查电梯有没有过载。如果电梯没有过载，则检查曲引电动机及其传动、制动机构，并对应排除故障
	电源电压低于额定值	检查供电电源电压
电动机外壳带电	电动机绕组受潮、绝缘老化或引出线与接线盒碰壳	对电动机绕组进行干燥处理，绝缘严重老化者则更换绕组，连接好接地线
	铁心槽内有未清理掉的铁屑，导线嵌入后即通地或嵌线的槽绝缘受机械损伤	找出接地线圈后，进行局部修理
	绕组端部太长碰机壳	将绕组端部刷涂绝缘漆，垫上绝缘纸
	铁心槽两端的槽口绝缘损坏	细心扳动绕组端部，耐心找出绝缘损坏处，将绕组加热撬开，垫上绝缘纸，再刷涂漆
电动机运转时声音不正常	定子与转子相互摩擦	锉去定子、转子硅钢片突出部分；轴承如果松动（走外圆或走内圆），可采取镶套办法，更换端盖或更换转轴
	电动机断相运转，有"嗡嗡"的响声	测量三相电压，检查熔丝及接触器触点，排除故障
	转子摩擦绝缘纸	修剪绝缘纸
	轴承严重缺油	清洗轴承，加新润滑油
	轴承损坏	更换轴承
电动机振动	转子不平衡	校动平衡
	轴头弯曲	校直或更换转轴，弯曲不严重时，可车削切去然后配上套筒（热套）
	转子内断线（关掉电源，振动立即消失）	短路测试器检查
	气隙不均，产生单边磁拉力	测量气隙，校正气隙使其均匀
制动器松闸产生冲击	铜套在装配时变形，可动铁心在铜套内运动受阻，制动器打开迟缓，产生运动冲击	拆下铜套整形（**注意**：铜套很薄，整形要细心）
	销孔磨损变形	扩大销孔加衬套
制动器制动行程大，造成平层不准确	制动力不够	调整制动弹簧
	制动轮上有油污	揩净制动轮

（续）

故障现象	故障原因	排除方法
制动轮发热，闸带发出焦味并冒黑烟，闸带很快磨损	电磁铁心有剩磁，使闸瓦与制动轮时有接触	对铁心进行退磁处理
	调整不当，闸瓦松闸状态没有均匀地从制动轮上离开	调整闸瓦上的螺钉，使它与制动轮全贴合，更换太软或已经失效的闸瓦补偿弹簧，增大闸瓦与制动轮间隙（不能大于 0.7mm）
	制动轮表面有灰尘	每班应检查制动轮表面质量
	线圈中有断线或烧毁，电磁力减小	更换线圈，加强防潮措施
	活动铁心间隙过大，使开闸力减小，松闸迟缓或使闸瓦呈半脱开状态	调整铁心间隙在 2~3mm 范围内
	主弹簧弹力过大	退出弹簧压紧螺母，调整弹簧压缩量

二、开关门电路电气故障

故障现象	故障原因	排除方法
电动机转动，但门不移动或拖动力不够	传动带打滑	调整传动带张力或更换已损坏的传动带
	门移动受阻，此时电动机过载声响	调整导向槽使其畅通；使滑轮转动，导轨正确不使门搁在门坎上
门移动到中途停止，既不能进也不能退	接线脱落	排除控制电路故障
	杠杆系统铰链轴磨损变成多角形，间隙加大而卡死	修整孔并更换销轴
	曲柄轮腰形滑槽磨损呈畸形，卡住曲柄销	扩宽腰形滑槽，在曲柄销上加套
	链条绷得太紧	调整链轮安装架使张力适中
	层门的门刀松动，或层门被卡住	紧固门刀或清除层门地坎滑槽脏物
	门的导轨下落或滑轮偏颇	调整门和有关部件
开关门电动机不能起动	无电流	检查电路是否完好，调整器连接是否牢固，熔丝是否熔断
	过载	检查层门、轿厢门运行过程中有无卡阻造成过载，或者线路连接处接触不良造成电梯过载保护
	电刷接触不良	检查刷握弹簧是否松弛，予以调整或改善接触面
	励磁回路断路	检查励磁绕组是否断路，更换绕组
开关门电动机转速失常	电动机转速过高，具有剧烈火花	检查励磁绕组与调整器连接是否良好、是否接触、内部有否断路
	电刷不在正常位置	调整刷杆座位置，即调整中性线位置
	电枢及励磁绕组短路	检查是否短路（励磁绕组须每极分别测量电阻）
	励磁回路电阻过大	检查励磁变阻器和励磁绕组电阻，并检查接触是否良好
关门时夹人或物	安全触板开关未动作	调整开关与触板位置
	拉簧脱落或过软	减少拉簧圈数和长度，增大弹簧力
	扇形板未调好，使触板缩入门里，乘客虽被夹住但触板无法动作	调整短摆杆腰形槽螺栓，使触板与门中心平行或略向外凸
	固定支座的螺栓松动或支座安装歪斜	校正支座安装中心
	电气接触不良或接线错误	重新接线

（续）

故障现象	故障原因	排除方法
三、 电气控制系统故障		
闭合基站钥匙开关，基站门不能开启	控制电路熔断器熔丝熔断	确定熔丝熔断的原因后，排除故障，更换合适的熔丝
	基站钥匙开关接触不良或损坏	如果是损坏则更换，如果是接触不良则用无水酒精清洗触点并调整好触点弹簧片
	基站钥匙开关继电器线圈损坏或继电器触点接触不良	若继电器线圈损坏则更换，若继电器触点接触不良则清洗修复触点
选层后没有信号	轿厢内选层记忆继电器失灵或其自锁触点接触不良	更换或修理选层记忆继电器，着重检查并清洗自锁回路的触点及信号回路的触点
	选层按钮触点接触不良或接线断路	修复按钮触点并将接线接好
	信号灯接触不良或烧毁	排除接触不良点或更换灯泡
	选层器上的信号灯活动触点接触不良	调整触点弹簧，修复并清洗触点，使其接触良好可靠
有选层信号，但方向箭头灯不亮	定向指示灯烧毁或灯泡的灯口接触不良，继电器、线路问题	更换灯泡或修复灯口，检查或更换继电器
	楼层继电器自动定向触点接触不良	用万用表检测或用导线短接的办法确定触点后，调整和修复触点
	上行方向继电器动断触点接触不良，从而导致互锁回路的下行继电器不能吸合，反之亦然	调整、轻磨、清洗触点
	上、下行继电器回路中的二极管损坏	用万用表电阻挡找出损坏的二极管并进行更换
按下关门按钮后，门不关闭	关门按钮触点接触不良或损坏	用短路法确定是否是关门按钮问题，确定后将其修复
	轿厢顶的关门限位开关动断触点和开门按钮的动断触点闭合不良，从而导致整个关门控制电路有断点，因而关门继电器不能吸合	用导线短路法找出门控制电路中的断点，进行修复或更换
	关门继电器损坏	更换
	开关门限流电阻损坏	更换
	开关门电动机传动带过松或磨断	断带则更换新带，过松则适当转动偏心轴来调整带张紧度
选层选向完成并已关闭层门、轿厢门，电梯不能运行	低速关门开关粘死，使关门速度过慢没有力量，以致自动门锁触点未能接通，门锁继电器未能吸合，所以电梯不能起动运行	修复或更换低速关门开关
	自动门锁的开关门小滚轮开门时脱落，使层门门锁触点未能接通	调整钩子锁位簧位置，使其开关门时小滚轮不会脱落
	关门行程开关未接通	调整行程开关位置、角度，使门被关好时，行程开关电路刚好接通

（续）

故障现象	故障原因	排除方法
选层选向完成并已关闭层门、轿厢门，电梯不能运行	轿厢门开关门刀没有插入层门钩子锁两个滚轮中间，结果层门没有关闭到位以致门锁继电器不能吸合	用检测速度开动轿厢，待轿厢门开关门刀离开层门小滚轮时，将层门开尽，然后再以检修速度平层，使轿厢门开关门刀重新插入钩子锁两个小滚轮中间
	运行继电器电路有断点	用万用表或导线短路法将断点排除
	运行继电器损坏	修复或更换
层门未关，电梯却能运行	门联锁继电器触点粘死	调整或更换门联锁继电器
	门锁控制电路接线短路	检查门锁电路，排除短路点
到站停车，电梯门不开	开门电动机电路中熔断器的熔丝过松或熔断，开门限位开关接触不良或触点折断，导致开门继电器不能吸合	拧紧或更换熔丝，更换或修复开门限位开关
	开门继电器电路中，由于关门继电器和运行继电器动断触点接触不良电路不能得电导致无法开门	用无水酒精清洗触点，使触点工作稳定可靠
开关门速度过慢	低速开、门开关粘住或有关线路断路，使关门电动机通过全电阻运转，从而使开关门过慢	检查开关门电路，修复或更换低速开、门开关
	开门机带轮带打滑	调整带轮偏心轴或开门机底座螺栓
检修状态下不能点动行驶电梯	安全回路未工作	用短路法排除故障点
	安全继电器动合触点接触不良，从而导致门联锁继电器不能吸合，方向继电器也不吸合，所以没有检修速度	用导线短接法逐段检查各部件是否良好接触，用无水酒精清洗触点
	与门联锁继电器电路有关元器件接触不良，从而使门锁继电器不能吸合。所以检修速度不能行驶	排除断点，清洗触点
	检修继电器的动断触点闭合不良，致使方向工作继电器不能吸合，所以检修速度不能行驶	同上
电梯在运行中突然停住	外电网停电或换电	如果停电时间长，而轿厢内又有乘客，则在机房用手轮盘车的方法使电梯短距离运行至最近楼层，以便乘客安全退出轿厢，在盘车之前，务必断开机房电源总开关，以保证安全
	由于某种原因使电路电流过大，主开关熔丝熔断或断路器跳闸	查出熔丝熔断或断路器跳闸原因后，更换熔丝或重新合上断路器
	超速闸车（即限速器动作，安全钳卡在导轨上）	首先断开电源开关，并挂上工作标志。用制动器扳手把抱闸扳开，用盘车手轮将电梯向上移动至安全钳脱离导轨为止。这时，可将轿厢顶安全钳开关复位，然后合上机房总电源，在轿厢顶检修运行，检查导轨是否受损，再用细锉刀将导轨修复，待查明闸车原因并修复后方可使用
	轿厢上的开关门刀碰落层门钩子锁小滚轮，从而使门锁继电器断开突然停车	调整小滚轮与门刀的位置，使电梯运行时门刀在两个小滚轮中间通过，而层门开启时两个小滚轮又能夹住开关门刀
	平层感应器干簧管触点粘死，表现为刚换速就停车	更换平层感应器

（续）

故 障 现 象	故 障 原 因	排 除 方 法
电梯自行溜车	制动器弹簧螺钉过松或制动器由于机械故障导致制动力不足	按厂商规定的设计要求调整制动器弹簧，加大制动力或修复制动器
	曳引力不足	更换曳引轮，更换曳引钢丝绳
电梯冲顶或蹲底	由于控制部分如换速触点、井道上强迫换速开关、限位开关失灵等都会造成类似故障	查明原因后，修复或更换元器件
	快车接触器粘死不能释放，故保持快速运行直至冲顶或蹲底	冲顶时，由于轿厢惯性的冲力很大，又因对重被井底缓冲器支住，轿厢就会急促抖动下降，因此安全钳就会起作用。如果遇上此类情况，首先断开总电源，用木桩支承对重，然后用手拉葫芦将轿厢向上拉起，直至安全钳复位为止。然后将轿厢顶安全钳开关复位，再合上电源总开关，用检修速度下行，检查导轨并修复，修复或更换快车接触器后方可再使用
选层换速后不开门、不停车，慢速继续行驶	上、下行平层感应器失灵	更换平层感应器
	上、下行平层继电器失灵	修复或更换损坏的继电器
	平层控制电路接线松动或断路	用分段短接法查出松动点或断路点并修复
电梯在未选层的情况下自动定向、停车	外呼继电器触点短接或轿厢内选层继电器触点短路	修复或更换继电器
预选层站不停车	轿厢内选层继电器失灵	修复或更换轿厢内选层继电器
	预选层站的楼层感应器或楼层继电器损坏	更换楼层感应器或楼层继电器
未选层站停车	快速保持回路接触不良	检查调整快速保持回路中的继电器触点，使之接触良好
	该层站换速连接线与换速电源相碰	修复，分开相碰点
无司机使用电梯时，乘客尚未全部走出轿厢就自动关门	主要是自动关门时间继电器失电后，延时释放的动断触点过快闭合，从而导致关门继电器过早吸合，自动关门	调整时间继电器的整定值
行车时制动器张不开	上、下方向接触器的动合触点接触不良或烧毁，抱闸线圈无电或电压过低，使制动器不能松闸	修复或更换上、下行方向接触器
	与制动器线圈串接的电阻断路或有关接线松动、抱闸线圈无电或电压过低，使制动器不能松闸	修复或更换
	抱闸下边的弹簧调得太紧或抱闸的圆形电磁铁锁母没有旋紧，时间长了磁铁自动旋紧，造成抱闸张不开	将抱闸按规范调整到正确的尺寸
停车断电后再使用，发现运行方向相反	外线三相电源相序调乱	调整相序

(续)

故障现象	故障原因	排除方法
电梯运行速度明显降低	抱闸未完全打开或局部未张开	调整抱闸间隙
	三相电源有一相接触不良	检查三相电源线路，紧固各触点，使之接触良好
	运行、上、下行接触器触点烧损	检修或更换同型号的接触器触点
	电源电压太低	调整三相电压使电压值不超过规定值的 ±7%
轿厢或层门有麻电感觉	轿厢或层门接地线断开或接触不良	检查轿厢等接地线的可靠性，测量接地电阻不大于 4Ω
	接地不良或接地线断开	检查接地线
	线路有漏电现象	按规定，线槽布线不得有接线口。如有接线口，则应加强接线口的绝缘，并用绝缘电阻表检查线路绝缘，绝缘电阻值应不低于 0.5MΩ
局部熔断器经常烧断	该电路元器件或导线碰地	查出碰地点后做好绝缘处理
	有的继电器绝缘垫片击穿	加强绝缘片绝缘或更换继电器
	熔丝容量过小	按额定电流选择合适的熔丝
主电路熔断器经常烧断（或主电路断路器经常跳闸）	该电路元器件或导线碰地，有的继电器绝缘垫片击穿，熔丝容量过小	查出碰地点后做好绝缘处理，加强绝缘片绝缘或更换继电器，按额定电流选择合适的熔丝
	起动、制动时间过长，对地、换速电路问题等	按电梯厂规定调整起动、制动时间，检查系统绝缘电阻、检查换速电路
	起动、制动电抗器（电阻）接头压片松动	紧固接点
个别信号灯不亮	灯泡烧毁	更换灯泡
	线路接点松脱或接触不良	紧固接点
电梯超载时依然能起动运行	超载开关触点接触不良或超载螺钉调整不恰当	修复或更换超载开关，重新调整超载值
	超载继电器烧坏或其动合触点接触不良	清洗触点或更换继电器

 ## 学习单元 3-3　电梯微机控制电路的分析

　　如上所述，现在的电梯主要是采用微机控制，现以 YL-777 型教学电梯为例，分析电梯的微机控制电路。且与上一学习单元一样，以电路的故障诊断与排除作为分析的主要思路与方法。

一、电梯控制电路的分析

1. 控制电路的功能与原理

电梯一体化控制系统结构示意图如图 3-1 所示，系统的核心为电梯一体化控制器。

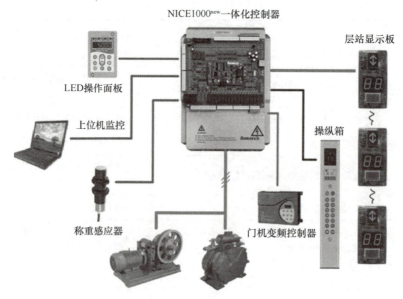

图 3-1　电梯一体化控制系统结构示意图

（1）电梯一体化控制器　电梯一体化控制器是集操作、控制和驱动系统为一体的控制器，下面以默纳克 NICE1000^{new} 电梯一体化控制器为例进行介绍。

默纳克 NICE1000^{new} 电梯一体化控制器主要通过 MCTC-MCB-H 微机主控制板连接内呼系统、外呼系统、主电动机变频控制器、门机变频控制器、曳引电动机、楼层显示器、检修电路，以及各驱动执行元件等。

MCTC-MCB-H 微机主控制板如图 3-2 所示。主控制板通过 I/O 接口、通信接口与控制系统的其他功能电路（模块）及各种驱动执行元件连接。由图 3-2 可见，主控制板有 27 个开关量控制信号输入接口（CN1 与 CN6 输入接口 X1~X24，CN7 强电（AC 110V）检测信号输入 X25~X27），21 个呼梯按钮信号输入接口（CN2 与 CN4 输入接口 L1~L21）；23 个继电器输出接口（Y0~Y22）。当相关的接口接通时，相应的指示灯亮。CN3 是 CAN 通信接口，用于并联通信。CN5 是扩展板 MCTC-KZ-D 的接口，主要用于楼层按钮输入口和继电器输出口的扩展。CN10 是 USB 通信接口，可外接蓝牙模块，用于手机（Android）调试、主板程序烧录或监控终端；CN12 是 RJ45 操作器接口，用于连接数码操作器；CN11、J9、J10 是厂家使用的接口；J12 是 MCTC-PG 接口（编码器反馈信号输入），主控制板与 MCTC-PG 卡的配合使用可实现闭环矢量控制。

（2）YL-777 型电梯一体化控制器

1）控制电路。YL-777 型电梯采用默纳克 NICE1000^{new} 电梯一体化控制器，安装在电气控制柜内，如图 3-3 所示，电路如图 3-4 所示。一体化控制器具有自诊断功能，微机主控制板自身不停地监测着电梯的待机及运行情况，当出现故障时，系统会根据故障的级别高低做出是否需要保护停机的判断，并且实时地显示故障信息，在主板面板上有显示屏或多功能数码管，可以直接将故障信息以代码的形式显示，电梯维修人员可根据故障信息快速准确地诊断与排除故障。

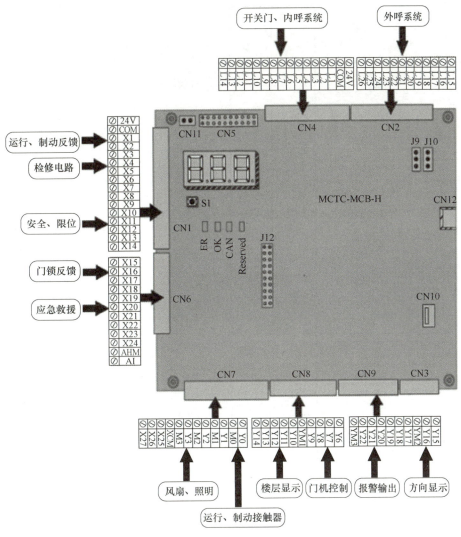

图 3-2　MCTC-MCB-H 微机主控制板结构

图 3-3　YL-777 型电梯的一体化控制器

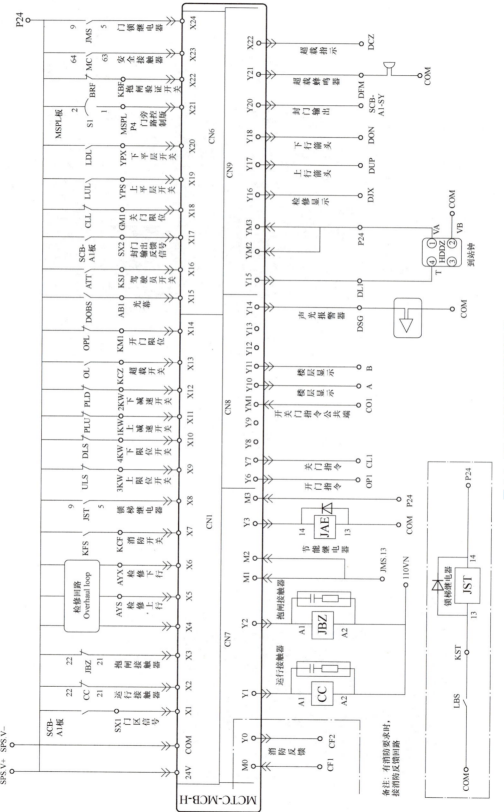

图 3-4　YL-777 型电梯的控制电路

2）故障码。YL-777 型电梯的故障根据对系统的影响程度分为 5 个类别，不同类别的故障对应的处理方法也不同，故障信息码及相关信息可查阅该电梯的有关资料。

3）微机主控制板接口。

① 输入接口。如上所述，YL-777 型电梯采用默纳克 NICE1000^{new} 电梯一体化控制系统，该系统采用的微机主控制板有 27 个输入接口（X1~X27，见表 3-2），21 个按钮信号采集口（L1~L21，见表 3-3），每个接口都带有指示灯，当外围输入信号接通或按钮输入信号接通时，相应的指示灯（绿色 LED）亮。

表 3-2　微机主控制板输入接口

接口	作　用	接口	作　用	接口	作　用
X1	门区信号	X10	下限位信号	X19	上平层开关信号
X2	运行输出反馈信号	X11	上强迫减速信号	X20	下平层开关信号
X3	抱闸输出反馈信号	X12	下强迫减速信号	X21	门旁路输入信号
X4	检修信号	X13	超载信号	X22	抱闸动作输入信号
X5	检修上行信号	X14	门开门限位信号	X23	急停（安全反馈）信号
X6	检修下行信号	X15	门光幕信号	X24	门锁反馈信号
X7	一次消防信号	X16	司机信号	X25	安全回路
X8	锁梯信号	X17	封门输出反馈信号	X26	门锁回路 1
X9	上限位信号	X18	门 1 关门限位信号	X27	门锁回路 2

表 3-3　微机主控制板按钮信号采集口

接口	作　用	接口	作　用	接口	作　用
L1	门开门按钮	L8	未使用	L15	未使用
L2	门关门按钮	L9	未使用	L16	2 楼门下呼
L3	1 楼门内呼	L10	1 楼门上呼	L17	未使用
L4	2 楼门内呼	L11	未使用	L18	未使用
L5	未使用	L12	未使用	L19	未使用
L6	未使用	L13	未使用	L20	未使用
L7	未使用	L14	未使用	L21	未使用

② 输出接口。微机主控制板有 23 个输出接口（Y0~Y22，见表 3-4），每个接口带有指示灯，当系统输出时相应的指示灯（绿色 LED）亮。

2. 控制电路的分析

下面结合常见的故障来分析电梯微机控制电路的功能（检修过程可查阅该型号教学电梯的有关电气图样和资料，下同）。

表 3-4　微机主控制板输出接口

接口	作　用	接口	作　用	接口	作　用
Y0	未使用	Y8	未使用	Y16	检修输出
Y1	运行接触器输出	Y9	未使用	Y17	上行箭头显示输出
Y2	抱闸接触器输出	Y10	BCD 七段码输出	Y18	下行箭头显示输出
Y3	节能继电器输出	Y11	BCD 七段码输出	Y19	未使用
Y4	未使用	Y12	未使用	Y20	封门输出
Y5	未使用	Y13	未使用	Y21	蜂鸣器控制输出
Y6	门开门输出	Y14	声光报警器输出	Y22	超载输出
Y7	门关门输出	Y15	到站钟输出		

1) 故障现象：电梯能选层和呼梯，但是关好门之后不运行，并且重复开关门。

① 故障分析。电梯能正常选层和呼梯，并且能正常开关门，但不能运行，可见微机控制的内外呼部分正常、门机系统正常，应该外围还有条件没达到（未收到反馈），仔细观察微机主控制板的输入接口，如 X23、X24、X26、X27 等输入接口是否正常，还可以观察主控制板是否有故障码显示。

② 检修过程。仔细观察主控制板的各个输入接口（观察其相应的输入指示灯），重点观察当门关好后 JMS 门锁继电器是否已经吸合；如果吸合，再观察主控制板的输入接口 X23、X24、X26、X27 是否正常。最后发现在 JMS 门锁继电器吸合的情况下，X24 输入指示灯仍然没有点亮，如图 3-5 所示，经检测，JMS 门锁继电器的（9-5）触点接触不良，更换新继电器后故障消除。

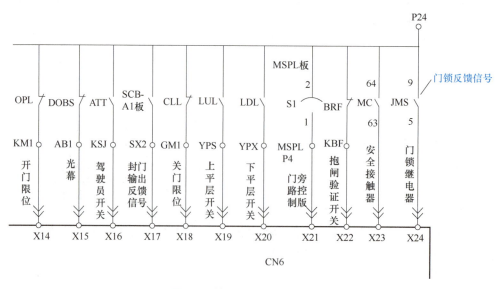

图 3-5　输入接口电路（部分）

2）故障现象：电梯运行到达目的楼层平层停车后，门只开了一条缝就不再继续开门。

① 故障分析。电梯能运行，但是开关门不正常，可见，开关门系统有故障。门只开了一条小缝，表明主控制板发出了开门指令，门机也能执行开门的动作，但是后面的执行过程没完成，所以应该重点检查微机主控制板与门机板之间的指令及应答过程（微机主控制板的 Y6、Y7、X14、X18）。

② 检修过程。仔细观察微机的输入与输出指示灯，发现 X14（开门限位）的指示灯一直不亮，可用万用表检查 KM1 端子引线是否存在断线的问题（见图 3-5）。

最后发现是机房控制柜上的 KM1 端子接线接触不良，将该端子重新处理后故障消除。

3）故障现象：电梯保护停梯并显示故障码 E36。

① 故障分析。由于有故障码显示（E36），查阅故障代码表可知 E36 表示运行接触器反馈异常，故障原因可能为：运行接触器未输出，但运行接触器反馈有效；运行接触器有输出，但运行接触器反馈无效；异步电动机起动电流过小；运行接触器复选反馈点动作状态不一致。

② 检修过程。检查接触器反馈触点是否正常；检查电梯一体化控制器的输出线 U、V、W 是否连接正常；检查接触器控制电路电源是否正常。

最后发现是运行接触器 CC 的（22-21）触点接触不良，更换新接触器后故障消除。

4）故障现象：电梯到站不停，撞限位开关停梯，并显示故障码 E30。

① 故障分析。由于有故障码显示（E30），查阅故障码表可知 E30 表示电梯位置异常，故障原因可能为：电梯自动运行时，旋转编码器反馈的位置有偏差；电梯自动运行时，平层信号断开；钢丝打滑或电动机堵转。

② 检修过程。检查平层感应器、插板是否正常；检查平层信号线连接是否正确；确认旋转编码器使用是否正确。

最后发现是机房控制柜的 SCB-A1 电路板的 SX1 输出端子接触不良，重新处理后故障消除。

二、电梯电源电路的分析

1. 电源电路的功能与原理

YL-777 型电梯的电源电路在机房电气控制柜内（见图 2-1），电路如图 3-6 所示。

1）由机房电源箱送来的 380V 三相交流电经配电箱电源总开关 QPS、断路器 NF1 控制，一路送相序继电器 NPR，一路送主变压器 TR1 的 380V 输入端。经主变压器降压后，分交流 220V 和 110V 两路输出。交流 220V 经断路器 NF2 和安全接触器 MC 的动合触点后，分别送开关电源以及作为光幕控制器和变频门机控制器电源送出。交流 110V 经断路器 NF3 控制后，一路作为安全接触器和门锁接触器线圈电源送出，一路送整流桥整流后输出直流 110V 电压，为抱闸装置供电。

2）开关电源输出直流 24V，一路电源供电给微机主控制板，另一路电源经锁梯继电器 JST 动断触点控制层楼显示器的供电。

3）由机房电源箱送来的 220V 单相交流电经控制柜后作为各照明电路的电源和应急电源。

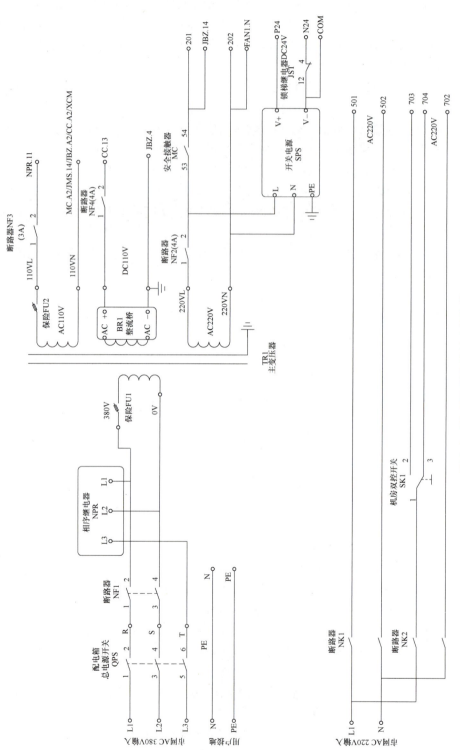

图 3-6 YL-777 型电梯的电源电路

2. 电源电路的分析

电梯电源电路的故障率一般不高，但一旦发生故障，就会造成电梯全梯停电或部分电路不能工作。电源电路分析的一般步骤如下。

1）在电源总开关断开的情况下，对控制柜内的部件实施看、听、闻、摸的检查方法。若没有发现明显的故障部位（故障点），再进行如图 3-7 所示的操作流程。

2）判断电网 380V 供电是否正常，然后按图 3-7 所示流程进行检修（也可以从各电源电压输出端开始，用电压法反向测量）。

3）在电网 380V 供电正常的情况下，接通电源总开关，通过观察，如果故障比较明显，则可直接对局部电路进行检测，不必按图 3-7 流程进行检测。

4）如发现楼层显示器没有 DC 24V 电源供给，则可参照图 3-8 对电源配电环节的相应电路进行检测。

三、电梯安全保护电路的分析

1. 安全保护电路的功能与原理

电梯安全保护电路的作用：当电梯在运行中可能出现一些不安全因素，或因某些部件出现问题，或在维修时需要在相应的位置上对维修人员采取一些确保安全的措施时，断开安全接触器 MC 的电路，便可使电梯停止运行。

YL-777 型电梯的安全保护电路如 3-9 所示。该电路由安全接触器 MC 的线圈回路构成，将相关电器的触点串联在 MC 的线圈回路中。若某一电器的触点（因故障或在维修时人为）断开，则 MC 线圈断电，切断微机主控制板、变频器等的供电电源，电梯停止运行，从而起到保护作用。

由图 3-9 可见，将触点串联在安全接触器 MC 线圈回路的电器有相序继电器（NPR）、控制柜急停开关（EST1）、盘车轮开关（PWS）、上极限开关（DTT）、下极限开关（OTB）、缓冲器开关（BUFS）、限速器开关（GOV）、安全钳开关（SFD）、紧急电动继电器（JDD）、紧急电动开关（INSM）、轿厢顶急停开关（EST3）、轿厢内急停开关（EST4）、地坑急停盒急停开关（EST2A）、地坑检修盒急停开关（EST2B）、地坑张紧轮开关（GOV1）和安全接触器（MC）等组成。

2. 安全保护电路的分析

如上所述，电梯运行的前提条件是串联在安全保护电路的所有开关和电器触点都处于接通状态，安全接触器 MC 得电吸合。由于安全保护电路是 MC 线圈的串联回路，任一开关或电器触点断开、接触不良都会造成回路断开，MC 都不能工作，电梯无法运行。因此，电梯的安全保护电路是较容易产生故障的电路之一。由于串联在该电路中的各开关、电器的安装位置比较分散，难以迅速找出故障点，常用电位法结合短接法查找故障点。

对机房电气控制柜电路故障进行诊断与排除。以安全接触器 MC 电路故障为例，故障现象：合上电源总开关，将基站电源锁开关转至工作状态后，观察发现安全接触器没有吸合，可以先用万用表交流电压挡测量其线圈有没有电压，如果没有电压，则首先检查安全保护电路是否接通。具体操作步骤如下。

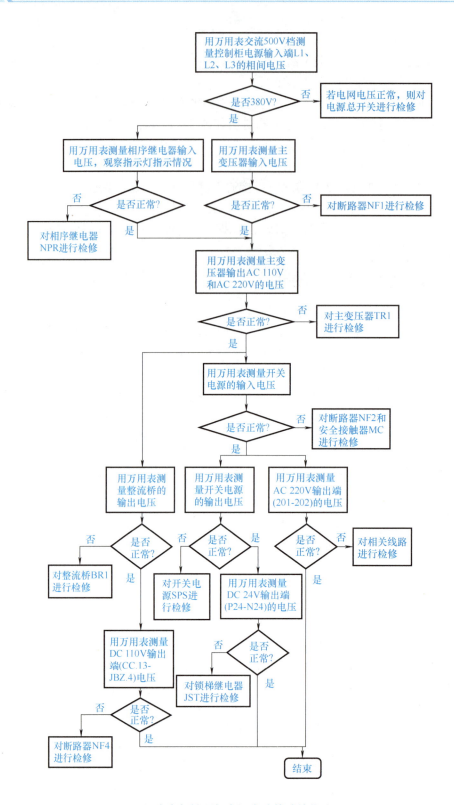

图 3-7　机房电气控制柜电源电路故障检修流程图

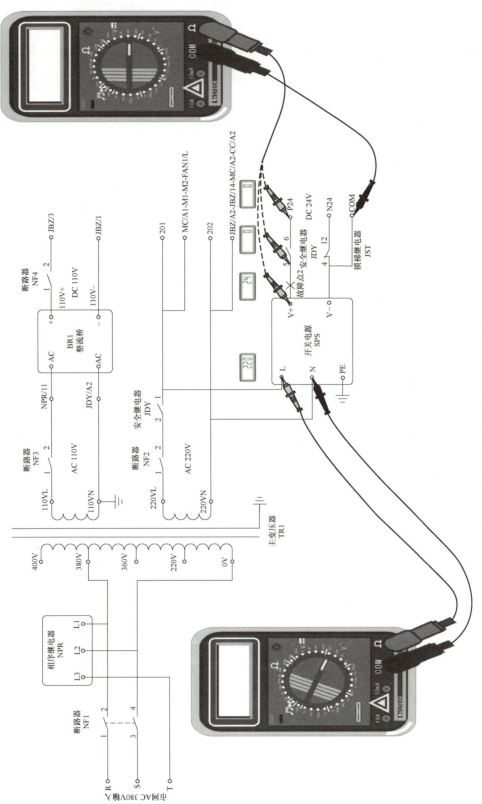

图 3-8　检测 DC 24V 电源配电环节故障示意图

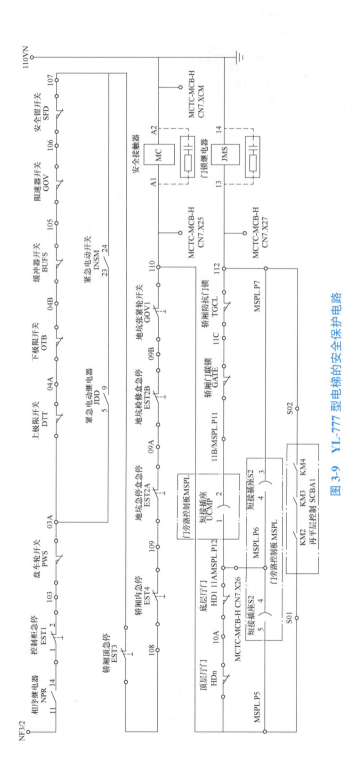

图 3-9 YL-777 型电梯的安全保护电路

（1）检查安全保护电路的工作电压 测量安全保护电路的电源输入端 NF3/2 和 110VN 的电压是否正常。如果电压为零，可检查电源电路的输出电压，并检查从断路器 NF3 引出的 NF3/2 端等是否接触不良。最后，用万用表交流电压挡测量安全接触器 MC 的线圈有没有电压，如图 3-10 所示，若线圈两端的电压值正常，但接触器不吸合，则说明该电器已损坏（如线圈断路）。

图 3-10 测量安全接触器的线圈电压

（2）用电位法检查安全保护电路故障的步骤 如图 3-11 所示，具体步骤如下。

1）先用万用表交流电压挡测量 NF3/2—110VN 之间是否有 110V 电压，如果有，则说明电路电源正常。

2）然后将一支表笔固定在 110VN 端，另一支表笔在其他接线端逐点测量。如在接线端 03A 处，如果电压表没有 110V 电压指示，则说明 NF3/2 端到 03A 端之间的电器元件不正常，应在该范围内寻找故障点。

3）假设表笔放置于接线端 03A 处有电压指示，而将表笔置于下一个点 103 处时没有电压指示，则可以初步断定故障点应该在接线端 103 与 03A 之间的盘车轮开关 PWS 上。此时，可用短接线短接 103 与 03A 两端，如果安全接触器 MC 吸合，则证明故障应在盘车轮开关上，然后找到该元件进行修复或更换，从而排除故障。

注意：短接法只是用来检测触点是否正常的一种方法，须谨慎采用。当发现故障点后，应立即拆除短接线，不允许用短接线代替开关或开关触点接通。短接法只能寻找电路中串联开关或触点的断点，而不能判断电器线圈是否损坏（断路）。

（3）用电阻法检测触点是否断开 步骤如下。

1）应在电路断电的情况下操作。首先，把断路器 NF1 拨到断开位置，断开电源，用万用表交流电压挡测量 NF3/2—110VN 之间是否有 110V 电压，保证电路不带电。

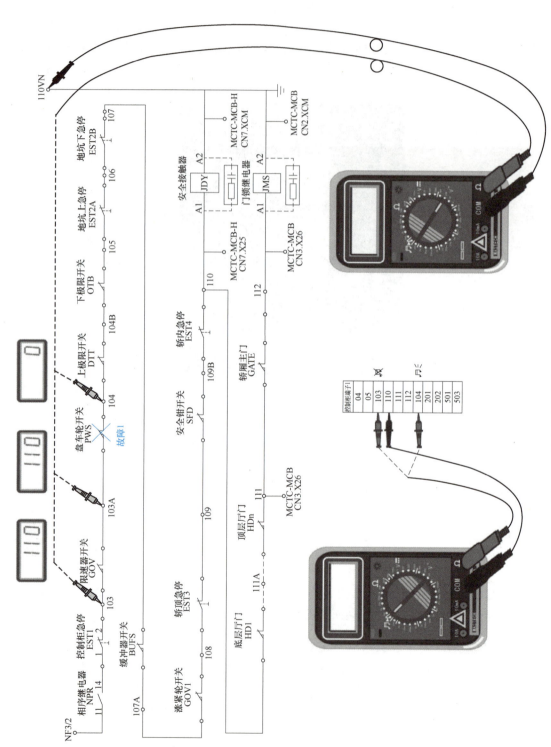

图 3-11 检查安全保护电路故障示意图（一）

2）然后把断路器 NF3 拨到断开位置，用万用表电阻挡逐点测量，如图 3-12 所示。如在机房电气控制柜内的接线端中找到编号为 110VN、03A 和 103 的接线端，分别测量 110VN 与 03A 端、110 VN 与 103 端的通断情况，如果前者接通后者没通。则故障断点位于 03A 与 103 两端的盘车轮开关 PWS 上。

（4）用优选法分段测量　具体步骤如图 3-13 所示。

四、电梯开关门电路的分析

1. 开关门电路的功能与原理

（1）电梯开关门的工作方式

1）自动开门。当电梯进入低速平层区停站后，电梯微机主控制板发出开门指令，门机接收到此信号时自动开门，当开门到位时，开门限位开关信号断开，电梯微机主控制板得到此信号后停止开门指令的输送，开门过程结束。

图 3-12　测量盘车轮开关元件的通断

2）立即开门。当在关门过程中或关门后电梯尚未起动需要立即开门时，可按下轿厢内操纵箱的开门按钮，电梯微机主控制板接收到该信号时，立即停止输送关门指令、发出开门指令，使门机立即停止关门并立即开门。

3）层站本层开门。在自动状态下，当在自动关门或关门后电梯未起动时按下本层层站召唤按钮，电梯微机主控制板收到该信号后，立即发出指令使门机停止关门并立即开门。

4）安全触板或光幕保护开门。在关门过程中，安全触板或门光幕被人为障碍遮挡时，电梯微机主控制板收到该信号后，立即停止输送关门指令、发出开门指令，使门机立即停止关门并立即开门。

5）自动关门。在自动状态下，停车平层后门开启约 6s 后，在电梯微机主控制板内部逻辑的定时控制下自动输出关门信号，使门机自动关门，门完全关闭后，关门限位开关信号断开，电梯微机主控制板得到此信号后停止关门指令的输送，关门过程结束。

6）提前关门。在自动状态下，电梯开门结束后，一般等 6s 后再自动关门，但此时只要按下轿厢内操纵箱的关门按钮，电梯微机主控制板收到该信号后，立即输送关门指令，使电梯立即关门。

7）司机状态的关门。在司机状态下，不再延时 6s 自动关门，而必须要有轿厢内司机持续按下关门按钮才可以关门并到位。

8）检修时的开关门。在检修状态下，开关门只能由检修人员操作开、关门按钮来进行。如在门打开时，检修人员操作上行或下行检修按钮，电梯门此时执行自动关门程序，门自动关闭。

（2）开关门电路原理图　YL-777 型电梯的开关门电路由开关门控制电路、开关门电动机和开关门按钮、开关门位置检测开关和保护光幕等组成，如图 3-14 所示。采用变频门机作为驱动自动门机构的原动力，由门机专用变频控制器控制门机的正反转、减速和转矩保持等功能。门机控制系统向电梯控制系统发出指令和信号，根据电梯运行的控制环节，向门机控制系统发出开、关门的指令和信号，实现门机控制。在开关门过程中，变频门机借助专用位置编码器实现自动平稳调速。为保证安全，电梯的轿厢门和层门不能随意开关，因此电梯内呼系统的开关门按钮只起向微机主控制器发出信号的作用。微机主控制器根据电梯的工作状态和当前运行情况最终决定是否开门或关门，并发出指令给开关门控制器。

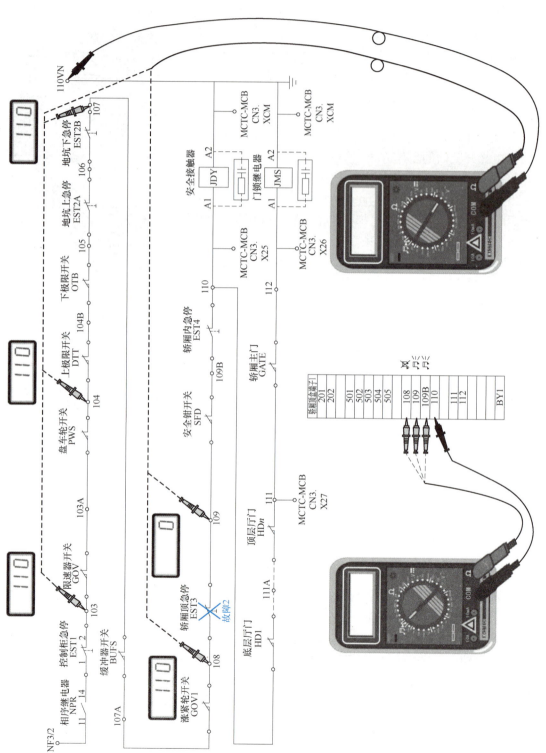

图 3-13 检查安全保护电路故障示意图（二）

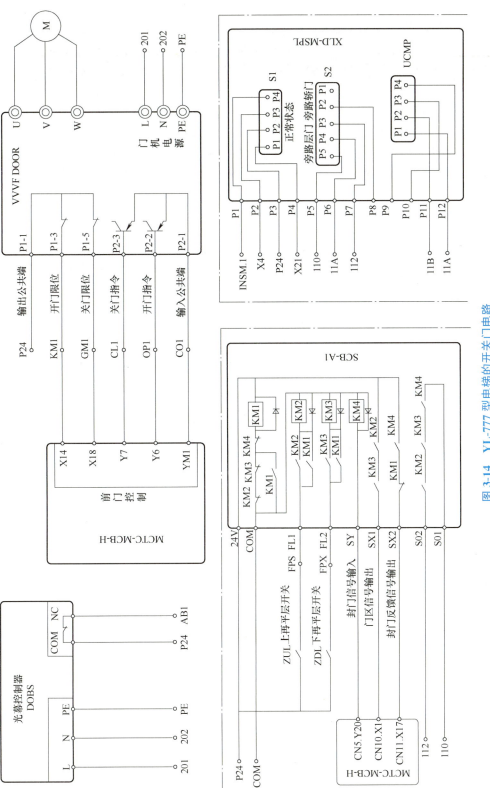

图 3-14　YL-777 型电梯的开关门电路

2. 开关门电路的分析

（1）开关门电路电气故障的类型　电梯的开关门电路也是经常会发生故障的电路之一。常见电气故障的类型有自动开门故障、立即开门故障、层站本层开门故障、安全触板或光幕保护开门故障、自动关门故障、提早关门故障、司机状态关门故障和检修时的开关门故障。

（2）故障案例分析　故障现象。门机不开门（有开门指令输入门机变频驱动板，但门机不开门）。

1）故障分析。检查有无指令输入门机变频驱动板（以下简称门机板）对于故障的判断很关键。若无指令输入，则故障与门机板和门机都没关系；如果有指令输入门机板，则故障与门机板输出和门机有关系，如图3-15所示。

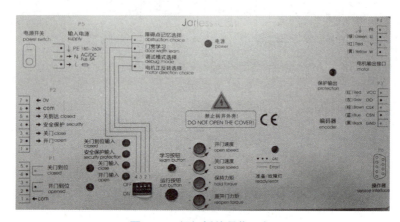

图3-15　门机板信号指示灯

2）检修过程。因为有指令输入，所以重点检查门机控制系统输出的三相电源线、门电动机是否正常（见图3-14）。断开门机控制电源，用万用表电阻挡对门机控制系统的三相输出电源线进行检测，对门电动机进行三相绕组的电源端子检测，看其三相绕组阻值是否平衡。最后发现是W相电源线存在断路现象，更换同规格的新线后故障解除。

五、电梯曳引电动机控制电路的分析

1. 曳引电动机控制电路的功能与原理

（1）电梯的曳引系统及其控制　电梯曳引系统的作用是产生输出动力，通过曳引力驱动轿厢运行。曳引系统主要由曳引机（包括电动机、减速箱、制动器和曳引轮）、导向轮、曳引钢丝绳等部件组成。曳引电动机控制电路控制电动机的起动、加速、匀速、减速和停止，如图3-16所示。

（2）变频驱动的时序　曳引电动机的调速控制由控制器发出运行信号（运行接触器CC动作），先给三相交流曳引电动机一定的电流（曳引电动机预转矩），此时，系统要接收运行接触器动作反馈信号，同时变频器会检测通往电动机的三相电流是否平衡，当出现断相或不平衡时会报警保护，当系统接收到运行接触器动作的反馈信号后，发出抱闸张开信号（抱闸接触器JBZ动作）。同样，此时系统要接收抱闸动作反馈

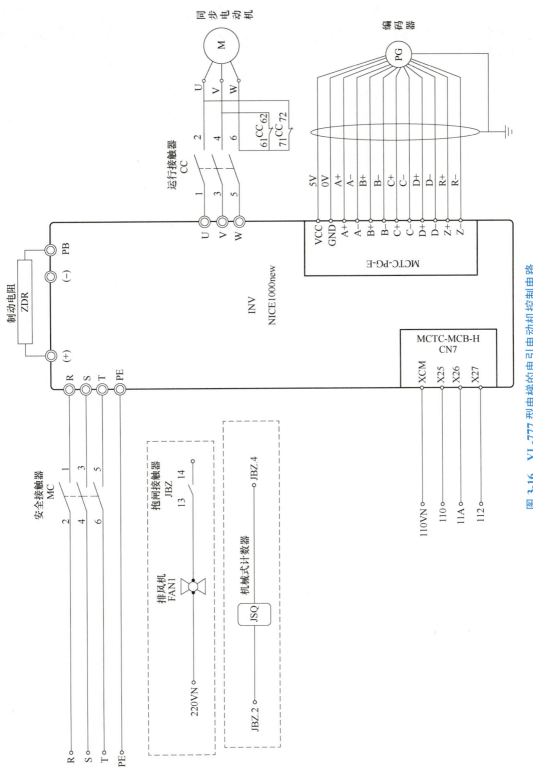

图 3-16　YL-777 型电梯的曳引电动机控制电路

信号，当接收到抱闸动作的反馈信号后，系统正式给拖动控制器（变频器）发出起动、加速信号，此时，曳引电动机开始运转，同时，在运行过程中，控制系统会接收来自主机轴端的旋转编码器发出的数字脉冲，以及接收来自井道内的楼层感应器（平层感应器）信号，以达到闭环控制的目的，系统会计算出电梯的运行速度及运行距离。

2. 曳引电动机控制电路的分析

下面结合常见的故障来分析电梯曳引电动机控制电路的功能。

1）故障现象：电梯能轿厢内选层和层站呼梯，但关好门后不能运行（运行接触器 CC 不吸合）。

① 故障分析。因为电梯能选层和呼梯，并且能开关门，可见，内外呼系统电路正常、开关门系统电路正常。层门和轿厢门都已关好，门锁继电器 JMS 吸合，接下来运行接触器 CC 应吸合，但是发现该接触器并没有吸合动作，所以故障应该出自运行接触器 CC 的线圈回路。依照电路图并使用万用表可找出故障点。相关电路如图 3-17 所示。

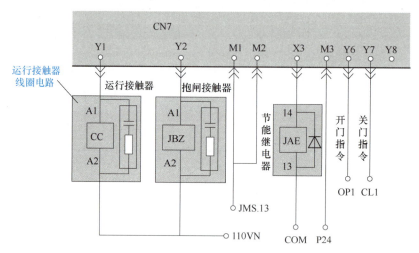

图 3-17　运行接触器电路图

② 检修过程。根据断电检修工作优先的原则，将电梯主电源断开，用万用表的电阻挡进行检测。首先，检测运行接触器 CC 的线圈电阻（A1-A2 端），这时，应该显示线圈的阻值（约几百欧），短路及无穷大都不正常，如正常，则再检查电路主板 CN7-Y1 端子至运行接触器 CC 的 A1 端子的引线、运行接触器 CC 的 A2 端子至 110VN 的返回端子的引线，两者的引线应该为通路，如断路则不正常。最后发现是运行接触器故障，线圈断路，更换该器件即可消除故障。

> **注意：** 更换新器件时，一定要将对应的线号接回原来的端子上，核对无误后方可送电试运行。

2）故障现象：电梯能轿厢内选层和层站呼梯，但关好门后不能运行（JBZ 不吸合）并报警保护。

① 故障分析。因为能选层和呼梯，并且能开关门，可见，内外呼系统电路正常、开关门系统电路正常。层门和轿厢门都已关好，门锁继电器 JMS 吸合，根据电梯运行的控制环

节，运行接触器 CC 吸合，紧跟着抱闸接触器 JBZ 也应该吸合，但是发现抱闸接触器 JBZ 并没有吸合动作，系统控制环节可能是在运行接触器 CC 与抱闸接触器 JBZ 之间出现问题。由此可知，若不是运行接触器 CC 所控制的变频器输出至电动机三相电源端子的电路存在问题，就是抱闸接触器 JBZ 的线圈电路存在问题。相关电路如图 3-18 所示。

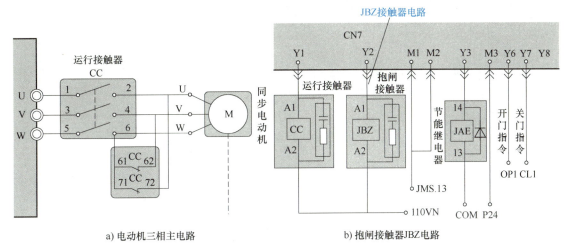

图 3-18　电动机三相主电路和抱闸接触器 **JBZ** 电路

② 检修过程。断开主电源，根据图 3-18a 用万用表电阻挡先检查电动机三相主电路各相的线路是否存在断路（开路）现象，如正常，再检查图 3-18b 抱闸接触器的线圈电路，检查方法同上例运行接触器线圈电路。最后发现是电动机的 U 相接线端子有松动烧蚀的现象，存在虚接的情况。重新处理该端子后故障排除。

六、电梯呼梯和楼层显示电路的分析

1. 呼梯和楼层显示电路的功能与原理

（1）外呼梯与楼层显示系统　电梯的外呼梯与楼层显示系统包括基站和各层的外呼梯盒（见图 2-10）。

（2）轿厢内呼梯系统　YL-777 型电梯的轿厢内控制屏（操纵箱）见图 2-5，控制屏面板上有开、关门按钮，选层按钮，报警按钮和五方通话按钮及楼层显示器。当乘客按下选层按钮时，选层按钮内置的发光二极管点亮，同时，选层信号通过电路传送到微机主控制器，若电梯不在该层，选层信号被登记，选层按钮指示灯被微机主控制器发出的信号点亮。

呼梯和楼层显示电路如图 3-19 所示。

2. 呼梯和楼层显示电路的分析

同样，以几个常见的故障为例来分析电梯呼梯和楼层显示电路的功能。

1）故障现象：按下一楼外呼梯按钮，按钮内置指示灯不亮，电梯不响应外呼梯信号。

① 故障原因。最为常见的原因是外呼梯按钮的触点或接线接触不良，DC 24V 电源异常。外呼梯按钮结构如图 3-20 所示，用万用表测量 2 端与 4 端的电压值不是正常的 DC 24V，由此可初步判断故障原因为触点接触不良。

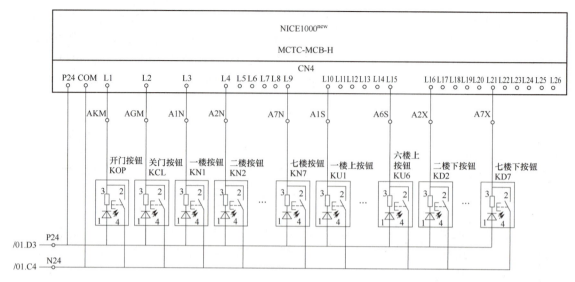

图 3-19　YL-777 型电梯的呼梯和楼层显示电路

② 检修过程。用螺钉旋具松开按钮的后盖，对触点进行修复，故障排除。

2）故障现象：乘客内呼梯选层不能正常应答。乘客在一楼，层门和轿厢门关好后，按下二楼选层按钮，按钮内置指示灯亮，但电梯不运行。

① 故障原因。较为常见的原因是选层信号未能传输到微机主控制板。

② 检修过程。检测选层信号传输是否异常。需两人配合操作：一人在轿厢内按下二楼选层按钮，另一人在机房测量微机主控制板的输入信号。由内呼梯系统电路原理图可知，二楼选层信号通过主控制板的 L4 端输入，如图 3-21 所示，用万用表直流电压挡测量该端电位，如果不是零电位，说明信号传输异常。经检查，故障原因为传输信号线断开。用备用线更换后，故障排除。

图 3-20　外呼梯按钮结构

二楼选层信号接口

图 3-21　检测选层信号输入端示意图

3）故障现象：二楼楼层显示器下行指示没有显示。

① 故障原因。按图 3-22 检测楼层显示器，找到故障点为信号输入端接触不良。

② 检修过程。将该信号输入端重新接牢固，故障排除。

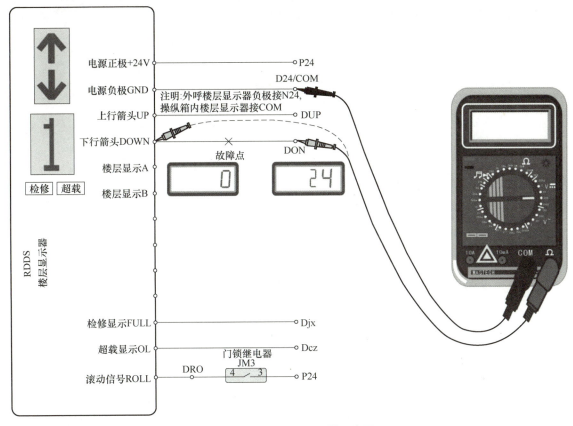

图 3-22 检测楼层显示器示意图

 学习单元 3-4 自动扶梯电路的分析

自动扶梯的电气系统和安全保护功能及其相关装置已在学习单元 2-5 中有过介绍，这里主要介绍自动扶梯相关电气安全保护装置的原理及检测与调整方法。

一、自动扶梯的电气保护装置

1. 超速和非操纵逆转保护装置

（1）超速和非操纵逆转保护装置的作用

1）超速保护装置的作用。超速保护装置一般有机械式和电子式两种，其作用是当扶梯超速或欠速运行至某设定值时，超速保护装置动作，切断扶梯的控制电源，使自动扶梯停止运行。

2）非操纵逆转保护装置的作用。非操纵逆转保护装置也有机械式和电子式两种，其作用是当扶梯发生逆转时，使工作制动器或附加制动器动作，紧急制停自动扶梯。

（2）自动扶梯速度及运行方向检测传感器的安装　正对梯级链轮轮齿安装有两个传感器：一个传感器的感应面中心正对梯级链轮轮齿中心，另一个传感器的边缘正对相邻轮齿中心轴，如图 3-23 所示，安装距离为 $3mm \leqslant L_A = L_B \leqslant 8mm$。

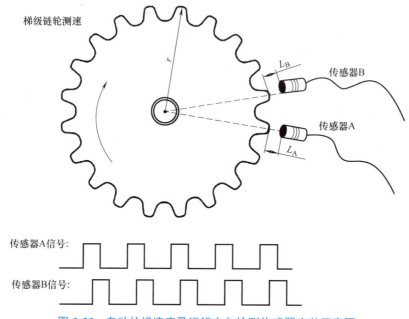

图 3-23　自动扶梯速度及运行方向检测传感器安装示意图

（3）超速和非操纵逆转保护装置的原理

1）超速保护装置的工作原理。通过使用传感器 A 和传感器 B 检测梯级链轮的速度，判断电梯运行是否超速并执行超速安全保护功能。当驱动站工作、梯级链轮转动时，每个轮齿遮挡一次传感器，传感器就发出一个脉冲。通过检测传感器的脉冲时间间隔，可计算出扶梯的运行速度。其中，传感器 A 和传感器 B 作为相互冗余的速度检测通道，通过设定一定的脉冲周期或频率阈值，可以分别检测 1.2 倍或 1.4 倍超速，并进行超速安全保护。

2）非操纵逆转保护装置的工作原理。通过正确安装两个传感器的相对位置，可以使传感器 A 的相位超前于传感器 B，并保证两传感器脉冲有重叠部分，此时，检测这两个传感器的逻辑顺序，只需通过逻辑顺序的判断，就可以检测梯级即扶梯的实际运行方向，防止逆转运行。

2. 主驱动链保护装置

主驱动链保护装置如图 3-24 所示，一般有机械式和电子式两种结构形式。当链条下沉超过某一允许范围或驱动链断裂时，该保护装

图 3-24　主驱动链保护装置

置的微动开关动作,断开主机电源而使扶梯停止运行,达到安全保护的目的。

3. 梯级链伸长或断裂保护装置

自动扶梯在张紧装置的张紧弹簧端部装设开关,当梯级链条由于磨损或其他原因而过长、断裂时,即碰到开关切断电源而使自动扶梯停止运行。

4. 梳齿板安全保护装置

梳齿板安全保护装置如图 2-44 所示,其作用是当异物卡在梯级踏板与梳齿之间造成梯级不能与梳齿板正常啮合时,梳齿就会弯曲或折断。此时梯级不能正常进入梳齿板,梯级的前进力就会将梳齿板抬起移位,使微动开关动作,扶梯停止运行,达到安全保护的目的。

5. 梯级缺失监测装置

(1)保护作用 梯级缺失监测装置如图 2-43 所示。当自动扶梯的梯级或踏板出现缺失时,能够通过装设在驱动站和转向站的检测装置检测到,并使自动扶梯在缺口(由梯级或踏板缺失而导致)从梳齿板位置出现之前停止运行。

(2)检测传感器的安装 检测传感器在上、下机房各有一个,正对于踏板对立侧的踢板长边边缘的截面安装,如图 3-25 所示,安装距离为 $5\text{mm} \leqslant L_5 = L_6 \leqslant 15\text{mm}$。

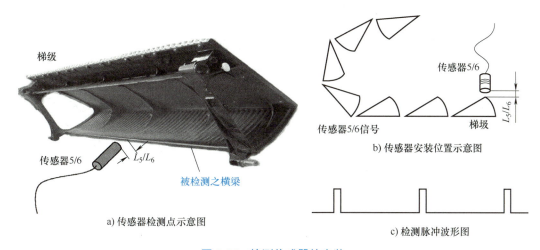

图 3-25 检测传感器的安装

(3)检测原理 设检测梯级缺失的传感器为传感器 5/6。通过在自动扶梯上、下机房内的梯级回转端安装传感器 5/6,检测梯级是否缺失,配合主机测速传感器 A/B 的信号,通过计算传感器 A/B 在传感器 5/6 相邻脉冲宽度内的脉冲数量来判断梯级是否缺失。当梯级经过时,传感器 5/6 接收信号,输出脉冲,设同一个传感器两个相邻脉冲的时间间隔为 T,T 内主机测速传感器 A/B 的脉冲计数为 X。不管梯速如何,在梯级不缺失的情况下,时间间隔 T 内的 X 值在一定阈值内,如果 X 值超出阈值,则判断为梯级缺失故障,自动扶梯紧急停梯。

6. 梯级塌陷保护装置

梯级塌陷保护装置如图 2-42 所示。梯级塌陷指梯级滚轮外圈橡胶剥落或梯级滚轮轴断裂等情况发生时,造成梯级在进入水平段时不能与梳齿板正常啮合。当梯级塌陷后,运动中的梯级碰撞开关上的摆杆使开关动作,扶梯停止运行。

7. 上、下水平段的梯级间隙照明

在梯路上、下水平段与曲线段的过渡处，梯级在形成阶梯或阶梯的消失过程中，乘客的脚往往会踏在两个梯级之间发生危险。为了避免上述情况的发生，在上、下水平段梯级下面各装一个荧光灯，使乘客经过该处看到灯光时，及时调整在梯级上站立的位置，以确保乘客安全，如图 3-26 所示。

a) 梯级间隙照明　　　　　　　　　　b) 绿色荧光灯安装位置

图 3-26　上、下水平段的梯级间隙照明

8. 扶手带入口安全保护装置

扶手带入口安全保护装置如图 2-46 所示。

9. 扶手带断带保护装置

公共交通型自动扶梯一般都设有扶手带断带保护装置。如果扶手带断裂，紧靠在扶手带内表面的滚轮摇臂就会下跌，使微动开关动作，自动扶梯立即断电停止运行。

10. 扶手带速度偏离保护装置

如图 3-27a 所示，在自动扶梯左、右扶手带下方装有扶手带测速装置，正对测速轮上的感应装置固定传感器，测速轮圆周以相同间隔均匀开孔。设检测左、右扶手带速度的传感器为传感器 3/4，并将其固定在不运动的部件上。当扶梯运行时，扶手带测速轮通过摩擦力转动，其线速度与扶手带的速度基本一致，测速轮每转动一圈，传感器 3/4 就输出一个脉冲信号，如图 3-27b 所示，由此检测出扶手带的速度并与梯速比较。当扶手带速度低于对应梯速的 85% 并持续 15s 时，切断自动扶梯的安全回路电源，使其立即停止运行，从而实现扶手带测速保护。

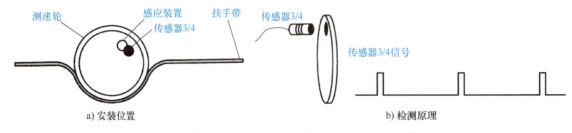

a) 安装位置　　　　　　　　　　b) 检测原理

图 3-27　扶手带测速装置的安装位置与检测原理示意图

11. 围裙板安全保护装置

围裙板安全保护装置如图 2-45 所示，相关内容前文已有讲述，一般在扶梯的上、下部

安装 4 个围裙板安全保护装置。

12. 检修盖板打开检测装置

在自动扶梯正常运行过程中，如果上、下检修盖板打开，则安装在盖板下的检测开关将切断自动扶梯安全回路的电源，使其立即停止运行。当转换至检修状态时，该检测开关不起作用。

13. 制停距离超距保护装置

在自动扶梯停止时，由于制动器失效或其他原因致使自动扶梯无法停止，当制停距离超出最大允许距离 1.2 倍时，扶梯安全监控板将判断其为制停距离超距故障，故障代码为 ERR04，该故障排除后只能通过手动复位才能使自动扶梯恢复正常。

14. 制动器松闸故障保护装置

（1）动作原理　检测开关安装在工作制动器的制动线圈下方，如图 3-28 所示。检测开关分别检测制动器两边制动臂的动作情况，开关信号分别接入系统安全监控板 PES 的 X6、X7 和 X8、X9 端口。当制动器松闸出现故障时，即扶梯起动后工作制动器制动臂未能有效打开，检测开关也将不动作，则系统安全监控板不能收到抱闸打开信号，将切断自动扶梯或自动扶梯安全回路的电源，使其立即停止运行，从而实现制动器松闸故障保护功能。

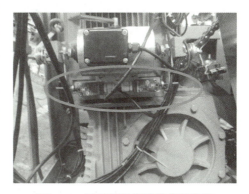

图 3-28　制动器松闸故障保护装置

（2）检验方法　自动扶梯起动前或在运行过程中拆除检测开关信号线（接线端子号 X6 或 X7），或者拆除抱闸线圈的接线（接线端子号 V32 或 W32），抱闸不能有效打开，则系统安全监控板不能收到抱闸打开信号，将切断自动扶梯或自动扶梯安全回路的电源，使其立即停止运行。系统安全监控板将报故障 ERR09，此故障排除后只能通过手动复位才能使自动扶梯恢复正常。

15. 手动盘车检测保护装置

当装上可拆卸的手动盘车装置时，检测保护装置将断开安全回路电源，防止自动扶梯起动。

16. 驱动电动机的保护

1）按照 GB 16899—2011《自动扶梯和自动人行道的制造与安装安全规范》，直接与电源连接的电动机应进行短路保护。

2）采用热继电器作为驱动电动机的过载保护。

3）当电动机电源出现断相或错相时，相序保护开关动作，自动扶梯不能运行。

17. 故障显示及自动报警

自动扶梯的安全装置对扶梯产生的一切故障和安全问题都具有自动报警、自动显示、自动故障分析等功能，最大限度保证了乘客的安全（见图 2-49）。

18. 其他电路及其功能

（1）加油功能　PLC 以扶梯正常运行时间为基准，自动累计工作时间，当时间达到 24h，加油装置工作一次（3min），用户根据扶梯使用情况须对加油装置添加润滑油（润滑间隔时间和润滑时间可按不同使用要求任意设定）；若某些原因须手动加油且加油器为电磁泵时，可在扶梯运行后插入起动钥匙旋转（不分方向）保持 5s，直至警铃响，此时扶梯停止运行，再次起动扶梯，加油装置工作 5min。也可以根据维护需要进行手动按钮加油。

（2）安全照明　在自动扶梯的上、下机房都装有 AC 36V 安全照明灯，上段的控制箱和下段的分线箱中都装有 AC 36V、AC 220V 的插座，用于提供安全照明灯电源和检修电源。

二、自动扶梯的电路分析

下面以 YL-2170A 教学扶梯为例，分析自动扶梯常见故障的诊断与排除方法（检修过程可查阅该型号教学扶梯的有关电气图样和资料，下同）。

图 3-29　测量 PES 控制器 X1 输入端

1. 检修控制盒公共开关的维修

故障现象：自动扶梯能够正常运行，但不能检修运行。

1）故障分析。根据故障现象分析，应为检修回路故障。

2）检修过程。具体如下：

① 拆卸上机房盖板，并将盖板摆放在指定的位置。

② 按下急停按钮，关闭总电源。

③ 接入检修控制盒。查看扶梯故障显示器状态是否正常。

④ 检修上、下运行。观察电气控制箱内的上、下行接触器（见图 2-48），发现上、下行接触器均不吸合。

⑤ 测量 PES 控制器 X1 输入端正常，如图 3-29 所示。

⑥ 检修上、下运行时，分别测量 PLC X04、X05 端口有无电压，如图 3-30 所示。

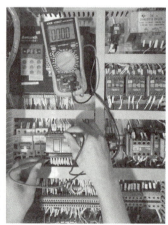

图 3-30　检查 PLC 端口有无电压

⑦ 断开电源，按下检修控制盒按钮，用万用表蜂鸣挡测量检修控制盒插头，如不导通，则确认检修控制盒内部故障，如图 3-31 所示。

⑧ 经测量，公共开关不导通，确定是开关动合触点损坏，更换公共开关后恢复检修运行，如图 3-32 所示。

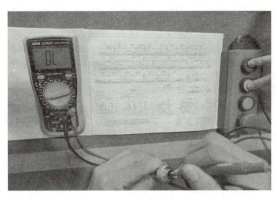

图 3-31　测量检修控制盒

图 3-32　测量公共开关

2. 梳齿板保护开关的维修

故障现象：自动扶梯不能正常运行，故障显示板的蜂鸣器发出响声。

1）故障分析。故障代码为 E14，为上部左、右梳齿保护开关故障。

2）检修过程。具体如下：

① 拆卸上机房盖板，并将盖板摆放在指定的位置。

② 按下急停按钮，关闭总电源。

③ 接入检修控制盒，送电，查看扶梯控制柜上的故障牌（见图 2-49）或查阅相关资料，故障代码 E14 表示的故障点为上部左、右梳齿开关，检查梳齿板保护开关是否误动作，如图 3-33 所示。

图 3-33　检查梳齿板保护开关

④ 测量控制柜的 A14、A15 端子（安全保护开关电路），经过测量发现这两个端子之间断路，如图 3-34 所示。

图 3-34　测量梳齿板保护开关电路

⑤ 进一步对元器件进行测量，发现是上机房右边的梳齿板保护开关故障，更换后恢复正常，如图 3-35 所示。

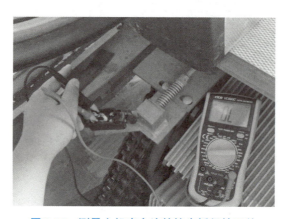

图 3-35　测量上机房右边的梳齿板保护开关

3. 三相电源断相故障的维修

故障现象：自动扶梯不能正常运行，故障代码为 E12。

1）故障分析。根据故障码分析，应为电动机过载保护或相序保护故障。

2）检修过程。具体如下：

① 拆卸上机房盖板，并将盖板摆放在指定的位置。

② 按下急停按钮，关闭总电源。

③ 接入检修控制盒，送电，查看扶梯控制柜上的故障代码。

④ 观察发现相序继电器红灯亮。使用万用表电压挡测量控制柜 L1、L2、L3，三相电源电压正常，测量电路如图 3-36 所示。

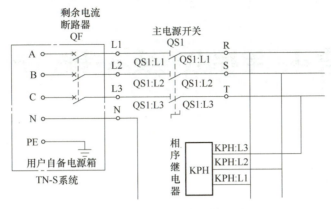

图 3-36　测量三相电源输入端

⑤ 如图 3-37a 所示，测量主电源开关 QS1，电源输入电压正常；再测量 R、S、T 端，如图 3-37b 所示，三相电源电压也正常。

⑥ 测量相序继电器 KPH，发现端口 L2 的接线接触不良，导断断相，如图 3-38 所示。断电后，修复 L2 端接线，然后送电，扶梯能正常起动运行。

a) 测量主电源开关

b) 测量三相电源电压

图 3-37　测量电压

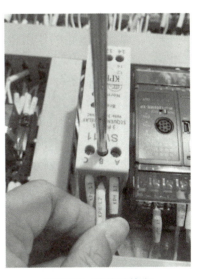

图 3-38　接线端检查

模块 4 电梯电气技术基础（选修）

学习目标

1）掌握电工技术、电子技术、电动机和电力拖动、电气自动控制和电气测量技术的基础知识。

2）初步学会相关的基本操作。

 学习单元 4-1 电工技术基础

一、电路

电路就是电流通过的路径。对电能的利用主要体现在两个方面：一是作为能源，二是作为信号。因此，电路的作用也有两个方面：一方面是实现电能的传输和转换，如通过电网（电路）将发电站（厂）发出的电输送到各个用电的地方，供各种电气设备使用，将电能转换成所需要的其他各种能量；另一个方面是实现信号的传输、处理和存储，如电视接收天线将具有音像信息的电视信号通过高频传输线输送到电视机中，经过电视机的处理还原出原来的音像信息，在电视机的屏幕上显示出图像并在扬声器中发出声音。

最简单的电路由电源、负载、开关和连接导线组成，如图 4-1 所示。

1）电源。电源在电路中的作用是将其他能量转换成电能。一般把电源内部的电路称为内电路，如图 4-1 中的点画线框内部分，把电源外部的电路称为外电路。

2）负载。负载是将电能转换成非电形态能量的用电设备。

3）连接导线和起控制、保护作用的其他电器（如开关、熔断器）等。

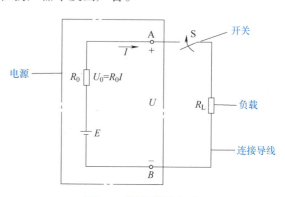

图 4-1 最简单的电路

二、电流

电荷在导体中的定向移动形成了电流。电流的大小（即电流强度，简称电流）用字母 I 或 i 表示，其数值等于单位时间 t 内流过导体横截面积的电荷量 Q，即

$$I = \frac{Q}{t}$$

式中，I 的单位为 A（安），常用的电流单位还有 mA（毫安）和 μA（微安）；电荷量 Q 的单

位为 C（库）；时间 t 的单位为 s（秒）。

电流单位的换算关系为

$$1A=10^3\,mA=10^6\mu A$$

电流是有方向的，习惯上规定正电荷移动的方向为电流的实际方向。如果电流的方向不随时间变化，则称之为直流电流；如果电流的方向随时间周期性变化，则称之为交流电流。

在进行电路的分析计算时，往往预先标注出一个电流方向，称之为参考方向。如果按照参考方向计算出来的电流值为正值，则说明电流实际方向与参考方向相同；如果计算出来的电流值为负值，则说明电流实际方向与参考方向相反。

三、电压和电位

1. 电压

在电源内具有电能，如果用导线将电源与用电负载相连接，就会有电流流过负载（如负载是照明灯，电流通过就会使照明灯发光）。负载两端就会有一定的电压。

电压是使电荷发生定向移动形成电流的原因。电压用字母 U 或 u 表示。电压的单位是 V（伏），其他常用的单位还有 mV（毫伏）和 kV（千伏）。电压单位的换算关系为

$$1V=10^3mV=10^{-3}kV$$

2. 电位

就像空中的每一点都有一定的高度一样，电路中的每一点也都有一定的电位。正如空间高度的差异才使液体从高处往低处流动一样，电路中电流的产生也必须有一定的电位差。在电源外电路中，电流从高电位点流向低电位点。电位用字母 V 表示，加注下标表示不同点的电位值，如 V_A、V_B 分别表示电路中 A、B 两点的电位值。

就像衡量空中的高度要有一个计算的起点（如海平面）一样，衡量电路中电位的高低也要有一个计算电位的起点，称之为零电位点，该点的电位值规定为 0V。原则上，零电位点是可以任意指定的，但在电气系统中习惯上规定大地为零电位点，在电子设备中经常以金属底板或外壳作为零电位点。零电位点确定之后，电路中任何一点的电位就都有了确定的数值，就是该点与零电位点之间的电位差（电压）。已知各点的电位，就能求出任意两点之间的电位差（电压）。例如，已知电路中 A 点的电位为 5V、B 点的电位为 3V，则 A、B 两点之间的电压 $U_{AB}=V_A-V_B=（5-3）V=2V$。

四、电阻和欧姆定律

1. 电阻

导体对电流的通过具有一定的阻碍作用，称之为电阻。电阻用字母 R 或 r 表示。导体的电阻大小计算公式为

$$R=\rho\frac{l}{A}$$

式中，R 的单位为 Ω（欧）；ρ 为导体的电阻率，单位为 $\Omega\cdot m$，不同导体的电阻率不同；l 为导体的长度，单位为 m（米）；A 为导体的横截面积，单位为 m^2。

由此可见，导体越长、电阻率越大，其电阻值就越大；而导体越粗（横截面积越大）、电阻率越小，其电阻值就越小。

　　除超导体外，世界上所有物质都有电阻，电阻很小的物体称为导体，如铜、银、铝、铁等金属材料以及石墨、碳等非金属材料；电阻极大的物体称为绝缘体，如橡皮、塑料、玻璃、陶瓷等；电阻介于导体和绝缘体之间的物体称为半导体，如硅、锗等。

　　常用小型电阻如图 4-2 所示。

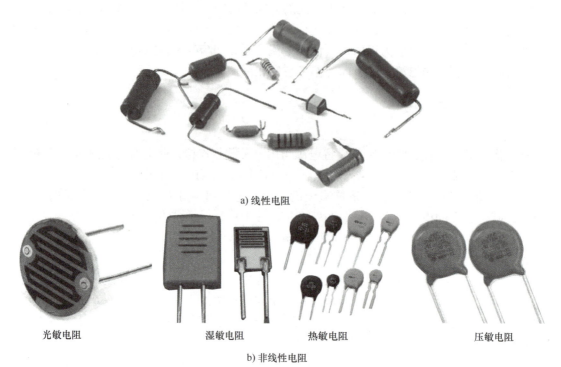

a) 线性电阻

光敏电阻　　　　湿敏电阻　　　　热敏电阻　　　　压敏电阻

b) 非线性电阻

图 4-2　常用小型电阻

2. 欧姆定律

　　欧姆定律是反映电路中电压 U、电动势 E、电流 I、电阻 R 等物理量内在关系的一个极为重要的定律，也是电工技术中一个基本定律。欧姆定律用公式表示为

$$I=\frac{U}{R} \tag{4-1}$$

式中，U 的单位为 V；I 的单位为 A；R 的单位为 Ω。经常用到的电阻单位还有 mΩ、kΩ 和 MΩ，换算关系为

$$1\Omega=10^3 m\Omega=10^{-3}k\Omega=10^{-6}M\Omega$$

五、电路的状态

　　电路有开路、工作和短路三种状态。

　　1. 开路状态

　　如果图 4-1 中的开关 S 没有闭合，负载 R_L 与电源 E 断开，电路中没有电流流过，此时电源与负载之间没有能量的转换和传输，电路的这种状态称为开路。开路时，电路中的电流 $I=0$，电源的两个输出端 A、B 之间的电压为电源电动势 E，其方向由低电位端指向高电位

端。在开路状态下，电源两端电压 U 等于电动势 E，即

$$U=E$$

2. 工作状态

当图 4-1 中的开关 S 闭合时，电路接通，电流在电路中流过，进行能量的传输和转换，电路处于工作状态（也称为通路状态）。根据能量守恒定律，在电源内部产生的电能应等于负载所消耗的电能加上电源内部（内电阻）和线路所消耗的电能。在工作状态下，电路的电流 I 与电动势 E 及负载电阻 R_L、电源内阻 R_0 之间的关系为

$$I = \frac{E}{R_L + R_0} \tag{4-2}$$

式（4-2）称为全电路的欧姆定律，而式（4-1）称为部分电路的欧姆定律。

3. 短路状态

短路状态如图 4-3 所示，用一根导线将电源的输出端短接，电流不再流过负载。此时，电源两端电压 $U=0$，电路中的电流 $I=E/R_0$，因为电源的内电阻 R_0 一般很小，所以电路中的电流比正常工作时要大得多，会引起电源和导线过热而被烧毁。为避免短路造成的危险，可以在电路中接入起保护作用的元件（如熔断器、断路器等），在发生短路时能够自动及时地切断电路。

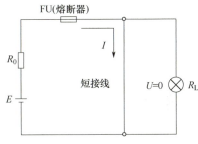

图 4-3　电路的短路状态

六、电功率和电能

1. 电功率

电能在单位时间所做的功称为电功率，如果在元件或设备两端的电压为 U，通过的电流为 I，经推导可以得出元件或设备的电功率 P 为

$$P=UI \tag{4-3}$$

式中，U 的单位为 V；I 的单位为 A；P 的单位为 W（瓦）。

电功率常用的单位还有 kW 和 mW，换算关系为

$$1kW=10^3W=10^6\,mW$$

由式（4-3）以及欧姆定律可推导出

$$P=UI=I^2R=\frac{U^2}{R} \tag{4-4}$$

例如，有一台电炉的额定电压为 220V，测量出电炉正常工作时的电阻值为 40Ω，由式（4-4）可计算出其额定功率为

$$P = \frac{U^2}{R} = \frac{220^2}{40} \text{W}=1210\text{W}=1.21\text{kW}$$

2. 电能

如果元件或设备的电功率为 P，电流通过的时间为 t，则电能 W 为电功率 P 与时间 t 的乘积，即

$$W=Pt \tag{4-5}$$

式中，电功率 P 的单位为 W；时间 t 的单位为 s；电能 W 的单位为 J（焦），而在实际生产生

活中，电能常用的单位是千瓦时（kW·h），俗称度。

例如，有一台额定功率为150W的彩色电视机，如果平均每天开机3h，每月按30天计，则每月用电量为 $0.15 \times 3 \times 30$ kW·h=13.5kW·h。

当加在电气设备（负载）上的电压为额定电压，流过电气设备的电流为额定电流时，该设备消耗的功率为额定功率，此时该设备工作在额定状态下，也称为该设备满载运行。如果电气设备所加的电压太高或流过的电流过大，称其为过载运行，很可能损坏甚至烧毁设备；反之，如果电气设备的电压或电流比额定值小很多，称其为轻载运行，则不能达到合理的工作状态，也不能充分利用电气设备的工作能力。

为了使电气设备工作在合理的状态下，应该使设备工作在额定状态（或者接近额定状态）下。因此，电气设备的制造厂商都为其产品标明了额定值，以供用户正确使用该产品。有的额定值直接标注在产品上，有的则刻印在铭牌上（如电动机或变压器），所以电气设备的额定值也常称为铭牌值。

七、负载的连接

1. 负载的串联

这里主要以电阻为例介绍负载的连接，推导出的公式和结论一般适用于其他负载。电阻没有分支一个接一个地依次相连接称为串联，如图 4-4 所示。

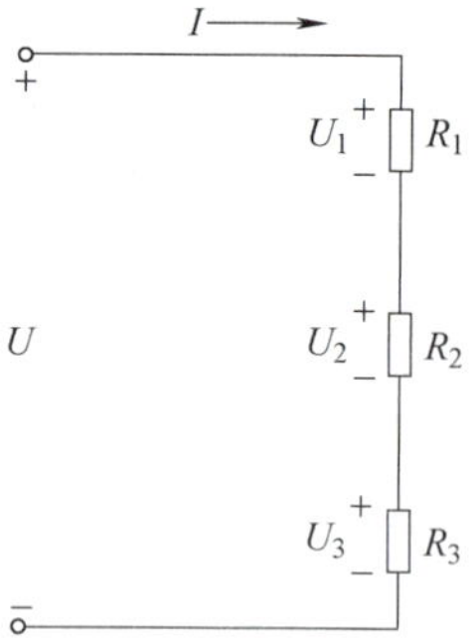

在串联电路中，通过各负载电阻的电流 I 相同。图 4-4 中各电阻两端的电压分别为

$$U_1=IR_1, \quad U_2=IR_2, \quad U_3=IR_3$$

电路的总电压等于各段电压之和，即

$$U=U_1+U_2+U_3=IR_1+IR_2+IR_3=I(R_1+R_1+R_3)$$

所以串联电路的等效电阻为

$$R=U/I=R_1+R_1+R_3$$

图 4-4 是以三个负载电阻的串联举例，可推算出如果有 n 个电阻串联，则其等效电阻为

$$R=R_1+R_2+R_3+\cdots+R_n \quad (n=1, 2, \cdots) \tag{4-6}$$

即串联电路的等效电阻等于各电阻之和。

可见，当电路两端的电压一定时，电阻串联可以起到限流和分压的作用。如两个电阻 R_1 和 R_2 串联时，各电阻上分得的电压为

$$U_1=U\frac{R_1}{R_1+R_2}, \quad U_2=U\frac{R_2}{R_1+R_2}$$

即电阻越大，分得的电压越高。如万用表测量电压电路就是利用电阻串联分压的作用以获得不同的电压量程。

2. 负载的并联

电阻的两端均接在两个相同端点上，这样的连接方式称为并联，如图 4-5 所示。

在并联电路中，各电阻两端的电压 U 相同，通过各

图 4-4　串联电路

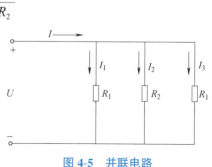

图 4-5　并联电路

电阻的电流分别为

$$I_1=\frac{U}{R_1},\ I_2=\frac{U}{R_2},\ I_3=\frac{U}{R_3}$$

电路的总电流等于各电阻支路的电流之和，即

$$I=I_1+I_2+I_3=\frac{U}{R_1}+\frac{U}{R_2}+\frac{U}{R_3}$$

所以并联电路的等效电阻为

$$\frac{1}{R}=\frac{1}{R_1}+\frac{1}{R_2}+\frac{1}{R_3}$$

同理，如果有 n 个电阻相并联，则其等效电阻为

$$\frac{1}{R}=\frac{1}{R_1}+\frac{1}{R_2}+\frac{1}{R_3}+\cdots+\frac{1}{R_n}\ (n=1,\ 2,\ \cdots) \tag{4-7}$$

即并联电路等效电阻的倒数等于各电阻的倒数之和。

电阻并联电路对总电流有分流作用。如两个电阻 R_1 和 R_2 并联，则

$$I_1=I\frac{R_2}{R_1+R_2},\ I_2=I\frac{R_1}{R_1+R_2}$$

即电阻越小，分得的电流越大。如万用表测量电流电路就是利用电阻并联分流的作用以获得不同的电流量程。

八、电容和电感元件

1. 电容元件

将两个导体电极中间用绝缘层隔开便构成一个电容器，电容器极板上的电荷量 Q 与其两极板间所加的电压成正比，即

$$C=Q/U$$

式中，电容用大写英文字母 C 表示。电容的国际单位是 F（法），经常用到的更小的电容单位是 μF（微法）和 pF（皮法），换算关系为

$$1F=10^6\mu F=10^{12}pF$$

当电压 U 一定时，电容器的容量 C 越大，则电容器极板间储存的电荷量 Q 就越多，当放电电路的电阻一定时，电容器放电的时间就越长。

常用电容元件分为电容值固定不变的固定电容器和电容值可在一定范围内调节的可变电容器两大类，按照其介质材料的不同又可分为空气、陶瓷、云母、塑料、纸质和电解电容器等多种，如图 4-6 所示。电容器在工程技术中的应用很广泛，在电子电路中可用来隔直流、滤波、旁路、移相和选频等；在电力系统中可用来提高电网的功率因数；在机械加工中可用作电火花加工。近年出现的石墨烯超级电容器（EDLC），其单个电容器容量可达几十到几百法。它比蓄电池体积更小、重量更轻，且不污染环境，是极具发展前途的一种储能元件，可作为超级电容无轨电车的能源，也可作为纯电动汽车的能源。

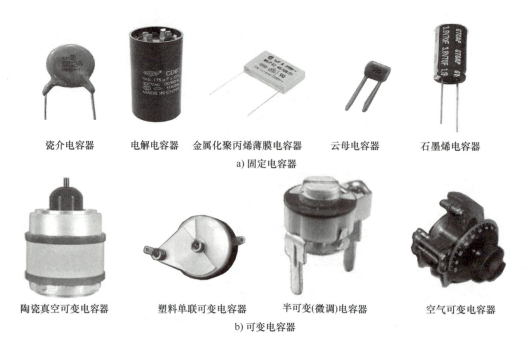

瓷介电容器　　电解电容器　　金属化聚丙烯薄膜电容器　　云母电容器　　石墨烯电容器

a) 固定电容器

陶瓷真空可变电容器　　塑料单联可变电容器　　半可变(微调)电容器　　空气可变电容器

b) 可变电容器

图 4-6　常用电容元件

2. 电感元件

通常将一根导线绕制若干圈后构成的元件称为电感元件。电感元件是储能元件，能把电能转换为磁场能。电感用大写英文字母 L 表示，电感的国际单位是 H（亨），经常用到的更小的电感单位是 mH（毫亨）和 μH（微亨），换算关系为

$$1H=10^3 mH=10^6 \mu H$$

在供电电路中，电感元件（或电感性负载）很多，如各种变压器、电动机和电磁铁等，如图 4-7 所示。电感元件有两大类：绕制在非铁磁性材料上的线圈称为空心电感线圈，如图 4-7h 所示；在空心线圈内放置铁磁性材料制成铁心的称为铁心电感线圈。

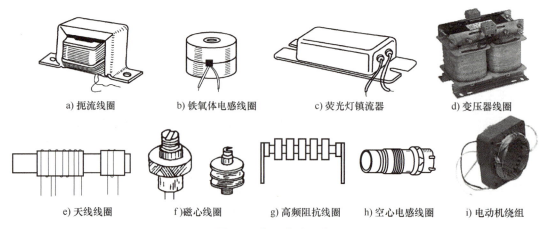

a) 扼流线圈　　b) 铁氧体电感线圈　　c) 荧光灯镇流器　　d) 变压器线圈

e) 天线线圈　　f) 磁心线圈　　g) 高频阻抗线圈　　h) 空心电感线圈　　i) 电动机绕组

图 4-7　常用电感元件

九、交流电

1. 直流电和交流电

如果电流大小和方向都不随时间变化，或者电流的大小随时间做周期性变化但是方向不变，则称之为直流电。如果电流的大小和方向都随时间做周期性变化，且在一个周期内平均值为零，这样的电流（或电压、电动势）统称为交流电。

日常生活和生产中使用的大多是交流电，即使是需要直流电能供电的设备，一般也是由交流电转换成直流电供电，只有功率较小且需要随时移动的设备，才使用前面介绍的纯直流电源，如电池供电。

交流电之所以被广泛应用，是因为它有着独特的优势：首先，交流发电设备的性能好、效率高，生产交流电的成本较低；其次，交流电可以用变压器变换电压，有利于通过高压输电实现电能大范围集中生产、统一输送与控制；最后，使用三相交流电的三相异步电动机结构简单、价格低廉、使用维护方便，是工业生产的主要动力源。

2. 正弦交流电

目前广泛使用的交流电是正弦交流电，正弦交流电是随时间按正弦规律变化的交流电，其波形如图 4-8 所示。

交流电的变化快慢可以用频率来表示，变化幅度可以用幅值来表示，而变化的起始点则可用初相位来表示。所以只要知道频率、幅值和初相位这三个因素，就可以完整地表示该正弦交流电随时间变化的规律，所以把这三个因素称为正弦交流电的三要素。

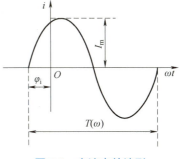

图 4-8 交流电的波形

1）周期、频率和角频率。

① 周期。周期是指交流电变化一个完整的循环所需要的时间，用 T 表示，单位是 s（秒），如图 4-8 所示。

② 频率。频率是指在单位时间内变化的周期数，用 f 表示，单位是 Hz（赫）。频率与周期的关系为

$$f=1/T \tag{4-8}$$

③ 角频率。角频率是指在单位时间内变化的角度（以弧度为单位），用 ω 表示，单位是 rad/s。角频率与频率、周期之间的关系为

$$\omega=2\pi f=2\pi/T \tag{4-9}$$

例如，我国的工业标准频率（简称工频）为 50Hz，其周期 $T=1/f=$（1/50）s=0.02s，角频率 $\omega=2\pi f=2\pi \times 50$rad/s $\approx 100 \times 3.14$rad/s=314rad/s。

2）瞬时值、最大值和有效值。

① 瞬时值。正弦交流电在变化过程中每一瞬时所对应的值称为瞬时值。瞬时值用小写的英文字母表示，如 i、u 等。由图 4-8 可见，交流电的大小和方向是随时间变化的，所以每一瞬时值的大小和方向可能都不相同，可能为正值、负值，也可能为零。

② 最大值。正弦交流电在一个周期内的最大瞬时值称为最大值，又称为幅值或峰值。最大值用带下标 m 的大写英文字母表示，如 I_m、U_m 等。由图 4-8 可见，交流电的最大值有正有负，但习惯用绝对值来表示。

③ 有效值。在实际应用中，交流电的大小用有效值来表示，有效值用大写的英文字母表示，如 I、U 等。有效值是指如果一个交流电流通过一个电阻，在一个周期内所产生的热量与某一个直流电流在同样的时间内通过同一个电阻所产生的热量相等，就将此直流电流的数值定义为该交流电流的有效值。经过计算推导，正弦交流电的有效值与最大值之间的关系为

$$\begin{cases} I = \dfrac{I_m}{\sqrt{2}} = 0.707 I_m \\[2mm] U = \dfrac{U_m}{\sqrt{2}} = 0.707 U_m \end{cases} \tag{4-10}$$

一般情况下所讲的交流电压和电流的大小，以及电器铭牌上标注的、电气仪表上指示的数值都是有效值。如我国的生活用电是 220V 交流电，其最大值 $U_m \approx 220/0.707\text{V} \approx 311\text{V}$。

3）相位、初相位和相位差。

① 相位。一个正弦交流电流完整的函数表达式为

$$i = I_m \sin (\omega t + \varphi_i)$$

式中，i 为瞬时值；I_m 为最大值；ω 为角频率；$\omega t + \varphi_i$ 代表了交流电流的变化进程，称为相位角，简称相位。

② 初相位。在计时的起点，即 $t=0$ 时的相位称为初相位 φ_i。如图 4-9 所示，i_1 和 i_2 分别表示两个不同初相位的正弦交流电流。

③ 相位差。相位差是指两个同频率的正弦交流电流相位之差。在图 4-9 中，电流 i_1 的相位为 $\omega t + \varphi_{i1}$，初相位为 φ_{i1}；电流 i_2 的相位为 $\omega t + \varphi_{i2}$，初相位为 φ_{i2}，两者之间的相位差为

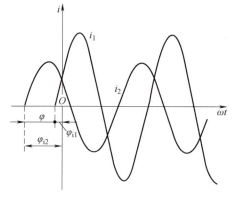

图 4-9　初相位和相位差

$$\varphi = (\omega t + \varphi_{i2}) - (\omega t + \varphi_{i1}) = \varphi_{i2} - \varphi_{i1} \tag{4-11}$$

相位、初相位和相位差的单位一般都用弧度（rad）。

由图 4-9 可见：

① i_1 和 i_2 的初相位不同，即它们达到正的（或负的）幅值与零值的时刻不同，说明它们随时间变化的步调不一致。

② 当两个同频率正弦量的计时起点改变时，它们的相位和初相位随之改变，但两者之间的相位差并不改变。这和当参考电位点改变时电路中各点的电位随之改变，而两点间的电压（电位差）并不改变的道理是一样的。

③ $\varphi_{i2} > \varphi_{i1}$（即 $\varphi > 0$），所以 i_2 较先到达正的幅值，称为 i_2 超前于 $i_1 \varphi$ 角，或者说 i_1 滞后于 $i_2 \varphi$ 角。

④ 如果两个正弦量初相位相同，即相位差 $\varphi = 0$，则称这两个正弦量同相，如图 4-10a 所示。

⑤ 如果两个正弦量的相位差 $\varphi = \pi$，则称这两个正弦量反相，如图 4-10b 所示。

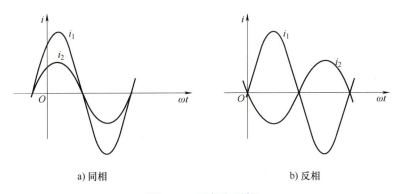

a) 同相　　　　　　　　　　　　b) 反相

图 4-10　同相和反相

3. 电阻、电感和电容在交流电路中的特性

（1）单一参数交流电路　电阻、电感和电容这三种元件在交、直流电路中具有不同的特性。下面分析这三种元件在交流电路中的特性。需要说明的是，所谓纯××电路，是指只考虑该元件的主要电磁性质而忽略其他性质。如纯电感电路中的实际电感元件含有电阻和分布电容，但在分析时均忽略电阻和分布电容，只考虑其电感元件的性质。

纯电阻、纯电感和纯电容的交流电路可称为单一参数交流电路，它们的基本性质和相互关系归纳见表 4-1。

表 4-1　单一参数交流电路的基本性质和相互关系

	纯电阻电路	纯电感电路	纯电容电路	RL 串联电路
电阻或电抗	电阻 R	感抗 $X_L=\omega L$	容抗 $X_C=1/\omega C$	阻抗 $Z=U/I=\sqrt{R^2+X_L^2}$
u、i 的大小关系	$U=RI$	$U=X_L I$	$U=X_C I$	$U=\sqrt{U_R^2+U_L^2}=I\sqrt{R^2+X_L^2}=IZ$
u、i 的相位关系	电压与电流同相	电压超前电流 $\pi/2$	电流超前电压 $\pi/2$	电压超前电流 φ，$\varphi=\arctan\dfrac{X_L}{R}$
有功功率 P	$P=UI=I^2R$ $=U^2/R$	0	0	$P=U_R I=UI\cos\varphi$
无功功率 Q	0	$Q=UI=I^2X_L$ $=U^2/X_L$	$Q=UI=I^2X_C$ $=U^2/X_C$	$Q=U_L I=UI\sin\varphi$
视在功率 S				$S=UI=\sqrt{P^2+Q^2}$
功率因数 λ	$\lambda=1$	$\lambda=0$	$\lambda=0$	$\lambda=\cos\varphi=P/S$，$0<\lambda<1$

（2）电阻与电感串联电路　实际的电感元件相当于一个纯电阻与一个纯电感的串联电路，如图 4-11 所示。在纯电阻电路中，因为只有耗能元件电阻，所以电压与电流的相位差 $\varphi=0$（同相），电路只有有功功率，即无功功率为零，功率因数 $\lambda=1$；在纯电感电路中，因为只有储能元件电感，所以电压与电流的相位差 $\varphi=\pi/2$（电压超前电流），电路只有无功功率，即有功功率为零，功率因数 $\lambda=0$；而在 RL 串联电路中，因为既有耗能元件电阻，又有储能元件电感，所以电压与电流的相位差 $0<\varphi<\pi/2$（电压

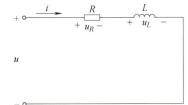

图 4-11　电阻与电感串联电路

超前电流），电路既有有功功率又有无功功率，功率因数 $0<\lambda<1$。

4. 交流电路的功率与功率因数

（1）瞬时功率 瞬时功率就是元器件在每一瞬间所吸收（消耗）的电功率，瞬时功率为电压与电流瞬时值的乘积。

纯电阻电路的瞬时功率波形如图 4-12a 所示。由图可见，纯电阻电路的瞬时功率始终为正值（其波形始终在横坐标轴的上方），说明纯电阻元件总是吸收功率。

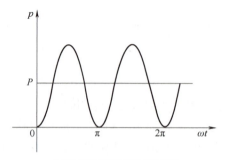

a) 纯电阻电路的瞬时功率波形

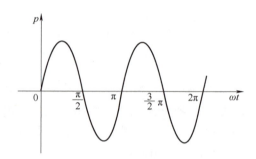

b) 纯电容、纯电感电路的瞬时功率波形

图 4-12 交流电路的瞬时功率波形

（2）平均功率 在工程上用瞬时功率的平均值来计算电路消耗的功率，即

$$P=\frac{U_{m}I_{m}}{2}=UI=\frac{U^{2}}{R}=I^{2}R \tag{4-12}$$

平均功率也称为有功功率，其单位是 W（瓦）。由式（4-12）可见，在纯电阻的交流电路中，有功功率 P、电压与电流的有效值 U、I 的表现形式及计算公式均与直流电路一样，但应注意其物理意义有所不同。

纯电感和纯电容电路的瞬时功率波形如图 4-12b 所示。由图可见，在横坐标轴上方和下方的波形面积相等，说明电感和电容元件并不消耗电能，是储能元件。当瞬时功率 $p>0$ 时（波形在横坐标轴上方），电感从电源吸收电能并转换成磁场能量储存在电感中（电容则从电源吸收电能储存在电容中）；当瞬时功率 $p<0$ 时（波形在横坐标轴下方），电感将储存的磁场能量释放转换成电能送回电源（电容则将储存的电场能量送回电源）；如此周而复始。

（3）无功功率 纯电感和纯电容电路的平均功率（有功功率）$P=0$。在工程上用电感（电容）元件能量互换（瞬时功率）的最大值来衡量互换功率的大小，称为无功功率，用 Q 来表示，即

$$Q=UI=\frac{U^{2}}{X_{L}}=I^{2}X_{L} \tag{4-13}$$

为了与有功功率相区别，无功功率的单位采用 var（乏）或 kvar（千乏）。

（4）视在功率 电路中电流和总电压的乘积所得到的功率，既不是有功功率，也不是无功功率，称为视在功率，用 S 表示，即

$$S=UI \tag{4-14}$$

$$S=\sqrt{P^2+Q^2} \tag{4-15}$$

视在功率表征的是电源的总容量，视在功率的单位采用 V·A 或 kV·A。

（5）功率因数

1）功率因数的概念。功率因数 λ 为有功功率在视在功率中的比例，即

$$\lambda=\cos\varphi=P/S \tag{4-16}$$

2）提高功率因数的意义。功率因数是供电系统中一个很重要的参数，提高功率因数的意义主要有以下两个方面。

① 可以提高供电设备的利用率。提高功率因数，从而提高有功功率，可以使供电设备的容量能够得到充分利用。在理想状态下，$\cos\varphi=1$，$S=P$，电源的容量得到完全利用；如果 $\cos\varphi=0$，则 $S=Q$。实际应用负载的功率因数一般为 0.2~0.95，如许多日用电器的功率因数为 0.5~0.9，三相异步电动机的功率因数为 0.7~0.9。因此，各种负载连接电网使用后，整个电网的功率因数就不可能等于 1。对于电源设备来说，必须在输出有功功率的同时输出无功功率。输出总的电功率中，有功功率和无功功率各占多少，取决于负载的功率因数。在总功率 S 一定的情况下，负载的功率因数越高，电源输出的有功功率越大，设备的利用率越高。

② 可以减少在电源设备及输电线路上的电压降和功率损耗。在电源的额定电压 U 和电源输出的有功功率 $P=UI\cos\varphi$ 一定时，$\cos\varphi$ 越高，通过输电线路中的电流 I 就越小，即在电源设备及输电线路上的电压降和功率损耗也就越少。

3）提高功率因数的方法。通过上面的分析可知，提高功率因数对于供电系统具有很重要的实际意义。常用的提高功率因数的方法有以下几种。

① 由于电网的大多数负载（如电动机）都是电感性负载，因此通常采用在电路中并联电容器的方法来提高电路的功率因数。应当指出，在实际应用中并不需要将功率因数提高到理想状态下的 1，一般只需要提高到 0.9~0.95 即可。因为再往上提高所需的电容量很大，设备的投资大而效益并不显著。另外，当整个电路的功率因数接近 1 时，可能会使电路产生谐振，危及电路的安全。

② 对于功率较大、转速不要求调节的生产机械（如大型水泵、空气压缩机、矿井通风机等），可采用同步电动机拖动。因为同步电动机在过励磁状态下工作时呈电容性，可以使电路的功率因数得到提高。

③ 设法提高负载自身的功率因数。如原来的荧光灯功率因数低主要是因为使用电感式镇流器，如果改用电子式镇流器，则其功率因数可以提高到 0.95 以上。

十、三相交流电路

电力系统目前普遍采用三相交流电源供电，由三相交流电源供电的电路称为三相交流电路。所谓三相交流电路，是指由三个频率与最大值（有效值）均相同，在相位上互差 $2\pi/3$ 电角度的单相交流电动势组成的电路。

1. 三相交流电源

（1）三相交流电动势　三相交流电路中的三相对称交流电动势可表示为

$$
\begin{aligned}
e_U&=E_m\sin\omega t\\
e_V&=E_m\sin(\omega t-2\pi/3)\\
e_W&=E_m\sin(\omega t+2\pi/3)
\end{aligned}
\tag{4-17}
$$

三相对称交流电动势的波形图和相量图如图 4-13 所示。

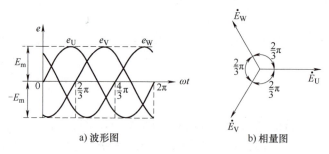

a) 波形图　　　　　b) 相量图

图 4-13　三相对称交流电动势的波形图和相量图

（2）三相四线制供电　如果将上述三个对称的三相交流电动势采用如图 4-14 所示的星形（Y）联结，即 U、V、W 三相电源（可以是三相交流发电机或三相变压器的绕组）的始端 U1、V1、W1 引出，三个末端 U2、V2、W2 接在一起引出，这样三相电源就有四条引出线，称为三相四线制。三个始端的引出线称为相线（俗称火线），分别用 U、V、W 表示；三个末端的公共引出线用 N 表示，称为中性线（俗称零线）。如果只将三条端线引出而不引出中性线，则称为三相三线制。

采用三相四线制供电的好处是可以给负载提供两种电压：

1）相电压。如果将负载接在相线与中性线之间，负载得到的电压是相电压，用 U_P 表示，其参考方向规定为由相线指向中性线。三个相电压分别为 U_U、U_V、U_W。

2）线电压。如果将负载接在任意两条相线之间，负载得到的电压是线电压，用 U_L 表示。三个线电压分别为 U_{UV}、U_{VW}、U_{WU}。

三个相电压和三个线电压均符合对称三相交流电的条件〔即频率与最大值（有效值）均相同，相位上互差 $2\pi/3$〕，并且可以推算出：线电压的有效值为相电压的 $\sqrt{3}$ 倍，在相位上分别超前所对应的相电压 $\pi/6$，如图 4-15 所示。

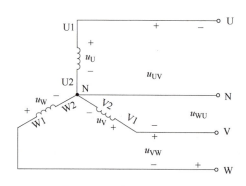

图 4-14　三相四线制供电

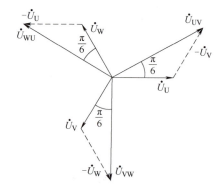

图 4-15　三相电源相电压与线电压的相量图

例如，目前普遍采用的三相四线制供电的线电压为 380V，则相电压为

$$U_P=\frac{U_L}{\sqrt{3}}=\frac{380}{\sqrt{3}}V \approx 220V$$

2. 三相负载及其连接

（1）三相负载　凡接到三相电源上的负载都称为三相负载。在实际应用中，三相负载分为两类：一类是必须使用三相电源的负载，如三相交流电动机、三相变压器等，这些三相负载每一相的阻抗都完全相同，所以称为三相对称负载；另一类是使用单相电源的负载，如各种日用电器和照明设备等，这类负载按照尽量使三相均衡的原则接入三相电源，但是三相负载的阻抗不可能完全相同，所以称为三相不对称负载。

（2）三相负载的星形联结　三相负载的星形联结如图 4-16 所示。图中三个单相负载 Z_1、Z_2 和 Z_3 分别接在三个相电压上，表示三相不对称负载；三相电动机接在三条相线上，表示三相对称负载。首先，分析对称三相负载星形联结的情况，从图 4-17a 电路图可以看出：

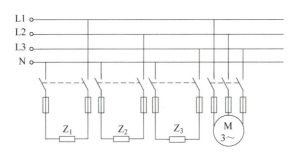

图 4-16　三相负载的星形联结示意图

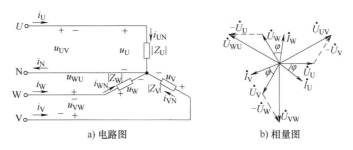

a) 电路图　　　　　　b) 相量图

图 4-17　三相负载星形联结的电路图和相量图

1）每一相负载上承受的电压为相电压，已知相电压与线电压的数值关系为

$$U_L = \sqrt{3}\, U_P \tag{4-18}$$

2）通过每一相负载的电流（称为相电流 I_P）等于对应端线上的电流（称为线电流 I_L），即

$$I_P = I_L \tag{4-19}$$

3）因为是三相对称负载，各相的阻抗相同，所以各相的电流以及相电流与相电压之间的相位差 φ 也完全相同，即

$$I_P = U_P / Z \tag{4-20}$$

$$\varphi = \arctan X_P / R_P \tag{4-21}$$

对应的三相 U_L、U_P 与 I_P 的相量图如图 4-17b 所示。通过分析、计算可知，三相电流也是完全对称的。根据基尔霍夫电流定律，通过中性线的电流 I_N 应该是三相电流之和（相量和），当三相电流对称时，其相量和为零，即中性线的电流 $I_N = 0$。

实际上，许多用电负载都是单相负载，尽管在设计与安装时，已尽可能将这些单相负载均衡地分配在各相电源上，但因为各相负载的使用情况不可能完全一致，如各相负载的使用时间不一致，还可能连接临时性负载等，所以常见的多为三相不对称负载。

三相不对称负载采用星形联结，因为负载的不对称，造成三相电流不对称，所以中性线电流就不为零，中性线的作用就是保证星形联结的不对称三相负载能够保持基本对称的相电压。中性线要保证不会断开，因此不允许在中性线上安装开关和熔断器等装置，中性线本身的机械强度要比较好，接头也要比较牢固。

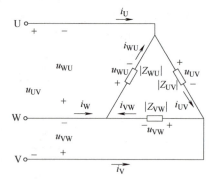

（3）三相负载的三角形联结　三相对称负载的三角形（△）联结，就是将各相负载的始端与末端相连形成一个闭合回路，然后将三个连接点连接至三相电源的三条相线上，如图 4-18 所示。

按照图 4-18，经过分析与计算可知，当对称三相负载三角形联结时：

图 4-18　三相负载的三角形联结

1）各相负载所承受的电压为线电压，即

$$U_P = U_L \tag{4-22}$$

2）三个线电流 I_L 也是对称的，在相位上，I_L 滞后对应的 I_P $\pi/6$，在数值上，I_L 为 I_P 的 $\sqrt{3}$ 倍，即

$$I_L = \sqrt{3}\, I_P \tag{4-23}$$

当三相电动机采用三角形联结时，相电压为星形联结时的 $\sqrt{3}$ 倍，相电流也为星形联结时的 $\sqrt{3}$ 倍，因为三角形联结时线电流又是相电流的 $\sqrt{3}$ 倍，因此采用三角形联结时的线电流是星形联结时的 3 倍。

3. 三相电功率

由于三相交流电路可以视为三个单相交流电路的组合，所以无论三相负载采用什么连接方式，也无论三相负载是否对称，三相电路的有功功率和无功功率都是各相电路的有功功率和无功功率之和，即

$$P = P_U + P_V + P_W \tag{4-24}$$

$$Q = Q_U + Q_V + Q_W \tag{4-25}$$

三相交流电路的视在功率为

$$S = \sqrt{P^2 + Q^2}$$

如果三相交流负载是对称的，则各相的有功功率、无功功率和视在功率都相等，则有

$$P = 3U_P I_P \cos\varphi$$

$$Q = 3U_P I_P \sin\varphi$$

根据三相负载星形和三角形联结时相电压与线电压、相电流与线电流的关系，可得

$$P = \sqrt{3}\, U_L I_L \cos\varphi \tag{4-26}$$

$$Q = \sqrt{3}\, U_L I_L \sin\varphi \tag{4-27}$$

$$S = \sqrt{P^2 + Q^2} = \sqrt{3}\, U_L I_L \tag{4-28}$$

三相对称交流电路无论负载采用星形还是三角形联结，全电路的有功功率、无功功率和

视在功率都可以用式（4-26）～式（4-28）计算。

　　在同样的线电压下，负载三角形联结所消耗的功率是星形联结的 3 倍（无功功率和视在功率也是如此）。因此，要注意正确连接负载，否则负载可能会因过载而烧毁，也可能会因功率不足而无法正常工作。

学习单元 4-2　电子技术基础

一、二极管

1. PN 结

自然界的各种物质如果按导电能力的不同可以分为导体、绝缘体和半导体三大类。在金属导体中，自由电子作为唯一的载体（又称为载流子）携带着电荷移动形成电流。而在半导体中通常有两种载流子：一种是带负电荷的自由电子（简称为电子）；另一种是带正电荷的空穴。在外电场的作用下，这两种载流子都可以做定向移动而形成电流。

由于半导体的材料及制造工艺的不同，利用两种载流子形成电流，可产生导电情况不同的两种半导体，即电子导电型（又称 N 型）半导体和空穴导电型（又称 P 型）半导体。在 N 型半导体中，电子为多数载流子，主要依靠电子来导电；在 P 型半导体中，空穴为多数载流子，主要依靠空穴来导电。

如果将一块半导体材料通过特殊的工艺使之一边形成 P 型半导体，另一边形成 N 型半导体，则在两种半导体之间会出现一种特殊的接触面——PN 结，如图 4-19a 所示。PN 结是构成各种半导体器件的核心。

2. 二极管

将一个 PN 结从 P 区和 N 区各引出一个电极，并用玻璃或塑料制造的外壳封装起来，就制成了一个二极管，如图 4-19a 所示。由 P 区引出的电极为正（＋）极，也称为阳极；由 N 区引出的电极为负（－）极，也称为阴极。二极管的文字符号用 VD 表示，如图 4-19b 所示，符号中的三角形表示通过二极管正向电流的方向。

根据制造材料的不同，有硅二极管和锗二极管之分。

3. 二极管的特性

二极管的特性常用其伏安特性曲线来描述。所谓伏安特性，是指加到元器件两端的电压与通过电流之间的关系。二极管的伏安特性曲线如图 4-20 所示。

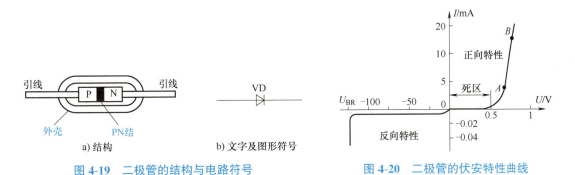

图 4-19　二极管的结构与电路符号　　　　图 4-20　二极管的伏安特性曲线

由图 4-20 可见，当二极管两端所加的正偏电压 U 较小时，正向电流 I 极小（近似为 0），二极管处于截止状态；当正偏电压 U 超过某一值时（通常称为开启电压或阈值电压），正向电流 I 迅速增加，二极管进入导通状态。且正偏电压 U 的微小增加会使正向电流 I 急剧增大，如图中 AB 段曲线所示。正偏电压从 0 至截止电压的区域范围通常称为死区。硅二极管的开启电压约为 0.5V，锗二极管的开启电压约为 0.2V。

当二极管正常导通后，所承受的正向电压称为管压降（硅二极管约为 0.7V，锗二极管约为 0.3V）。这个电压比较稳定，几乎不随流过的电流大小而变化。这一段曲线称为二极管的正向特性曲线，即图 4-20 中第 I 象限曲线。

当二极管的两端加反向电压时，反向电流很小（称为反向饱和电流），二极管处于截止状态，而且在反向电压不超过某一限度时，反向饱和电流几乎不变。但当反向电压增大到一定数值 U_{BR} 时，反向电流会突然增大，这种现象称为反向击穿，与之相对应的电压称为反向击穿电压（U_{BR}）。这表明二极管已失去单向导电性，且会造成二极管的永久性损坏。这一段曲线称为二极管的反向特性曲线，即图 4-20 中第 III 象限曲线。

由二极管的特性曲线可见，二极管具有单向导电性。

4. 二极管的种类

二极管的种类很多，按照用途可分为整流二极管、稳压二极管、发光二极管、光电二极管和变容二极管等，如图 4-21 所示。其中，发光二极管（LED，见图 4-21c）是一种能够将电能直接转换为光能的半导体器件，广泛应用于各种照明（包括景观照明和特种照明）中，具体可查阅相关资料。还有一种特殊用途的二极管——稳压二极管（见图 4-21b），它是用特殊工艺制造的硅二极管，工作在二极管伏安特性曲线的反向击穿区域（图 4-20 中第 III 象限曲线）。当反向电压 U 较小时，其反向电流 I_z 很小；但若反向电压 U 增加达到某一值时，反向电流 i_z 开始急剧增加，进入反向击穿区域；此时，反向电压 U 若有微小的增加（Δu_z），就会引起反向电流 I_z 的急剧增大（Δi_z），即反向电流大范围的变化（Δi_z 较大）而反向电压却几乎不变（Δu_z 很小）。稳压二极管就是利用这一特性在电路中实现稳压的作用。

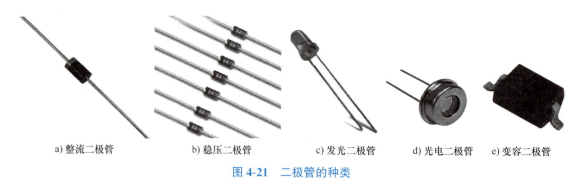

a) 整流二极管 b) 稳压二极管 c) 发光二极管 d) 光电二极管 e) 变容二极管

图 4-21 二极管的种类

二、整流、滤波与稳压电路

1. 整流电路

将交流电变换为直流电（脉动）的过程称为整流，利用二极管的单向导电性可以实现整流。整流电路可分为单相整流电路和三相整流电路两大类，根据整流电路的形式还可分为半波、全波和桥式整流电路。这里仅介绍单相桥式整流电路。

（1）电路结构　单相桥式整流电路如图 4-22a 所示。电路中 4 只整流二极管连接成电桥形式。单相桥式整流电路有多种形式的画法，图 4-22b 为常用的简化画法。

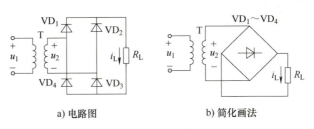

a) 电路图　　　　　　　　b) 简化画法

图 4-22　单相桥式整流电路

（2）工作原理　经过电源变压器 T 将交流电源电压 u_1 变换为所需的电压 u_2 后，在交流电压 u_2 的正半周（即 $0\sim t_1$）时，整流二极管 VD₁、VD₃ 正偏导通，VD₂、VD₄ 反偏截止，产生的电流 i_L 通过负载电阻 R_L，并在负载电阻 R_L 上形成输出电压 u_L，如图 4-23a 所示。输出信号的波形如图 4-23c 所示，通过负载电阻 R_L 的输出电流 i_L 和在负载电阻 R_L 上的输出电压 u_L 均为脉动直流电的正半周。

在交流电压 u_2 的负半周（即 $t_1\sim t_2$）时，整流二极管 VD₂、VD₄ 正偏导通，VD₁、VD₃ 反偏截止，产生的电流 i_L 同样通过负载电阻 R_L，并在负载电阻 R_L 上形成输出电压 u_L，如图 4-23b 所示。输出信号的波形如图 4-23c 所示，通过负载电阻 R_L 的输出电流 i_L 和在负载电阻 R_L 上的输出电压 u_L 同样均为脉动直流电的正半周。

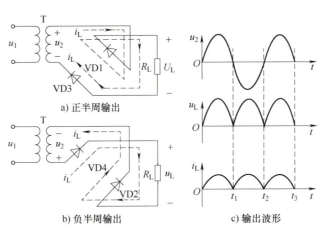

a) 正半周输出

b) 负半周输出　　　　　　　c) 输出波形

图 4-23　单相桥式整流电路工作原理

当交流电压 u_2 进入下一个周期的正半周（即 $t_2\sim t_3$）时，整流电路将重复上述工作过程。

由此可见，在交流电压 u_2 的一个周期（正、负各半周）内，都有相同方向的电流流过 R_L，4 只整流二极管中，两只导通时另两只截止，轮流导通工作，并周期性地重复上述工作过程，从而在负载 R_L 上得到大小随时间 t 改变但方向不变的全波脉动直流输出电流 i_L 和输出电压 u_L。

在实际应用中经常用到的全桥整流堆是将 4 只整流二极管集中制作成一体，通过全桥整流堆与电源变压器连接，就可以直接连接成单相桥式整流电路，如图 4-22b 所示。

（3）三相桥式整流电路　在采用三相供电并需要大电流时，采用三相整流电路更为经济合理，如在电梯控制系统中常用三相整流电路作为控制电路的直流电源。三相桥式整流电路如图 4-24 所示，在负载电阻上得到的直流电压为线电压的 1.35 倍（即 $U_R=1.35U_L$），或为相电压的 2.34 倍（即 $U_R=2.34U_P$）。

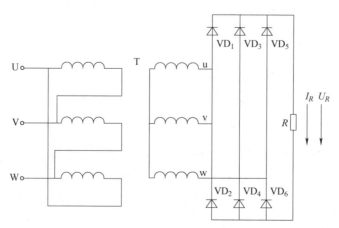

图 4-24　三相桥式整流电路

2. 滤波电路

（1）滤波原理　整流电路将交流电转换成脉动直流电，但要获得波形较平滑的直流电，应尽可能地滤除脉动直流电中包含的纹波成分，而保留其直流成分，这就是滤波的目的。实现滤波作用的电路称为滤波电路或滤波器。滤波电路是由电容、电感或电阻按照一定的连接形式连接在整流电路之后，从而使经整流后的脉动直流电变为较平滑的直流电，如图 4-25 所示。

（2）滤波电路　滤波电路有电容滤波、电感滤波和复式滤波电路等多种。图 4-26 所示为 π 形 RC 滤波电路。在整流器输出端并接电容 C，利用电容"通交隔直"的特点使经过整流输出后的脉动直流电流分成两部分，一部分为纹波成分 i_C，经电容 C 旁路而被滤除；另一部分为直流成分 i_L，经负载电阻 R_L 输出，使输出的电压 u_L 和电流 i_L 变为较平滑的直流电。π 形滤波电路有两个滤波电容，滤波效果更好。

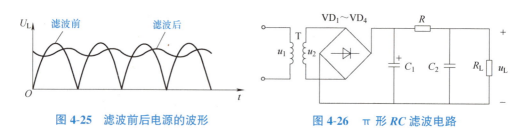

图 4-25　滤波前后电源的波形　　　　图 4-26　π 形 RC 滤波电路

3. 稳压电路

（1）稳压电路原理　交流电经过整流、滤波后转换为平滑的直流电，但由于电网电压或负载的变动，使输出的直流电也随之变动，不够稳定。因此需要在整流、滤波后再加入稳压电路，以确保当电网电压发生波动或负载发生变化时，输出电压不受影响，这就是稳压的概念。完成稳压作用的电路称为稳压电路或稳压器。

（2）集成稳压电路　以往常用的稳压电路有并联型和串联型分立元器件稳压电路（如采用稳压二极管）。现已广泛采用单片集成稳压器，其中又分为固定输出式和可调式三端集成稳压器。

1）固定输出式三端集成稳压器。固定输出式三端集成稳压器有三个引出端，即接电源的输入端、接负载的输出端和公共接地端，其外形和引脚排列如图 4-27 所示。常用的固定输出式三端集成稳压器有 CW78×× 和 CW79×× 两个系列，78 系列为正电压输出，79 系列为负电压输出，其电路如图 4-28 所示。

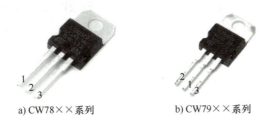

a) CW78×× 系列　　　　　b) CW79×× 系列

图 4-27　固定输出式三端集成稳压器外形和引脚排列

1—输入端　2—公共端　3—输出端

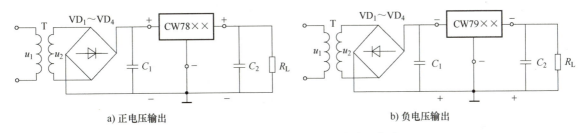

a) 正电压输出　　　　　　　　　b) 负电压输出

图 4-28　固定输出式三端集成稳压电路

固定输出式三端集成稳压器型号由 5 部分组成，其意义如下：

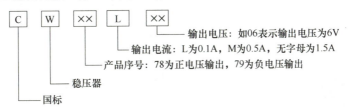

　　　　输出电压：如06表示输出电压为6V

　　　　输出电流：L为0.1A，M为0.5A，无字母为1.5A

　　　　产品序号：78为正电压输出，79为负电压输出

　　　　稳压器

　　　　国标

2）可调式三端集成稳压器。可调式三端集成稳压器不仅输出电压可调节，而且稳压性能要优于固定式，被称为第二代三端集成稳压器。可调式三端集成稳压器也有正电压输出和负电压输出两个系列，其中 CW117×/CW217×/CW317× 系列为正电压输出，CW137×/CW237×/CW337× 系列为负电压输出，其外形和引脚排列如图 4-29 所示。

可调式三端集成稳压器型号也由 5 部分组成，

图 4-29　CW317× 系列可调式三端集成稳压器外形和引脚排列

1—调节（公共）端　2—输入端　3—输出端

其意义如下：

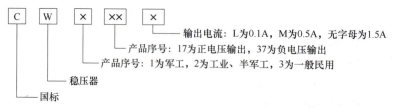

- 输出电流：L为0.1A，M为0.5A，无字母为1.5A
- 产品序号：17为正电压输出，37为负电压输出
- 产品序号：1为军工，2为工业、半军工，3为一般民用
- 稳压器
- 国标

可调式集成稳压电路如图 4-30 所示。图中电位器 RP 和电阻 R_1 组成取样电阻分压器，接稳压电源的调节端（公共端）引脚 1，改变 RP 可调节输出电压 U_o 的高低，$U_o \approx 1.25 \times \left(1 + \dfrac{R_P}{R_1}\right)$ V，在 1.25~37V 范围内连续可调。在输入端并联电容 C_1，旁路整流电路输出的高频干扰信号；电容 C_2 可以消除 RP 上的纹波电压，使取样电压稳定；电容 C_3 起消振作用。

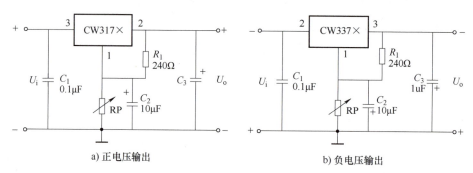

a) 正电压输出　　　　　　　　　b) 负电压输出

图 4-30　可调式集成稳压电路

三、晶闸管与可控整流电路

晶闸管有单向和双向两种。各种晶闸管如图 4-31 所示。

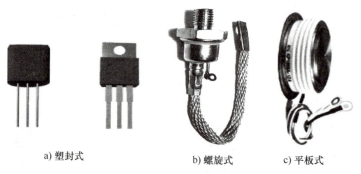

a) 塑封式　　　　　b) 螺旋式　　　c) 平板式

图 4-31　各种晶闸管

1. 单向晶闸管

（1）结构、符号与引脚　单向晶闸管由三个 PN 结及其划分的 4 个区组成，如图 4-32a 所示。其内部为 PNPN 共 4 层结构，形成三个 PN 结。因此，可等效为由一个 PNP 型晶体

管与一个 NPN 型晶体管组成的器件。由外层的 P 型和 N 型半导体分别引出阳极 A 和阴极 K，由中间的 P 型半导体引出门极 G。图 4-32b 为单向晶闸管的文字及图形符号，相当于在二极管符号的基础上加上一个门极，表示是有控制端的单向导电器件（而普通二极管是无控制端的单向导电器件），文字符号为 VTH。图 4-32c 为单向晶闸管的引脚。

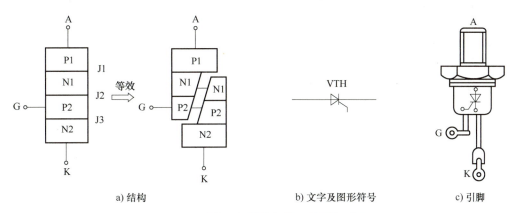

a) 结构　　　　　　　　　　b) 文字及图形符号　　　　　　c) 引脚

图 4-32　单向晶闸管的结构、符号与引脚

（2）工作特性

1）单向晶闸管的导通必须具备两个条件：

① 在阳极（A）与阴极（K）之间必须为正向电压（或正向偏压），即 $U_{AK}>0$。

② 在门极（G）与阴极（K）之间也应有正向触发电压，即 $U_{GK}>0$。

2）晶闸管导通后，门极（G）将失去作用，即当 $U_{GK}=0$，晶闸管仍然导通。

3）单向晶闸管要关断时必须使其导通（工作）电流小于晶闸管的维持电流值或在阳极（A）与阴极（K）之间加上反向电压（反向偏压），即 $I_V<I_H$ 或 $U_{AK}<0$。

2. 双向晶闸管

（1）结构、符号与引脚　双向晶闸管的结构如图 4-33a 所示，它是一个 NPNPN 共 5 层结构的半导体器件，其功能相当于一对反向并联的单向晶闸管，电流可以从两个方向通过。双向晶闸管的文字及图形符号如图 4-33b 所示。所引出的三个电极分别为第一阳极 T1、第二阳极 T2 和门极 G，如图 4-33c 所示。

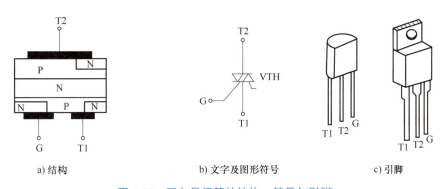

a) 结构　　　　　　　　　b) 文字及图形符号　　　　　　c) 引脚

图 4-33　双向晶闸管的结构、符号与引脚

（2）工作特性

1）双向晶闸管导通必须具备的条件是只要在门极（G）加有正或反向触发电压（即 $U_G>0$ 或 $U_G<0$），则无论第一阳极（T1）与第二阳极（T2）之间加正向电压或是反向电压，晶闸管都能导通。

2）晶闸管导通后，门极（G）将失去作用，即当 $U_G=0$ 时，晶闸管仍然导通。

3）只要使其导通（工作）电流小于晶闸管的维持电流，或第一阳极（T1）与第二阳极（T2）间外加的电压过零，双向晶闸管都将关断。

3. 单向可控整流电路

以图 4-34a 所示单相半控桥式可控整流电路为例，电路中 4 个整流器件有两个是晶闸管（VTH_1、VTH_2），两个是二极管（VD_1、VD_2），故称为半控桥式。若 4 个整流器件都是晶闸管，则称为单相全控桥式可控整流电路。其工作原理简述如下。

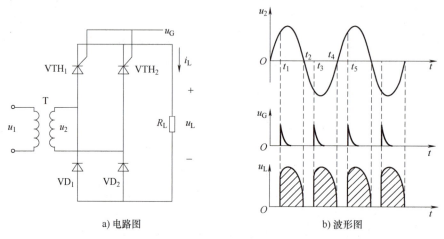

a) 电路图   b) 波形图

图 4-34 单相半控桥式可控整流电路及波形

1）当 $0 \leqslant t < t_1$ 时，$u_2>0$，但 $u_G=0$，晶闸管 VTH_1、VTH_2 均关断，$u_L=0$。

2）当 $t=t_1$ 时，$u_2>0$，$u_G>0$，晶闸管 VTH_1 导通，二极管 VD_2 也导通，而晶闸管 VTH_2 与二极管 VD_1 反偏关断或截止；电流 i_L 通过负载电阻 R_L，并在负载电阻 R_L 上形成输出电压 u_L。当 $t_1<t<t_2$ 时，晶闸管 VTH_1 维持导通，因此，输出电压 u_L 与 u_2 相等，如图 4-34b 中 u_L 的阴影部分（即直流电平均值）所示。

3）当 $t=t_2$ 时，$u_2=0$，晶闸管 VTH_1 自行关断、VTH_2 也关断，$u_L=0$。

4）当 $t_2<t<t_3$ 时，$u_2<0$，但 $u_G=0$，晶闸管 VTH_1、VTH_2 均关断，$u_L=0$。

5）当 $t=t_3$ 时，$u_2<0$，$u_G>0$，晶闸管 VTH_2 导通，二极管 VD_1 也导通，而晶闸管 VTH_1 与二极管 VD_2 反偏关断或截止；电流 i_L 通过负载电阻 R_L，并在负载电阻 R_L 上形成输出电压 u_L。当 $t_3<t<t_4$ 时，晶闸管 VTH_2 维持导通，因此，输出电压 u_L 与 u_2 相等，如图 4-34b 中 u_L 的阴影部分（即直流电平均值）所示。

6）当 $t=t_4$ 时，$u_2=0$，晶闸管 VTH_2 自行关断、VTH_1 也关断，$u_L=0$；同时又是进入 u_2 的第二个周期的开始，即从 $t=t_4$ 开始，电路将重复上一周期的变化；不断重复上述过程。

由此可见，在 u_2 的一个周期里，无论 u_2 是正半周（即 $u_2>0$）还是负半周（即 $u_2<0$），

总有一只晶闸管和一只二极管同时导通，从而在负载 R_L 上得到单向全波脉动直流电 u_L。

图 4-34a 所示电路也是通过调节触发信号 u_G 到来的时间来改变晶闸管的控制角 α，即改变导通角 θ，从而实现控制或调节输出的直流电。

四、晶体管

1. 晶体管的结构

在一块半导体基片上形成三个导电区和两个 PN 结，如图 4-35 所示，就组成一只晶体管。三个导电区分别称为集电区、基区和发射区；集电区与基区之间的 PN 结称为集电结，基区与发射区之间的 PN 结称为发射结。在集电区、基区和发射区各引出一条导线，分别称为集电极、基极和发射极，分别用 C、B、E 表示。

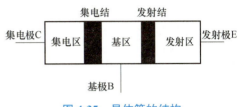

图 4-35　晶体管的结构

晶体管内部结构的特点：①基区做得很薄；②发射区多数载流子的浓度比基区和集电区高得多；③集电结的面积要比发射结的面积大。因此，晶体管的集电极与发射极不能互换。

2. 晶体管的类型与符号

晶体管根据其结构分为 NPN 型和 PNP 型两种，如图 4-36 所示。晶体管根据所用的半导体材料的不同可分为硅管和锗管。目前我国制造的硅管多为 NPN 型，锗管多为 PNP 型；而且硅管相对于锗管而言，受温度的影响较小，性能更稳定，因而使用更为广泛。另外，晶体管根据功率大小可分为小功率管、中功率管和大功率管；根据工作频率的高低可分为低频管、高频管、超高频管、甚高频管等；根据用途的不同可分为放大管和开关管等。晶体管实物如图 4-37 所示。

a) NPN 型　　　　　　　　　　　　　　b) PNP 型

图 4-36　NPN 型和 PNP 型晶体管及其符号

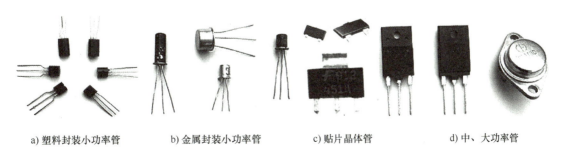

a) 塑料封装小功率管　　　b) 金属封装小功率管　　　c) 贴片晶体管　　　d) 中、大功率管

图 4-37　晶体管实物

3. 晶体管的电流放大作用

（1）实现电流放大作用的条件　晶体管具有电流放大作用的外部条件是发射结加正向偏置电压，集电结加反向偏置电压。

（2）晶体管的电流放大作用　晶体管三个电极的电流——基极电流 I_B、集电极电流 I_C 和发射极电流 I_E 之间的关系为

$$I_E = I_C + I_B$$

对于一个确定的晶体管，I_C 与 I_B 的比值基本不变，该比值称为晶体管的共发射极直流电流放大系数，即

$$\overline{\beta} = \frac{I_C}{I_B} \qquad (4\text{-}29)$$

基极电流的微小变化（ΔI_B）能引起集电极电流的较大变化（ΔI_C），其比值称为晶体管的共发射极交流电流放大系数，即

$$\beta = \frac{\Delta I_C}{\Delta I_B} \qquad (4\text{-}30)$$

$\beta \approx \overline{\beta}$，在工程上一般对 β 和 $\overline{\beta}$ 不做严格区分，估算时可以通用。

当基极开路（即 $I_B = 0$）时，I_C 不为零。这时的 I_C 值称为穿透电流，记作 I_{CEO}。I_{CEO} 很小且不受 I_B 的控制，但受温度的影响较大。

由此可见，晶体管基极电流 I_B 的微小变化（ΔI_B）能够引起集电极电流 I_C 的显著变化（ΔI_C），即小电流可以控制大电流，这就是晶体管电流放大作用的实质。

晶体管的主要参数除共发射极电流放大系数 β 之外，还有极间反向饱和电流 I_{CBO}、I_{CEO} 和三个极限参数，即集电极最大允许电流 I_{CM}、反向击穿电压 U_{CEO} 和集电极最大耗散功率 P_{CM}。

4. 晶体管的特性

（1）输入特性及其曲线　输入特性是指 U_{CE} 为定值时 U_{BE} 与 I_B 之间的关系，其曲线如图 4-38a 所示。从输入特性曲线可见，晶体管的 U_{BE} 只有大于一定值（硅管约为 0.5V，锗管约为 0.2V）时，I_B 才大于 0。

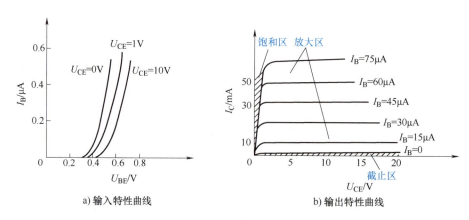

a) 输入特性曲线　　　b) 输出特性曲线

图 4-38　晶体管的特性曲线

（2）输出特性及其曲线　输出特性是指 I_B 为定值时 U_{CE} 与 I_C 之间的关系，其曲线如图 4-38b 所示。当改变 I_B 值时，即可得到另一条曲线，因此每一个 I_B 值就有一条曲线与之对应，所以晶体管的输出特性曲线实际是一组曲线族。

（3）工作状态　根据晶体管的输出特性曲线可以分成三个区及其对应的三种工作状态，如图 4-38b 所示。

1）截止区（截止状态）。截止区是指 $I_B=0$ 曲线以下的区域。根据晶体管的输入特性曲线，$I_B=0$ 时，U_{BE} 小于截止电压。根据晶体管的输出特性曲线，$I_B=0$ 时，I_C 为很小的数值，该数值称为穿透电流（I_{CEO}）。因此，晶体管的截止状态是 U_{BE} 小于开启电压的区域，$I_B=0$，$I_C\approx0$。

2）放大区（放大状态）。放大区是指曲线之间间距基本相等，并互相平行的区域。根据晶体管的输入特性曲线，U_{BE} 大于截止电压，$I_B>0$。根据晶体管的输出特性曲线，不同的 I_B 值对应不同的 I_C 值；而且微小的 ΔI_B 可以得到较大的 ΔI_C，这就是晶体管的电流放大作用。因此，晶体管的放大状态是 U_{BE} 大于开启电压，且 $U_{CE}>U_{BE}$，I_C 受 I_B 控制。此时，硅晶体管的管压降 U_{BE} 约为 0.7V，锗晶体管的管压降 U_{BE} 约为 0.3V。

3）饱和区（饱和状态）。饱和区是指 U_{CE} 较小、I_C 较大的狭窄区域。晶体管的饱和状态是 $U_{CE}<U_{BE}$，I_C 不再受 I_B 控制；此时，晶体管将失去电流放大作用。在饱和状态下，U_{CE} 较小，该值称为饱和压降 U_{CES}。

五、放大电路

1. 放大电路的基本概念

所谓放大，是指放大电路（放大器）特定的性能，它能够将微弱的电信号（电压或电流）转换为较强的电信号，如图 4-39 所示。放大的实质是以微弱的电信号控制放大电路的工作，将电源的能量转变为与微弱信号相对应的较大能量的大信号，是一种以弱控强的方式。

图 4-39　放大器放大作用示意图

（1）对放大电路的基本要求

1）要有足够大的放大能力（放大倍数）。

2）非线性失真要小。

3）稳定性要好。

4）应具有一定的通频带。

（2）放大电路的分类　按晶体管的连接方式分类，有共发射极放大器、共基极放大器和共集电极放大器等；按放大信号分类，有直流放大器、交流放大器［低频（音频）放大器和高频放大器］等；按放大器的级数分类，有单级放大器和多级放大器；按放大信号的性质和强度分类，有电流放大器、电压放大器、功率放大器和小信号放大器、大信号放大器等；另外，按元器件的集成化程度分类，还可分为分立元器件放大器和集成电路放大器。

2. 基本共发射极放大电路

（1）电路的组成及各元器件的作用 这里仅介绍 NPN 型晶体管组成的基本共发射极放大电路，如图 4-40 所示。外加的微弱信号 u_i 从基极 B 和发射极 E 输入，经放大后信号 u_o 由集电极 C 和发射极 E 输出；因此，发射极 E 是输入和输出回路的公共部分，故称为共发射极放大电路（简称共射放大电路）。

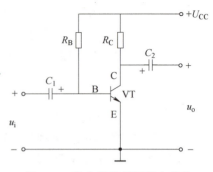

图 4-40 基本共发射极放大电路

（2）电路中各元器件的作用

1）晶体管 VT：起放大作用。VT 工作在放大状态，起电流放大作用，因此是放大电路的核心器件。

2）电源 U_{CC}：直流电源，其作用一是通过 R_B 和 R_C 为晶体管提供工作电压，保证发射结正偏、集电结反偏；二是为电路的放大信号提供能源。

3）基极电阻 R_B：使电源 U_{CC} 为放大管的基极 B 提供一个合适的基极电流 I_B（又称为基极偏置电流），并向发射结提供所需的正向电压 U_{BE}，以保证晶体管工作在放大状态。该电阻又称为偏流电阻或偏置电阻。

4）集电极电阻 R_C：使电源 U_{CC} 为放大管的集电结提供所需的反向电压 U_{CE}，与发射结的正向电压 U_{BE} 共同作用，使放大管工作在放大状态；另外，将晶体管的电流放大作用转换为电路的电压放大作用。该电阻又称为集电极负载电阻。

5）耦合电容 C_1 和 C_2：分别为输入耦合电容和输出耦合电容；在电路中起隔直流通交流的作用，因此又称为隔直电容。它能使交流信号顺利通过，同时隔断前后级的直流通路以避免互相影响各自的工作状态。由于 C_1 和 C_2 的容量较大，在实际中一般选用电解电容器，因此使用时应注意其极性。

3. 集成运算放大器

（1）集成运算放大器的组成 集成运算放大器（简称集成运放）是一种具有很高放大倍数的多级直接耦合放大电路，是发展较早、应用十分广泛的一种模拟集成电路，具有放大和运算作用。集成运放一般由输入级、中间级、输出级和偏置电路 4 部分组成，如图 4-41a 所示。

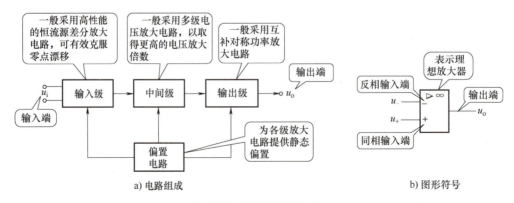

a) 电路组成   b) 图形符号

图 4-41 集成运算放大器

（2）集成运算放大器的符号 集成运算放大器的图形符号如图 4-41b 所示。它是一个具有两个输入端、一个输出端的三端放大器。图中 "+" 端为同相输入端，表示输出电压 u_o 与该端输入电压 u_+ 同相；"−" 端为反相输入端，表示输出电压 u_o 与该端输入电压 u_- 反相。

与其他放大器一样，集成运放的输出电压 $u_o = A_{uo} u_i$。由于集成运放有两个输入端，其 u_i 等于同相输入端和反相输入端的电位差，即

$$u_i = (u_+ - u_-)$$

所以 $u_o = A_{uo}(u_+ - u_-)$。其中，A_{uo} 为放大器未接反馈（指输出端与输入端之间未连接任何元器件）时的电压放大倍数，称为开环电压放大倍数。

（3）集成运放的三个特点 集成运放在性能上有三个突出特点。

1）开环电压放大倍数 A_{uo} 极高，可达到数百万甚至数千万。

2）输入电阻 r_i 很大，一般有数百千欧到数兆欧。

3）输出电阻 r_o 很小，一般在几十欧到数百欧之间。

根据这三个特点，为便于分析与应用，可将集成运放视为一个理想的电路模型（即理想集成运算放大器），近似认为：开环电压放大倍数 $A_{uo} \to \infty$；输入电阻 $r_i \to \infty$；输出电阻 $r_o \to 0$。

六、数字电路的基本概念

1. 模拟信号和数字信号

（1）模拟信号和模拟电路 在时间上和数值上均为连续变化的信号称为模拟信号，如正弦交流电的正弦波信号。模拟电路为处理模拟信号的电路，如整流电路、放大电路等。模拟电路着重研究输入和输出信号间的大小及相位关系。在模拟电路中，晶体管通常工作在放大区。以上介绍的电子电路均为模拟电路。

（2）数字信号和数字电路 数字信号是不随时间连续变化的信号，或者其信号在数值上、出现的时间上是断续的。图 4-42a~d 所示分别为尖峰波、矩形波、锯齿波和阶梯波信号。这是几种典型的数字信号，它们都是突变信号，持续时间短暂，因此数字信号也称脉冲信号。数字电路是处理数字信号的电路，着重研究输入、输出信号之间的逻辑关系，所以也称为逻辑电路。在数字电路中，晶体管一般工作在截止区和饱和区，起开关的作用。

2. 数字信号的表示方法

为了便于数字信号的处理，在数字电子技术中，数字信号只取 0 和 1 两个基本数码，反映在电路中可对应低电平与高电平两种状态。

3. 数字电路的特点

1）由于数字电路是以二值数字逻辑为基础，仅有 0 和 1 两个基本数码，可用二极管、晶体管的导通和截止这两种相反状态来实现，组成电路的基本单元便于制造和集成。

2）数字信息便于长期保存，由数字电路构成的数字系统工作可靠，精度较高，抗干扰能力强。

3）数字电路能进行逻辑判断和运算。

4）按电路逻辑功能分类，数字电路可分为组合逻辑电路和时序逻辑电路。

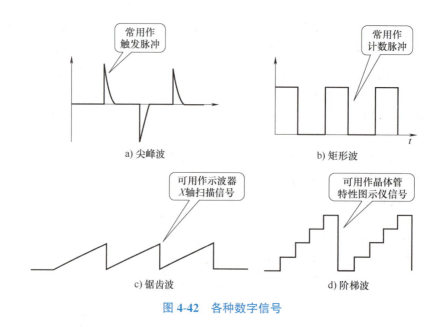

图 4-42 各种数字信号

 学习单元 4-3 电动机和电力拖动基础

一、变压器

1. 变压器的用途

变压器是一种利用电磁感应原理将某一数值的交变电压变换为同一频率的另一数值的交变电压的静止电气设备。变压器实物如图 4-43 所示。变压器按照用途主要分为以下几类。

（1）电力变压器 电力变压器主要用在输、配电系统中，其外形如图 4-43a~c 所示。由于供电系统采用高压输电、低压配电的方式，受发电机本身结构及所用绝缘材料的限制，不可能直接发出高压输电所需要的高电压，因此在输电时必须首先通过升压变电站的升压变压器将电压升高再进行输送；而在高压电输送到用电区后，为了保证用电安全和符合用电设备的电压等级要求，还必须利用降压变压器将电压降低。

（2）特种变压器 特种变压器是指在特殊场合使用或具有特别用途的变压器，如作为焊接电源的电焊变压器，如图 4-43e 所示，专供大功率电炉使用的电炉变压器，用于局部照明和控制用的控制变压器，将交流电整流成直流电的整流变压器，用于平滑调节电压的自耦变压器，如图 4-43f 所示。

（3）仪用互感器 仪用互感器用于仪表测量技术中，如电流互感器、电压互感器等，如图 4-43g、h 所示。常用的钳形电流表就是利用电流互感器的原理制成的。

（4）其他变压器 如试验用的高压变压器，在电子电路中使用的高频变压器（见图 4-43d）和脉冲变压器等。

2. 变压器的基本结构

变压器主要由铁心和绕组两部分所组成，如图 4-44 所示。

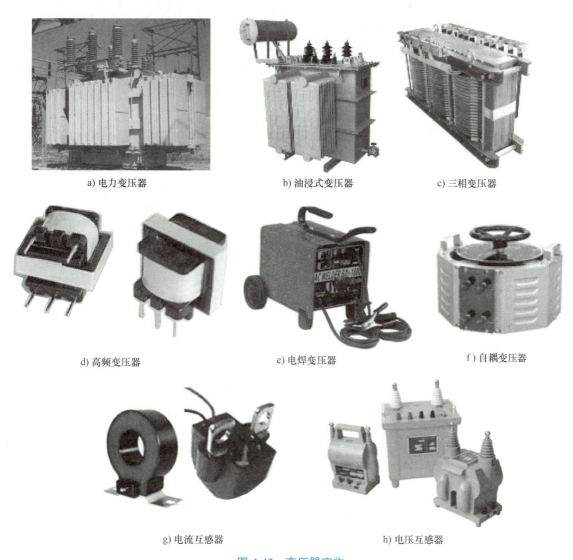

a) 电力变压器　　　　　　　b) 油浸式变压器　　　　　　c) 三相变压器

d) 高频变压器　　　　　　　e) 电焊变压器　　　　　　　f) 自耦变压器

g) 电流互感器　　　　　　　h) 电压互感器

图 4-43　变压器实物

（1）铁心　铁心构成变压器的磁路系统，并作为变压器的机械骨架。为了减小涡流和磁滞损耗，铁心一般用涂有绝缘漆的硅钢片叠成，一些专用的小型变压器则采用铁氧体或坡莫合金制成铁心。

根据变压器铁心的结构形式可分为心式和壳式两大类，壳式变压器在中间的铁心柱上安置绕组（线圈），心式变压器在两侧的铁心柱上安置绕组，如图 4-44 所示。

（2）绕组　变压器的线圈称为绕组，它是变压器的电路部分。变压器有两个或两个以上

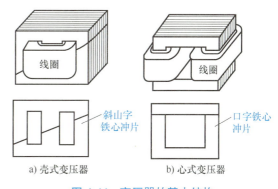

a) 壳式变压器　　　　　b) 心式变压器

图 4-44　变压器的基本结构

的绕组，接电源的绕组称为一次绕组，接负载的绕组称为二次绕组。

变压器在工作时铁心和绕组都会发热，小容量的变压器采用自冷方式，即在空气中自然冷却；中容量的变压器采用油冷方式，即将其放置在有散热管（片）的油箱中冷却；大容量的变压器需要用液压泵驱动冷却液在油箱与散热管（片）中做强制循环实现冷却。

3. 变压器的基本工作原理

（1）变压器的空载运行和电压比　所谓变压器的空载运行，是指一次绕组连接电源、二次绕组开路的状态，如图 4-45a 所示。

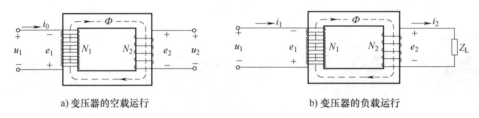

a) 变压器的空载运行　　　　　　　　b) 变压器的负载运行

图 4-45　变压器的工作原理

在一次绕组连接的电源电压 u_1 的作用下，一次绕组中通过电流 i_0，i_0 称为空载电流，由于产生工作磁通，所以又称为励磁电流。在其作用下，根据电磁感应的原理，在二次绕组两端产生感应电动势。由于二次绕组开路，电流 $i_2=0$，其端电压与感应电动势相等。在理想状态下，变压器一、二次的电压关系为

$$\frac{U_1}{U_2} = \frac{N_1}{N_2} = k \tag{4-31}$$

式中，N_1、N_2 分别为变压器一、二次绕组的匝数。式（4-31）表明，变压器一、二次电压（有效值）与一、二次绕组的匝数成正比，其比值 k 称为电压比。通常把 $k>1$（即 $U_1>U_2$）的变压器称为降压变压器，而把 $k<1$（即 $U_1<U_2$）的变压器称为升压变压器。

（2）变压器的有载运行和电流比　所谓变压器的有载运行，是指其二次绕组接上负载 Z_L 时的运行状态，如图 4-45b 所示。此时变压器一次电流为 i_1，且二次电流 $i_2 \neq 0$。在理想状态下，有

$$\frac{I_1}{I_2} = \frac{N_2}{N_1} = \frac{1}{k} \tag{4-32}$$

式（4-32）表明，变压器一、二次电流（有效值）与一、二次绕组的匝数成反比。

二、三相异步电动机

电机是利用电磁感应原理将机 - 电能量和信号相互转换的装置，它是电动机、发电机和信号电机的总称。而电动机则是将电能转换成机械能（旋转运动或直线位移）的装置。

按照电源的种类，可将电动机分为交流电动机、直流电动机和交直流两用电动机，目前应用最广泛的电动机是三相交流异步电动机（简称三相异步电动机）、单相交流异步电动机和直流电动机。电动机的分类如下：

$$\text{电动机}\begin{cases}\text{交流电动机}\begin{cases}\text{异步电动机}\\\text{同步电动机}\end{cases}\\\text{交直流两用电动机（串励电动机）}\\\text{直流电动机}\begin{cases}\text{永磁式直流电动机}\\\text{电磁式直流电动机}\end{cases}\end{cases}$$

电动机实物如图 4-46 所示。

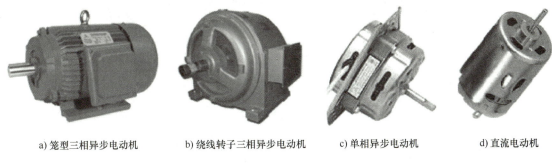

　a) 笼型三相异步电动机　　b) 绕线转子三相异步电动机　　c) 单相异步电动机　　d) 直流电动机

图 4-46　电动机实物

1. 三相异步电动机的基本结构

三相异步电动机主要由定子和转子两大部分，以及机壳、端盖、风叶等部件构成，如图 4-47 所示。

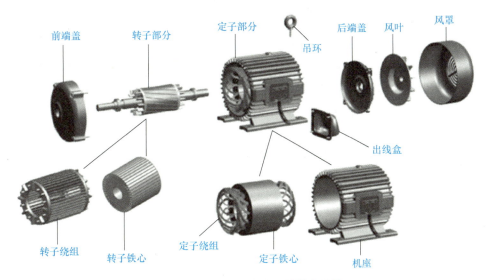

图 4-47　三相异步电动机的基本结构

（1）定子　电动机的定子由定子铁心和定子绕组构成，如图 4-47 所示。定子铁心作为电动机磁路的一部分，一般要求有较好的导磁性能和较小的铁损耗，所以定子铁心是用冷轧硅钢片冲压成形后再叠压成圆筒状。其内圆均匀分布若干凹槽，用来嵌放定子绕组。硅钢片之间涂有绝缘漆，以减少涡流损耗。

定子绕组是电动机的电路部分，每个绕组的两个边嵌放在定子铁心槽内，绕组和铁心之间还衬有绝缘纸。三相异步电动机的定子绕组为空间互差 120° 电角度的三相对称绕组 U1-U2、V1-V2、W1-W2，三相定子绕组一般连接成星形或三角形，如图 4-48 所示。

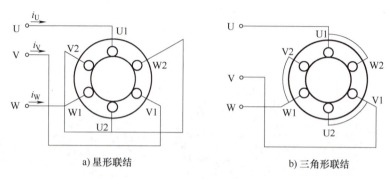

a) 星形联结   b) 三角形联结

图 4-48 三相定子绕组连接方式示意图

（2）转子 如图 4-47 所示，转子由转子铁心、转子绕组和转轴构成，转子铁心作为电动机磁路的组成部分，也是用硅钢片叠压而成的。沿其外圆周均匀分布着若干个槽，用来嵌放转子绕组，中间穿有转轴。

三相异步电动机根据转子绕组的结构形式分为笼型异步电动机和绕线转子异步电动机。笼型转子绕组大多是斜槽式的，绕组的导条、端环和散热用的风叶多用铝材一次浇铸成型。其中，端环的作用是将所有导条并接起来形成闭合的转子电路，以便能够在导条中形成感应电流，产生电磁转矩。绕线转子绕组与定子绕组一样，是用绝缘导线在转子铁心槽中绕成三相对称绕组，其末端为星形联结，首端通过集电环和电刷装置与外电路的起动设备或调速设备连接，可以提高电动机的起动性能和调速性能。

（3）其他部件 三相异步电动机的其他部件还有机壳、前后端盖、风叶等。

2. 三相异步电动机的转动原理

（1）旋转磁场 三相异步电动机的旋转磁场是由对称的三相定子绕组通入对称的三相交流电流（在时间上互差 120° 相位差）产生的。对称的三相交流电流流入对称的三相定子绕组，在电流的一个周期内，$t_0 \sim t_4$ 5 个时刻所产生的合成磁场的方向如图 4-49 所示。由图可见，电流交变一周，合成磁场的方向也在空间上旋转了一圈（360°）。图 4-49a 所示为一对磁极（$p=1$）的情况，如果三相异步电动机的定子绕组每相由两组线圈组成，如图 4-49b 所示，各相绕组首端或末端在空间上互差 60°（电角度仍是 120°）。通入三相对称电流后，用同样的方法可判断电动机将产生两对磁极，并且仍按 U1 → V1 → W1 方向旋转。但当电流变化一个周期（360°）时，合成磁场只转了半圈（180°）。可见，旋转磁场的转速 n_0（同步转速）与交流电源的频率 f 成正比，而与磁极对数 p 成反比，即

$$n_0 = \frac{60f}{p}$$

（4-33）

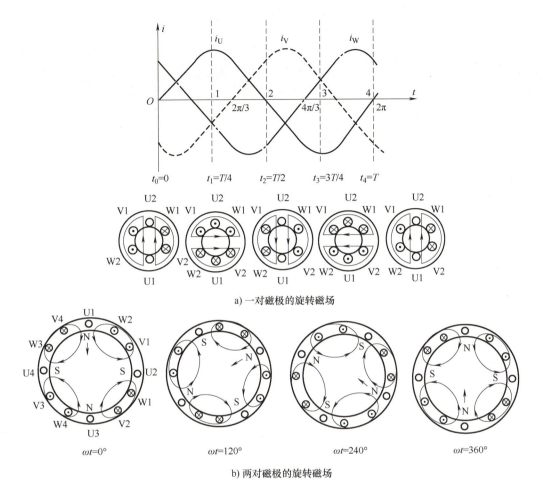

a) 一对磁极的旋转磁场

b) 两对磁极的旋转磁场

图 4-49　三相交流电流产生的旋转磁场

（2）转动原理　旋转磁场建立后，置于旋转磁场中的转子导条切割磁感线，产生感应电动势，由于转子绕组是闭合的，所以转子绕组中产生感应电流。又因为载流导体在磁场中会受到电磁力的作用，产生电磁转矩，就会使电动机沿旋转磁场的方向旋转起来。

异步电动机的转子转向与旋转磁场转向一致，如果转子与旋转磁场转速相等，则转子与旋转磁场之间没有相对运动，转子导条不再切割磁感线，没有电磁感应，感应电流和电磁转矩为零，转子失去旋转动力，在固有阻力矩的作用下，转子转速必然低于旋转磁场转速，所以称其为异步电动机。

如果能设法使电动机转子与旋转磁场以相同的转速旋转，则称其为同步电动机。

（3）转差率　异步电动机旋转磁场转速（也称同步转速 n_0）与转子转速 n 之差称为转差，转差与同步转速 n_0 的比值用转差率 s 表示，有

$$s = \frac{n_0 - n}{n_0} \times 100\% \tag{4-34}$$

转差率 s 是反映异步电动机运行状态的一个重要参数。异步电动机额定转速时的转差率称为额定转差率 s_N，s_N 一般很小（为 2%~5%），即异步电动机在额定状态下运行时的转速 n_N 接近同步转速 n_0。

3. 三相异步电动机的机械特性

（1）三相异步电动机的机械特性曲线　电动机作为动力设备，使用时需要考虑其输出转矩和转速，转矩与转速之间的关系称为机械特性。如果用横坐标表示转矩，纵坐标表示转速，将机械特性用曲线表示出来，则称其为（电动机的）机械特性曲线。图 4-50 所示为三相异步电动机的机械特性曲线，图中 A、B、C、D 点分别为电动机的同步点、额定运行点、临界点和起动点。由图可见，电动机在 D 点起动后，随着转速的上升，转矩随之上升，在达到转矩的最大值后（C 点），进入 AC 段的工作区域。

（2）三相异步电动机的运行性能　通过图 4-50 所示的机械特性曲线来分析三相异步电动机的运行性能。

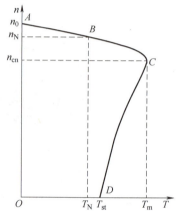

图 4-50　三相异步电动机的机械特性曲线

1）曲线的 AC 段。这段曲线近似于线性，随着异步电动机的转矩增加而转速略有下降，从同步点 A（$n=n_0$，$s=0$，$T=0$）到满载的 B 点（额定运行点），转速仅下降 2%~6%，可见，三相异步电动机在 AC 段的工作区域有较"硬"的机械特性。

2）额定运行状态。在 B 点，电动机工作在额定运行状态，在额定电压、额定电流下产生额定的电磁转矩，以拖动额定的负载，此时对应的转速、转差率均为额定值（额定值均用下标"N"表示）。电动机工作时应尽量接近额定状态运行，以使电动机有较高的效率和功率因数。

3）临界状态。在 C 点产生的转矩为最大转矩 T_m，它是电动机运行的临界转矩，因为一旦负载转矩大于 T_m，电动机因无法拖动而使转速下降，工作点进入曲线的 CD 段。在 CD 段，随着转速的下降，转矩继续减小，使转速很快下降至零，电动机出现堵转。C 点为曲线 AC 段与 CD 段交界点，所以称为临界点，该点对应的转差率均为临界值。

电动机产生的最大转矩 T_m 与额定转矩 T_N 之比称为电动机的过载能力 λ，即

$$\lambda = \frac{T_m}{T_N} \tag{4-35}$$

一般三相异步电动机的 λ 为 1.8~2.2，表明在短时间内电动机轴上带动的负载只要不超过 1.8~2.2 T_N，电动机仍能继续运行。因此，λ 表明电动机所具有的过载能力的大小。

4）起动状态。D 点称为起动点。在电动机起动瞬间，$n=0$，$s=1$，电动机轴上产生的转矩称为起动转矩 T_{st}（又称为堵转转矩）。T_{st} 必须大于负载转矩，电动机才能起动，否则电动机将无法起动。

电动机产生的起动转矩 T_{st} 与额定转矩 T_N 之比称为电动机的起动能力，即

$$起动能力 = \frac{T_{st}}{T_N} \tag{4-36}$$

一般三相异步电动机的起动能力为 1~2。

4. 三相异步电动机的型号和技术数据

每台电动机的外壳上都有一块标牌，一般用金属制成，称为铭牌。图 4-51 所示为一块三相异步电动机的铭牌。铭牌上标注出了电动机的型号和主要技术数据，因此电动机的额定

值又称为铭牌值。以图 4-51 的铭牌为例，分别说明如下。

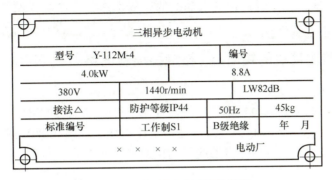

三相异步电动机			
型号　Y-112M-4		编号	
4.0kW		8.8A	
380V	1440r/min		LW82dB
接法△	防护等级IP44	50Hz	45kg
标准编号	工作制S1	B级绝缘	年　月
××××　　　　　　电动厂			

图 **4-51**　三相异步电动机的铭牌

（1）型号　以 Y-112M-4 型为例，三相异步电动机的型号含义如下：

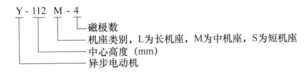

（2）电动机的额定值　电动机的额定工作状态是指电动机能够可靠地运行并具有良好性能的最佳工作状态，此时电动机的有关数据称为电动机的额定值。

1）额定电压（380V）指在额定条件下向电动机绕组施加的工作电压，单位为 V。

2）额定功率（4.0kW）指电动机在长期持续运行时转轴上输出的机械功率，单位为 W 或 kW。

3）额定电流（8.8A）指电动机在输出额定功率时，电源电路通过的电流，单位为 A。

4）额定转速（1440r/min）指电动机在额定状态下运行时的转速，单位为 r/min。

5）额定转矩指电动机在额定运行时产生的电磁转矩，单位为 N·m。

转矩与功率、转速之间的关系为

$$T_{N}=9550\frac{P_{N}}{n_{N}}\tag{4-37}$$

式中，T_{N} 为额定转矩（N·m）；P_{N} 为额定功率（kW）；n_{N} 为额定转速（r/min）。

（3）电动机的其他技术参数

1）起动电流 I_{st} 和起动转矩 T_{st} 指电动机处于起动状态，即电动机已接通电源产生运转动力，但因机械惯性还没有转动起来（转速为零），此时的电流和电磁转矩称为起动电流和起动转矩。

2）最大转矩 T_{m} 指电动机所能产生的电磁转矩最大值。

3）电动机的效率。电动机从电源输入电功率，通过内部的电磁作用产生电磁转矩，驱动机械负载旋转做功。电动机在将电功率转换为机械功率的同时，也会在其内部产生损耗，这些损耗包括铜损（电路的损耗）、铁损（磁路的损耗）和机械损耗。电动机的效率为输出的机械功率与输入的电功率之比，即

$$\eta=\frac{P_{2}}{P_{1}}\left(\times100\%\right)\tag{4-38}$$

式中，η 为电动机的效率；P_2、P_1 分别为电动机输出的机械功率和输入的电功率。

4）电动机的其他技术参数还包括电动机的定额工作制、连接方式、防护等级和绝缘等级等，具体可查阅相关资料。

三、三相异步电动机的继电器-接触器控制电路

1. 继电器-接触器控制电路

传统的电动机控制电路为继电器-接触器控制电路。电动机的继电器-接触器控制电路由各种低压电器所组成。所谓低压电器，是指工作电压在交流 1200V 或直流 1500V 以下的电器。低压电器可以根据控制指令自动或手动接通和断开电路，实现对用电设备或非电对象的切换、控制、保护、检测和调节，如各种开关、继电器、接触器、熔断器等。

根据动作原理的不同，低压电器可分为手控电器和自动电器；而根据其功能的不同，低压电器又可以分为控制电器和保护电器。我国低压电器型号是按照产品的种类编制的，具体可查阅有关资料。

电梯的电气控制电路也使用了各种低压电器。下面结合三相异步电动机的一个控制电路简单介绍所使用的低压电器（包括低压电器的型号、功能和使用方法）。

2. 三相异步电动机正反转控制电路

三相异步电动机正反转控制电路如图 4-52 所示，在该电路中，接触器 KM1 和 KM2 的主触点使三相电源的其中两相调换，分别控制电动机的正转和反转，SB2 和 SB3 分别为正、反转控制按钮，SB1 为停止按钮。

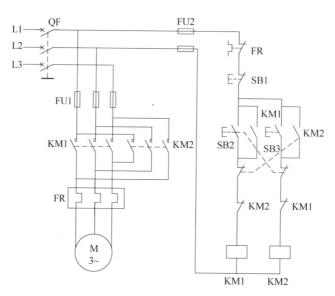

图 4-52 三相异步电动机正反转控制电路

在图 4-52 所示控制电路中，将接触器 KM1、KM2 的辅助动合触点分别与正、反转起动按钮 SB2、SB3 并联，当松开起动按钮后，接触器的电磁线圈仍能依靠其辅助动合触点保持通电，使电动机能连续运行，这一作用称为自锁（或自保），KM1、KM2 的辅助动合触点称为自锁触点。显然，如果没有接自锁触点，当按下 SB2 时电动机运行，一旦松手电动机立

即停转，这种控制称为点动控制。而将正、反转起动按钮 SB2、SB3 的动断触点和正、反转接触器 KM1、KM2 的辅助动断触点分别串联在 KM2、KM1 线圈的支路中，在其中一个接触器通电后，由于其动断触点的断开，保证了另一个接触器不能通电，这种作用称为互锁，实现互锁作用的动断触点称为互锁触点。

图 4-52 所示电路对电动机具有 4 种保护功能。

1）短路保护。由熔断器 FU1、FU2 分别对主电路和控制电路实现短路保护。

2）过载保护。由热继电器 FR 实现。FR 的热元件串联在电动机的主电路中，当电动机过载达一定程度时，FR 的动断触点断开，KM1、KM2 因线圈断电而释放，从而切断电动机的主电路。

3）失电压保护。图 4-52 所示电路每次都必须按下起动按钮 SB2 或 SB3，电动机才能起动运行，这就保证了在突然停电而又恢复供电时，不会因电动机自行起动而造成设备和人身事故。这种在突然停电时能够自动切断电动机电源的保护称为失电压（或零电压）保护。

4）欠电压保护。如果电源电压过低（如降至额定电压的 85% 以下），则接触器线圈产生的电磁吸力不足，接触器会在复位弹簧的作用下释放，从而切断电动机电源。所以接触器控制电路对电动机有欠电压保护的作用。

3. 三相异步电动机正反转控制电路所使用的低压电器

图 4-52 电路所使用的低压电器有以下几种。

（1）低压断路器　低压断路器简称断路器。它相当于刀开关、熔断器、热继电器和欠电压继电器的组合，是一种既有手动开关作用又能自动进行欠电压、失电压、过载和短路保护的电器。低压断路器实物与电路符号如图 4-53 所示。

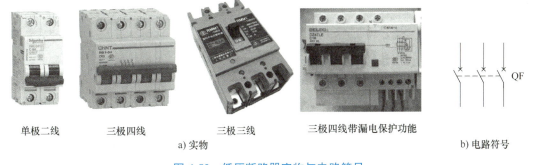

单极二线　　三极四线　　　　三极三线　　三极四线带漏电保护功能　　　　b) 电路符号

a) 实物

图 4-53　低压断路器实物与电路符号

低压断路器具有结构紧凑、功能完善、操作安全且方便等优点，而且其脱扣器可重复使用，不必更换，因而使用广泛。低压断路器除用在电动机控制电路外，还在各种低压配电线路中使用。低压断路器种类很多，主要有万能式断路器和塑料外壳式断路器。万能式断路器又称为框架式断路器，其主要产品有 DW10、DW15 系列。塑料外壳式断路器的产品型号为 DZ 系列。常用的有保护电动机用的 DZ5、DZ15 型；配电及保护用的 DZ10 型；照明线路保护用的 DZ12、DZ13、DZ15 型等，此外，还有 C45、S250S、S060 等系列，它可以单极开关为单元组合拼装成双极、三极、四极，拼装的多极开关须在手柄上加一联动罩，以使其同步动作。

（2）熔断器　熔断器实物如图 4-54 所示，其文字符号为 FU，图形符号如图 4-52 所示。熔断器是一种使用广泛的短路保护电器，使用时，将它串联在被保护的电路中，当电路严重过载或短路流过大电流时，由低熔点合金制成的熔体因过热迅速熔断，从而切断电路，避免设备和线路被损坏。

a) RT18圆筒形帽熔断器　　b) RTO系列有填料　　c) RM10无填料封　　d) RL1系列螺旋
　　　　　　　　　　　　　封闭管式熔断器　　　闭管式熔断器　　　　　式熔断器

图 4-54　熔断器实物

熔断器的主要技术参数有额定电压、额定电流和熔体（熔丝）的额定电流。选用时，应保证熔断器的额定电压大于或等于线路的额定电压，熔断器的额定电流大于或等于熔体的额定电流，而熔体的额定电流则根据不同的负载及其负载电流的大小来选定。

（3）接触器　接触器是一种自动控制电器，用于频繁地远距离接通或切断交直流电路及大容量控制电路，其主要控制对象是电动机，也可用于控制其他电力负载，如电焊机、电阻炉等。按照所通断电流的种类，接触器分为交流和直流接触器两大类，使用较多的是交流接触器。交流接触器从结构上可分为电磁系统、触点系统和灭弧装置三大部分，其工作原理是：当电磁线圈通电后，产生的电磁吸力将动铁心往下吸，带动动触点向下运动，使动断触点断开、动合触点闭合，从而分断和接通电路；当线圈断电时，动铁心在复位弹簧的作用下向上弹回原位，动断触点重新接通、动合触点重新断开。可见，接触器实际上是一个电磁开关，由电磁线圈电路控制开关（触点系统）的动作。

接触器的触点又分为主触点和辅助触点。主触点一般为三极动合触点，可通过的电流较大，用于通断三相负载的主电路。辅助触点有动合和动断触点，用于通断电流较小的控制电路。由于主触点通过的电流较大，一般配有灭弧罩，在切断电路时产生的电弧在灭弧罩内被分割、冷却而迅速熄灭。

接触器实物如图 4-55a 所示，其文字符号为 KM，图形符号如图 4-55b 所示。常用的交流接触器产品有 CJ10、CJ12、CJ20 系列。接触器型号 CJ×× -×× 的含义：C 表示接触器，J 表示交流，数字为产品序列代号，短横线后的数字则表示主触点的额定电流，如 CJ20-63 型表示 CJ20 系列交流接触器，主触点额定电流为 63A。

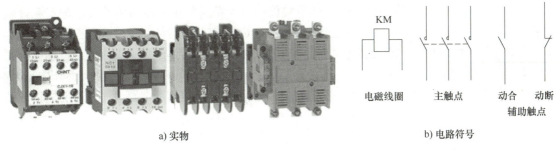

a) 实物　　　　　　　　　　　　b) 电路符号

图 4-55　接触器实物及电路符号

（4）热继电器　继电器是一种根据外界输入信号控制电路通断的自动切换电器。继电器的种类很多，应用广泛，按照用途可分为控制继电器和保护继电器，按照输入的信号可分为电压继电器、电流继电器、时间继电器、热继电器、温度继电器、速度继电器及压力继电器等，如图 4-56 所示。

图 4-56　继电器实物

热继电器是继电器的一种，主要用作电动机的过载保护、断相及电流不平衡运行的保护。热继电器是根据电动机过载保护需要而设计的，它利用电流的热效应原理，当热量积聚到一定程度时使触点动作，从而切断电路实现对电动机的保护。按照动作的方式，热继电器可分为双金属片式、热敏电阻式、易熔合金式、电子式等多种，使用最普遍的是双金属片式，如图 4-57a 所示。热继电器结构简单、成本较低，且具有良好的反时限特性（即电流越大动作时间越短，电流与动作时间成反比）。双金属片式热继电器的基本工作原理：双金属片由两种热膨胀系数不同的金属材料压合而成，绕在双金属片外面的发热元件串联在电动机主电路中，当电动机过载时，过载电流产生的热量大于正常的发热量，双金属片受热弯曲，电流越大、过载时间越长，双金属片弯曲程度就越大，当达到一定程度时，通过传动机构使触点系统动作。热继电器动作后，要等一段时间，待双金属片冷却后，才能按下复位按钮，使触点复位。热继电器动作电流值的大小可通过位于复位按钮旁边的调节旋钮进行调节。

热继电器的文字符号为 FR，图形和文字符号如图 4-57b 所示。常用的有 JR15、JR16、JR20 等系列，其中，JR15 为两相结构，其余大多为三相结构，并可带断相保护装置。热继电器型号中的 J 表示继电器，R 表示热，如 JR16-20/3D 型表示 JR16 系列热继电器，额定电流为20A，三相结构，D 表示带断相保护装置。一种型号的热继电器可配有若干种不同规格的热元件，并具有一定的调节范围，选用时，应根据电动机的额定电流来选择热元件，并用调节旋钮将其整定为电动机额定电流的 0.95~1.05 倍，在使用中根据电动机的过载能力进行调节。

需要指出的是，熔断器和热继电器这两种保护电器都是利用电流的热效应原理实现过电流保护，但它们的动作原理不同，用途也有所不同。熔断器是由熔体直接受热而在瞬间迅速熔断，主要用作短路保护。为避免在电动机起动时熔断，应选择熔体的额定电流大于电动机的额定电流，因此在电动机过载量不大时，熔断器不会熔断，所以熔断器不宜作为电动机的过载保护。而热继电器动作有一定的惯性，发生过电流时不可能迅速切断电路，所以不能用作短路保护。

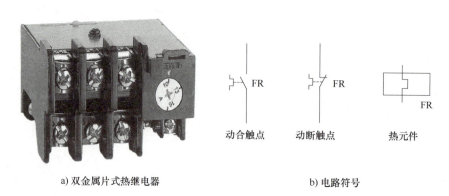

a) 双金属片式热继电器   b) 电路符号

图 4-57　热继电器实物及电路符号

（5）按钮　作为一种典型的主令电器，按钮主要用于发出控制指令，接通和分断控制电路。按钮的文字符号是 SB，其外形、内部结构和电路符号如图 4-58 所示。

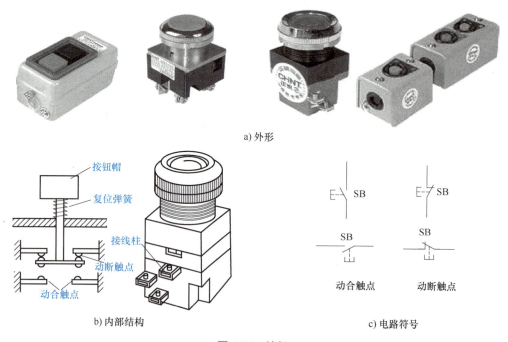

a) 外形

b) 内部结构   c) 电路符号

图 4-58　按钮

按钮的种类很多，有单个的，也有两个或数个组合的；有不同触点类型和数目的；根据使用需要还有带指示灯的和旋钮式、钥匙式等。常用的按钮有 LA10、LA18、LA19、LA20、

LA25、LAZ 等系列。

四、其他电动机

除三相异步电动机外，还有单相交流异步电动机和直流电动机，以及各种特殊用途的电动机（特种电机）。下面仅简单介绍单相交流异步电动机和直流电动机，有兴趣的读者可查阅相关书籍和资料。

1. 单相交流异步电动机

（1）单相交流异步电动机的转动原理　单相交流异步电动机的结构和工作原理与三相异步电动机相似。单相交流异步电动机的定子绕组为单相绕组，在通入单相交流电流后所产生磁场的特点是其大小和方向按正弦规律周期性地变化，但磁场的轴线却固定不变，这种磁场被称为脉动磁场，如图 4-59 所示，图中磁场的轴线为纵轴。

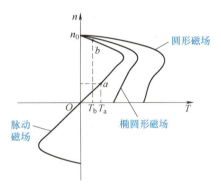

图 4-59　单相交流异步电动机的机械特性曲线

单相交流异步电动机通电后不能自行起动，需要拨动一下电动机的转子，电动机才能朝拨动的方向转动起来。这是由于脉动磁场可以分解成大小相等、速度相同，但方向相反的两个旋转磁场，它们共同作用于同一个转子上，所以在脉动磁场作用下的电动机相当于两个反相序的三相异步电动机同轴连接。所以，单相交流电流产生的脉动磁场在转子上形成的合成转矩为零，电动机无法自行起动，如图 4-59 中的坐标原点。但是如果朝任意一个方向施加外力（如用手拨动）推动转子达到一定速度（见图 4-59a 点），只要电动机的合成转矩 T_a 大于阻转矩 T_b，即使去掉外力，电动机也将自动加速，一直到 b 点稳定运行。若外力使电动机反向转动，则电动机反向加速运行（图 4-59 第 Ⅲ 象限的曲线）。了解这一点将有助于分析单相异步电动机的故障。

由此可见，单相绕组只能建立脉动磁场；在脉动磁场作用下，电动机的起动转矩为零，电动机不能自行起动，但在外力作用下起动后能够运行。为解决单相交流异步电动机的起动问题，必须在起动时建立一个旋转磁场，以产生起动转矩。所以在电动机定子铁心上嵌放了主绕组（运行绕组或工作绕组）和辅助绕组（起动绕组），且两绕组在空间互差 90° 电角度。为使两绕组在接同一单相电源时能产生相位不同的两相电流，往往在起动绕组中串入电容或电阻（也可以利用两绕组自身阻抗的不同）进行分相，这样的电动机称为分相式单相异步电动机。按起动、运行方式的不同，分相式单相异步电动机又分为电阻起动式、电容起动式、电容起动运转式等类型。还有一种结构更简单的单相异步电动机，其定子与分相式单相异步电动机的定子不同，根据其定子磁极的结构特点称为罩极式电动机。在此仅介绍电容起动运转式单相交流异步电动机。

（2）电容起动运转式单相交流异步电动机　电容起动运转式单相交流异步电动机的起动和运行性能都比较好，适用于各种家用电器、泵和小型机床等。如图 4-60 所示，在辅助绕组中使用了 C_1 和 C_2 两个并联电容器，其中，C_1 与起动开关 S 串联。起动时，两个电容器同时工作，总电容量较大；运行时，起动开关 S 动作，切除 C_1，减小电容量。适当选择

C_1 和 C_2 的容量，可使电动机起动、运行时都能产生近似圆形的旋转磁场，以获得较高的起动转矩、过载能力、功率因数和效率。

2. 直流电动机

（1）直流电动机的基本结构　直流电动机使用直流电源，与交流异步电动机相比，具有更好的起动和运行性能，因此，直流电动机广泛应用于起重、运输机械、传动机构、精密机械、自动控制系统和电子电器、日用电器中。

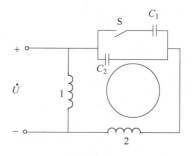

图 4-60　电容起动运转式单相交流异步电动机

与交流电动机一样，直流电动机也是由定子、转子和结构件（端盖、轴承等）三大部分组成。图 4-61 为直流电动机结构示意图。

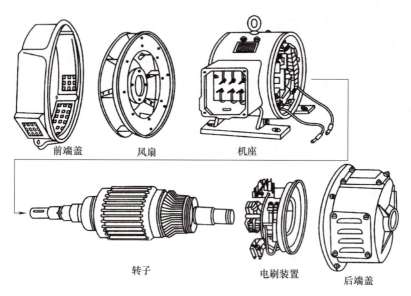

前端盖　　风扇　　机座

转子　　　电刷装置　　后端盖

图 4-61　直流电动机结构示意图

（2）直流电动机的转动原理　直流电动机的转动原理示意图如图 4-62 所示。假设定子是永久磁铁（也可以是铁心上绕有励磁线圈的电磁铁），转子是矩形线圈（图中只画出 1 匝）。给线圈接上直流电源，因为转子是可以绕轴 OO' 转动的，所以给线圈通电须通过电刷与换向器。由图 4-62a 可见，电刷 A 接电源正极、电刷 B 接负极，通过换向器（即图中两片半圆形的铜片），电流在线圈中的方向为 d → c → b → a。根据载流导体在磁场中要受磁场力作用的原理，并按照左手定则，可判断出线圈的两条边在磁场中的受力方向为 ab 边向上、cd 边向下，所产生的转矩使线圈绕轴 OO' 沿顺时针方向转动。当线圈转过 180°（见图 4-62b），线圈 ab 与 cd 两条边在磁场中的位置刚好对调，此时电流的方向为 a → b → c → d，虽然电流的方向变了，但在两磁极（N、S 极）下导体电流的方向和受力的方向不变，因此线圈继续沿顺时针方向转动。这就是直流电动机持续旋转运动的原理。

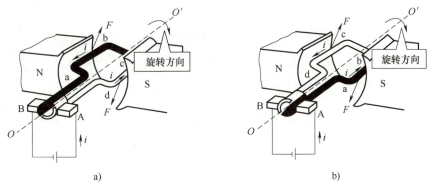

图 4-62　直流电动机的转动原理示意图

（3）直流电动机的分类　根据定子磁场的不同，直流电动机主要分为永磁式和励磁（电磁）式两大类，永磁式又可分为有（电）刷和无（电）刷两类，而励磁式根据励磁绕组通电方式的不同，又可分成串励、并励、复励和他励四类。

（4）直流电动机的机械特性　上述 4 种励磁方式的直流电动机的机械特性如图 4-63 所示。由图可见，他励式、并励式直流电动机具有较硬的机械特性，因而被广泛应用于要求转速较稳定且调速范围较大的场合，如轧钢机、金属切削机床、纺织印染、造纸和印刷机械等。而串励式直流电动机具有较软的机械特性，电动机空载时转速很高，满载时转速很低。这种机械特性对电动工具很适用。

串励式直流电动机适用于负载经常变化而对转速不要求稳定的场合，当负载增加时，转速将自动降低，而其输出功率却变化不大。因串励式直流电动机的电磁转矩与电枢电流的二次方成正比，因此当转矩增加很多时，电流却增加不多，所以串励式直流电动机具有较强的过载能力。但是串励式直流电动机在轻载时转速很

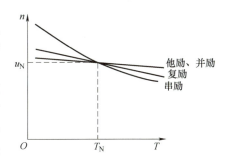

图 4-63　直流电动机的机械特性

高，空载时将出现飞车现象，因此，绝不允许串励式直流电动机空载或轻载运行，起动时至少要带上 20%~30% 的额定负载。此外，还规定这种电动机与负载之间只能是齿轮或联轴器传动，而不能用带传动，以防带滑脱而造成"飞车"事故。

复励式直流电动机的机械特性介于上述两种电动机的机械特性之间，适用于起动转矩较大而转速变化不大的负载。

学习单元 4-4　电气自动控制基础

一、电气自动控制技术概述

自动控制技术是以科学技术的飞速发展为前提，以工业生产产品和生产工艺的不断更新为动力，从而得到不断发展的一门工程技术学科。

在 20 世纪 40 年代以前，工业生产基本上还处于手工操作的时代，主要依靠操作者的手艺和经验去控制生产的过程，因此生产产量低、产品质量差、劳动强度大且劳动生产率低，经济效益也很差。

随着工业生产规模的日益扩大，在生产过程中必须处理的问题变得十分复杂。由于人类自身生理条件的原因，使人们对生产过程中动作的辨别、动作的速度、精度、动作的一致性，以及对复杂问题的反应和处理能力等方面都受到限制。虽然借助于常规的控制仪表和逻辑硬接线的控制装置（如继电器 - 接触器控制系统）能够实现在一定程度、一定范围内的自动化，但是对于生产过程中的随机干扰实行随机控制，以及多变量、高精度的控制等仍然难以实现。现代工业的发展迫切需要实现生产过程和生产设备的自动控制。所谓自动控制，是指在没有人直接参与的情况下，通过控制系统使被控对象或生产自动地按照预先设置的规律进行工作。

自动控制使用的技术手段包括电气、机械、液压和气动等。其中，电气自动控制是普遍应用的方法。众所周知，任何的生产过程和生产设备都需要能源，自从人类在 19 世纪初开始掌握电能的产生与应用技术以来，电能就已成为工业生产最主要的能源，将电能转换成机械能的电动机成为工业生产最主要的动力设备。生产过程的运行，生产机械的起动、停止以及运行状态的调节等，都可以通过对电动机等动力设备的控制来实现，从而组成电力拖动自动控制系统。如图 4-64 所示，电力拖动自动控制系统主要包括以下三个环节。

1）动力设备：主要是各种电动机，是将电能转换成机械能以驱动生产机械的原动力。

2）自动控制设备：对动力设备进行自动控制，以实现生产过程或生产机械运行的自动化。

3）传动机构：动力设备与工作机构之间的传动装置。

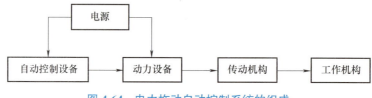

图 4-64　电力拖动自动控制系统的组成

在 20 世纪 70 年代以前，实现对开关量的自动控制基本上采用继电器 - 接触器控制系统。这种控制系统主要由继电器、接触器和各种开关组成，由于它具有简单、经济的特点，因而至今仍在许多控制动作较简单、控制规模较小的设备上使用。继电器 - 接触器控制系统的主要缺点：①因为是由较多的电器触点及其连接线组成，所以工作可靠性较差；②电器触点存在机械磨损，工作寿命短；③其硬接线使控制功能和动作顺序被固化，一旦控制要求有所改变，就需要重新设计、布线和装配，不能适应产品和生产工艺不断更新带来的控制功能经常变化的要求。20 世纪 50 年代开始，曾经使用晶体管逻辑控制系统取代继电器 - 接触器控制系统，解决了有触点开关的问题，但由于这种控制装置是硬接线，仍然解决不了通用性和灵活性的问题。

1946 年世界上第一台电子计算机问世，它为实现工业生产的高度自动化提供了强有力的手段。但是在 20 世纪五六十年代，用于工业自动控制的计算机还处于试验阶段，这一阶段的工业控制计算机主要用于开环数据记录、数据处理和过程监督，主要原因是当时的计算机速度慢、价格高、可靠性差，远不能满足工业控制的要求。

在 20 世纪 60 年代后期，随着电子工业的发展，出现了使用中小规模集成电路的第三代电子计算机，以其体积小、速度快、可靠性高、价格低廉的特点使计算机迅速进入工业生产自动控制领域。在这一时期出现的 PLC 就是糅合了传统的继电器 - 接触器控制系统简单易懂、操作方便，以及计算机控制系统功能强、通用性和灵活性好两方面的优点，主要用于开关量控制的自动控制装置。

20 世纪 70 年代以后，随着微电子技术的发展，大规模集成电路的制造成功，造价低廉的微处理器大量出现，促使工业微机的应用迅速普及，因而产生了集中 - 分散型控制系统（DCS）。DCS 不仅提高了控制系统的工作可靠性，而且可以灵活方便地实现各种新的控制规律（如多变量、多参数控制、最优控制、自适应控制等），便于系统分批调试与投入运行。DCS 的出现和应用，为实现高水平的自动化提供了强有力的技术基础，为工业过程自动化向高层次发展带来了深远的影响。在控制设备方面，包括微机控制的智能型单元组合仪表和 PLC 的诞生，都标志着工业自动化真正进入了计算机时代。

20 世纪 80 年代迅速发展起来的计算机网络技术，又使得工业生产自动化发生了巨大变革，计算机网络化产生了控制与管理一体化的现代新型工业自动化模式。这种新型自动控制系统已经超出了传统的工业工程技术领域，还包括了社会经济和生物生态等各个领域，从局部控制进入了全局控制，既有若干个子系统的闭环控制，又有整个大系统的协调全面控制，可以实现在线优化、生产过程的实时调度、产品计划、统计、信息管理和决策管理。工业自动化系统能够在大量获取并处理生产过程和市场信息的基础上，科学地安排和调度生产，以充分发挥设备的生产潜力，达到优质、高产、低耗的最佳目标。

二、微机控制基础知识

微机（即微型计算机），由硬件系统和软件系统两大部分组成。

1. 硬件系统

（1）硬件系统的组成　所谓硬件（硬件系统），是指构成微型计算机系统的实体，它包括组成微型计算机的各部件和外围设备。

微型计算机与传统计算机一样，也是由运算器、控制器、存储器和输入 / 输出接口等部分组成。其不同之处在于，微型计算机是把运算器和控制器集成在一片或几片大规模集成电路中，并称之为微处理器（MPU）或中央处理器（CPU）。以微处理器芯片为中心，再加上存储器芯片和输入/输出（接口）芯片等大规模集成电路组成的超小型计算机或只用一片大规模集成电路组成的超小型计算机，称为微型计算机。只用一片大规模集成电路构成的微型计算机，又称为单片机，如图4-65所示。微型计算机配以输入/输出设备，就构成了微型计算机硬件系统，如图4-66所示。

图 4-65　单片机

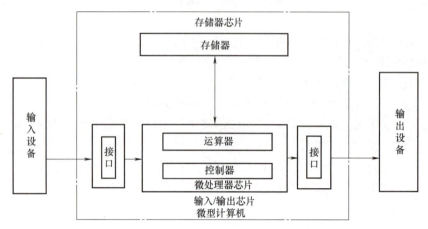

图 4-66　微型计算机硬件系统

（2）硬件系统的结构

1）总线结构。微型计算机多采用以总线为中心的计算机结构。总线是指计算机中传送信息的公共通路，是一些通信导线。计算机的工作过程可概括为信息传送和信息加工的过程，信息都是通过总线传送的。总线传送信息的方式为在同一时刻发送端只能有一个部件发送信息，接收端可以有一个或多个部件同时接收信息。图4-67所示为微型计算机总线结构示意图。

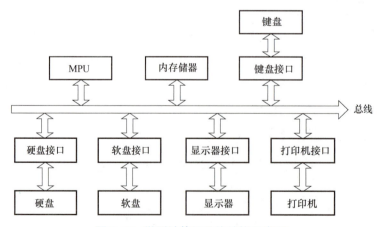

图 4-67　微型计算机总线结构示意图

微型计算机的外围设备比较简单，输入设备主要是键盘、鼠标；输出设备主要是显示器、打印机；外存储器主要是软盘、硬盘、光盘。

外围设备不直接与 CPU 连接，而是通过相应的接口电路再与 CPU 连接。接口是在两个计算机部件或两个系统之间按照一定的要求传送数据的部件。

2）中央处理器（CPU）。CPU 是计算机的核心部件，微型计算机的核心部件是微处理器（MPU），它包括控制器和运算器两个部件。

①控制器。控制器是计算机的控制指挥中心，协调和指挥整个计算机系统的操作，其主要功能是识别和翻译指令代码，安排操作的先后顺序，产生相应的操作控制信号，指挥控制数据的流动方向，保证计算机各部件有条不紊地协调工作。控制器由指令计数器、指令寄存器、译码器、操作控制器等部分组成。

②运算器。运算器是对信息进行加工、运算的部件，也是控制器的执行部件，负责接收控制器的指示，按照算术运算规则进行加、减、乘、除、开二次方、求幂等算术运算，还进行与、或、非、比较、分类等逻辑运算。运算器由算术逻辑部件、数据寄存器、累加器等部分组成。

3）存储器。存储器是计算机的记忆部件，用来存放计算机进行信息处理所必需的原始资料、中间数据、最后结果，以及指示计算机如何工作的程序。计算机中的全部信息都存放在存储器中。按照控制器的信号，可以向存储器中指定位置存入信息或从指定位置取出信息。计算机的存储器分为主存（内存储器）和辅存（外存储器）两类。

①内存储器。内存储器是直接受 CPU 控制的存储器，其内部分为许多存储单元，每个单元都有唯一的编号（称为地址，类似于门牌号码）；从存储单元读取信息后，该单元中的信息仍保留不变，可以再次读取；向存储单元写入信息时，原存储在该单元中的信息被新存入信息取代。存取信息都是按单元地址进行的。

现代的内存储器多是半导体存储器，采用大规模集成电路或超大规模集成电路器件。按照信息存取方式分类，内存储器可分为随机存取存储器（随机存储器，RAM）和只读存储器（ROM）。

RAM 允许随机地按任意指定地址向该存储单元存入或从该单元取出信息。由于信息是通过电信号写入存储器的，所以掉电（关机或非正常停电）时 RAM 中的信息就会消失。用户上机时，程序存入 RAM，如果对程序或数据进行了增、删、改操作，则需存盘，否则关机后信息将消失。

ROM 是只能读出而不能随意写入信息的存储器。ROM 中的信息是在厂家制造时用特殊方法写进去的，掉电后信息也不会消失。ROM 中一般存放一些至关重要的、经常使用的程序及其他信息，以避免其受到破坏。在需要使用这些程序时，计算机将其调入 RAM。

②外存储器。随着计算机技术的发展，要解决一些大型的复杂的问题，不仅要求计算机高速有效地工作，还要求其有很大的存储容量。内存容量的扩充受到技术上的限制而且价格偏高，所以计算机系统都要配置外存储器。微型计算机常用的外存储器有软盘、硬盘和光盘等。

4）输入 / 输出设备。输入设备是指向计算机输入程序和数据的设备，如键盘、鼠标、光笔等。输出设备是指计算机的信息送出的设备，如打印机、显示器、绘图仪、扬声器等。

2. 软件系统

微型计算机的软件系统包括系统软件和应用软件两部分，这些软件都是用程序设计语言编写的程序，用的是各种程序的集合，包括不需要用户干预的各种系统程序（又称为系统软件）、用户使用的各种程序设计语言以及使用程序设计语言编制的各种应用程序（又称为应用软件）。程序设计语言分为高级语言、汇编语言和机器语言。

（1）程序的概念　要使计算机按照人们的意愿工作，目前还要借助程序设计语言将解决实际问题的方法、公式、步骤等编写成程序，然后输入计算机，由计算机执行程序，解决问题。程序就是为解决某一问题而设计的一系列指令或语句，其具有计算机可接受的形式。而设计和书写计算机程序的过程，即人们常说的程序设计，或称为编程。

用户使用计算机的方法有两种：一种是选择适合的程序设计语言，自己编写程序，以解决实际问题；另一种是使用编制好的程序，如购买软件。

（2）系统软件　系统软件包括操作系统、语言处理程序和一些服务性程序。其核心是操作系统。

1）操作系统。计算机执行程序、处理信息是一个复杂的、自动的过程，需要有一个统一指挥者来协调各部分的功能，这个统一的指挥者就是操作系统（OS）。操作系统是计算机系统资源的管理者，管理包括硬件（如CPU、存储器、外围设备）和软件（如各种程序和数据）在内的一切资源。操作系统为用户使用计算机提供了方便，其一系列管理程序简化了用户编写、装入、调试、运行程序的手续。操作系统是人与计算机交互的桥梁，用户通过使用操作系统提供的显示目录命令、复制文件命令、文件改名命令、磁盘格式化命令等来实现各种操作。

操作系统的功能主要是处理器管理、存储管理、文件管理、设备管理。对微型计算机来讲，上述功能主要体现在文件管理和设备管理方面。而微型计算机的主要外存储器是磁盘，文件一般都存放在磁盘上，故微型计算机的操作系统也称为磁盘操作系统（DOS），如PCDOS、UCDOS、CCDOS等。

2）语言处理程序。如前所述，语言处理程序包括汇编程序、编译程序和解释程序，其作用是将汇编语言和各种高级语言编写的程序翻译成计算机能够直接识别和执行的机器代码。

3）其他系统软件。系统软件中还包括一些服务性程序，如软件调试工具、错误诊断和故障检查程序、测试程序、开发软件等，这些程序为用户使用计算机提供了方便。

（3）应用软件　应用软件是为解决计算机应用中的实际问题而编制或购买的软件。前面介绍的计算机在各个领域的应用，就是通过应用软件来实现的。为提高软件的质量和效益，应用软件日益向着产业化、商品化、集成化发展，社会上有很多为满足各种专门需要而开发的软件包，如文字处理软件、财会软件、辅助教学软件、图形图像处理软件、检查消除病毒软件等。

3. 计算机网络系统

（1）计算机网络　简单地说，计算机网络是指在地理上分散布置的多台独立计算机，通过通信线路互联构成的系统。计算机网络是计算机技术和通信技术结合的产物。

计算机网络由通信子网和在通信子网支持下组织起来的资源子网组成。

（2）计算机网络的类型　计算机网络可以有很多种分类方法，一般按网络的覆盖范围（通信距离）分为两类：一类是广域网（WAN），又称为远程网；另一类是局域网（LAN）。

（3）计算机网络的功能　计算机网络具有以下几个主要功能。

1）实现资源共享。计算机网络可实现数据资源共享、软件资源共享和硬件资源共享。

2）提高系统的性能。资源共享的实现，使各网络用户相当于拥有一台比其计算机本身软硬件功能高得多的计算机系统。而且，某些依靠单机系统不能解决的问题，可以利用联网在多台计算机上协同处理。

3）分担负荷。网络上的各用户计算机都在独立进行自己的工作，但在不同时期，用户计算机可能有的负荷很重，有的闲置。网络用户可在本地终端将作业经网络传输到另一台计算机中，启动其作业运行并对其进行控制，实现均衡负荷。

4）电子邮件。通过计算机网络传输邮件信息，广泛用于商务、个人和学术等领域。

5）网络技术与多媒体技术相结合。计算机网络不仅能传送和处理数据信息，而且能传送和处理声音、图形、图像等多媒体信息，进入多媒体世界。

4. 微机在电梯应用中的功能及特点

在电梯应用中，微机控制已基本取代传统的继电器控制方式，使用微机控制电梯，可使得电梯控制系统体积减小、成本降低、能源节省、可靠性提高、通用性强、灵活性大，可以实现复杂功能的控制。

（1）微机控制的功能　微机的功能很多，在电梯控制系统中的功能主要为取代全部或大部分的继电器、取代机械式选层器、解决调速问题，以及实现复杂的调配管理系统。

（2）微机控制的特点

1）采用无触点逻辑线路，提高了系统的可靠性，降低了维修费用，提高了产品质量。

2）可改变控制程序，灵活性大，可适应各种不同要求，实现控制的自动化、人性化。

3）可实现故障显示，使维修简便，减少故障时间，提高运行效率。

4）用微机控制电梯调速，可简化控制系统，并可提高乘坐舒适感。

5）用微机实现群控电梯管理，合理调配电梯，可以提高电梯运行效率，节约能源，缩短候梯时间。

6）用微机控制电梯，可减少控制装置的占地面积。

三、PLC 简介

1. PLC 概述

PLC 是一种专门用于工业控制的计算机。国际电工委员会（IEC）曾对 PLC 做出如下定义：“可编程序控制器是一种数字运算操作的电子系统，专为在工业环境下应用而设计。它采用可编程序的存储器，用来在其内部存储执行逻辑运算、顺序控制、定时、计数和算术运算等操作命令，并通过数字式和模拟式的输入和输出，控制各种类型的机械或生产过程。可编程序控制器及其有关的设备都应按易于与工业控制系统连成一个整体，易于扩充功能的原则来设计。”PLC 实物如图 4-68 所示。

如上所述，继电器 - 接触器控制系统能够实现对电动机等控制对象的手动和自动控制，能够在一定范围内适应单机和生产自动化的控制需要，因而在目前仍广泛使用。但是随着生产技术的发展、生产规模的扩大和产品更新换代周期的缩短，继电器 - 接触器控制系统逐渐暴露出其使用的单一性和控制功能简单（局限于逻辑控制和定时、计数等简单控制）的缺点。因此，迫切需要一种能够适应产品更新快、生产工艺和流程经常变化的控制要求的工业控制装置来取代它。20 世纪 60 年代（1968 年），业界提出了研制新型工业控制器的十项功能指标，根据这十项功能指标的要求，1969 年，世界上第一台 PLC 研制成功，并且成功地应用在生产线上。这一时期的 PLC 虽然也采用了计算机的设计思想，但仅有逻辑控制、定时、计数等控制功能，只能进行顺序控制，故称之为可编程逻辑控制器（Programmable Logic Controller），这就是 PLC 这一简称的由来。

图 4-68　PLC 实物

到了 20 世纪 70 年代后期，随着微电子技术和计算机技术的发展，PLC 在处理速度和控制功能上都有了很大提高，不仅可以进行开关量的逻辑控制，还可以对模拟量进行控制，且具有数据处理、PID 控制和数据通信功能，并发展成为一种新型的工业自动控制标准装置，因此于 1980 年被命名为可编程序控制器（Programmable Controller，PC）。由于 PC 容易和个人计算机（Personal Computer）相混淆，所以在我国仍然习惯用 PLC 作为可编程序控制器的简称。

用 PLC 取代继电器 - 接触器系统实现工业自动控制，不仅由于用软件编程取代了硬接线，在改变控制要求时只需要改变程序而无须重新配线，而且由于用 PLC 内部的软继电器取代了许多电器，大大减少了电器的数量，简化了电气控制系统的接线，减小了电气控制柜的安装尺寸，充分体现出 PLC 设计、施工周期短，通用性强，可靠性高，成本低的优点。特别是 PLC 采用的梯形图编程语言是以继电器梯形图为基础的形象编程语言，一般电气技术人员和技术工人经过简单地培训就可以掌握，所以曾有人把 PLC 称为"蓝领计算机"。

自 20 世纪 80 年代以来，PLC 在处理速度、控制功能、通信能力以及控制领域等方面都不断有新的突破，正朝着电气控制、仪表控制、计算机控制一体化和网络化的方向发展。如今的 PLC 系统已经是集计算机技术、通信技术和自动控制技术为一体的新型工业控制装置。PLC 的发展过程表明，它事实上已改变了当初仅取代继电器 - 接触器控制系统的初衷，而发展成为在工业自动控制领域中推广速度最快、应用最广的一种标准控制设备。

2. PLC 的硬件结构

继电器 - 接触器控制系统由输入、输出电路和逻辑控制电路组成，如图 4-69a 所示。其中，逻辑控制电路一般由若干个继电器及有关电器的触点组成，其逻辑关系已经固化在硬接线的线路中，不能灵活变更。PLC 控制系统也可以看成是由这几个对应的部分所组成的，所不同的是由中央处理器和存储器组成的控制组件取代了继电器逻辑控制电路，从而实现了软接线（其控制程序可通过编程而灵活变更，相当于改变了继电器控制电路的接线）。PLC 的硬件结构主要由控制组件和输入 / 输出（I/O）电路及编程器三大部分所组成，如图 4-69b 所示。

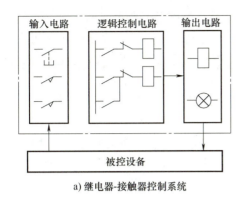

a) 继电器-接触器控制系统

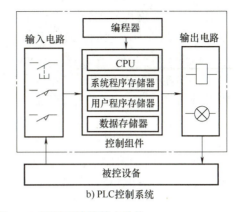

b) PLC控制系统

图 4-69　继电器 - 接触器控制系统及 PLC 控制系统的基本结构

（1）控制组件　PLC 的控制组件主要由 CPU 和存储器组成。

1）CPU 是 PLC 的控制指挥中心，主要完成读取输入信号、对指令进行编译、完成程序指令规定的各种操作，并将操作结果送到输出端等功能。

2）PLC 的存储器可分为三类。

① 系统程序存储器。系统程序存储器由 ROM 或 EPROM 组成，用以固化系统管理和监控程序，对用户程序做编译处理。系统程序由厂家编写，它决定了 PLC 的基本功能，用户不能更改。

② 用户程序存储器。用户程序存储器通常采用低功耗的 CMOS-RAM，由后备电池供电，在断开电源后仍能够保存数据。目前比较先进的 PLC 采用可随时读写的快闪存储器，可不需要后备电池，掉电时存储的数据也不会丢失。PLC 产品说明书中给出的内存容量或程序容量就是指用户程序存储器的存储容量。

③ 数据存储器。数据存储器按输入、输出和内部寄存器、定时器、计数器、数据寄存器等单元的定义序号存储数据或状态，不同厂家生产的 PLC 有不同的定义序号。在 PLC 断电时能够保持数据的数据存储器区称为数据保持区。

（2）I/O 接口　PLC 通过 I/O 接口实现与外围设备的连接，外围设备输入 PLC 的各种控制信号，如各种主令电器、检测元件输出的开关量或模拟量，通过输入接口转换成 PLC 的控制组件能够接收和处理的数字信号，而控制组件输出的控制信号又通过输出接口转换成现场设备所需要的控制信号，一般可直接驱动执行元件，如继电器、接触器、电磁阀、微电机、指示灯等。PLC 对 I/O 接口的要求主要有两点：一是要有较强的抗干扰能力；二是能够满足现场各种信号的匹配要求。PLC 常用的 I/O 接口有开关量输入接口和开关量输出接口等。当主控单元（又称为主机）的 I/O 点数不够用时，可通过 I/O 扩展接口外接 I/O 扩展单元，I/O 扩展单元没有 CPU，由主机的 CPU 寻址。A/D 和 D/A 转换单元一般也通过该接口与主机相连。

A/D 转换单元的作用是将模拟量转换成 PLC 内部能够处理的标准数字信号；D/A 转换单元的作用是将 PLC 输出的数字信号转换成模拟量信号输出。各种系列的 PLC 都配有 A/D 和 D/A 转换单元（模块）。

随着 PLC 控制功能的日趋完善，各系列的 PLC 都配有各种智能控制单元（模块），如

PID 控制单元、温度控制单元、高速计数器单元等。这些智能单元与其他 I/O 接口单元的最大区别是一般都带有单独的 CPU，因此有专门的处理能力，运行时，智能单元在每个扫描周期与主机的 CPU 交换一次信息。一些新型的 PLC 主机本身也带有如 PID 功能及高速计数器接口，但功能一般比专用的智能单元要弱。

PLC 还配备了与各种外围设备配接的接口，可以很方便地配接如手动编程器、上位计算机、打印机、EPROM 写入器、录音机等各种外设。

（3）编程器　编程器用于用户程序的编制、调试和运行监控。PLC 的编程一般可采用手动编程器、专用编程器和计算机编程三种方式，前两种现已较少使用，目前一般采用计算机编程。将 PLC 与计算机通过通信口相连接，采用专用的编程软件在计算机上编程可实现多种功能。

此外，PLC 的硬件结构还包括电源。PLC 一般采用高质量的开关式稳压电源为内部电路供电。电源的性能直接影响 PLC 的功能和工作可靠性。有的 PLC 还有供输入端（外接开关或传感器）使用的直流 24V 稳压电源，从而减少了因外部电源质量不好而产生外部故障的可能性。

在 PLC 内还装有为掉电保护电路供电的后备电源，一般为锂电池。

3. PLC 的编程语言

PLC 的软件包括系统软件和应用软件。系统软件主要是系统的管理程序和用户指令的解释程序，已固化在系统程序存储器中，用户不能够更改。应用软件即用户程序，是由用户根据控制要求利用 PLC 编程语言自行编制的程序。

1994 年，国际电工委员会（IEC）在 PLC 的标准中推荐了 5 种编程语言，即梯形图、助记符（指令表）、流程图、功能块图和结构文本。由于 PLC 的设计和生产至今尚无国际统一的标准，因此各厂家生产的 PLC 所用的编程语言也不同，也就是说，并不是所有的 PLC 都支持全部的 5 种编程语言，但梯形图和助记符语言却是几乎所有类型的 PLC 都采用的。下面简单介绍这两种常用的编程语言。

（1）梯形图语言（LAD）　PLC 的梯形图是从继电器梯形图演变而来的，作为一种图形语言，它不仅形象直观，还简化了符号，通过丰富的指令系统可实现许多继电器电路难以实现的功能，充分体现了微机控制的特点，而且逻辑关系清晰直观、编程容易、可读性强、容易掌握，所以很受用户欢迎，是目前使用最多的 PLC 编程语言。继电器梯形图与 PLC 梯形图如图 4-70 所示。

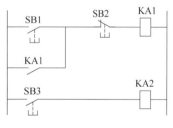
a）继电器梯形图

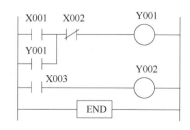
b）PLC 梯形图

图 4-70　两种梯形图

PLC 梯形图构成的基本规则如下。

1）梯形图中表示 PLC 软继电器触点的基本符号有两种：一种是动合触点，另一种是动断触点。每一个触点都有一个标号，如 X001、X002，以示区别。同一标号的触点可以反复多次地使用。

2）梯形图中的输出线圈也用符号表示，其标号如 Y001、Y002 表示输出继电器，同一标号的输出继电器作为输出变量只能够使用一次。

3）梯形图按由左至右、由上至下的顺序画出，CPU 按此顺序执行程序。最左边的是起始母线，每一逻辑行必须从起始母线开始画起，左侧先画开关并注意要把并联节点多的画在最左端；最右侧是输出变量，输出变量可以并联但不能串联，在输出变量的右侧也不能有输入开关；最右边为结束母线（有时也可以省略不画）。

（2）助记符语言（STL）　助记符语言又称为指令表，它类似于计算机的汇编语言，程序的语句由操作码和操作数组成：操作码用助记符表示指令要执行的各种功能；操作数一般由标号和参数组成，标号表示操作数的类别（如输入、输出继电器或内部继电器等），参数表明操作数的地址或设置值。同一厂家的 PLC 产品，其助记符语言与梯形图语言相互对应，可以互相转换。

 学习单元 4-5　电气测量技术基础

一、电梯安装与维修保养常用工具、仪表简介

电梯（包括扶梯）安装与维修保养常用工具、仪表见表 4-2（仅供参考）。下面仅简单介绍几种常用电气测量仪表的使用方法，其他工具、仪表的使用方法可查阅相关资料。

表 4-2　电梯（包括扶梯）安装与维修保养常用的工具、仪表

序号	名　称	参考型号 / 规格	数量	备　注
1	焊机	380V，11kW	1	
2	手提钻	可调速	1	可钻 $\phi13$ 孔
3	冲击钻	电锤多功能	1	可钻 $\phi22$ 孔
4	大线压线钳	DT-38	1	大线直径>16in（1in=0.0254m）使用
5	压线钳	HD-16L	1	
6	压线钳	HT-301	1	
7	钢丝钳	175mm	1	
8	斜口钳	160mm	1	
9	卷尺	3.5m 或 5m	各2	
10	直角尺	300mm	2	
11	直尺	150mm、300mm	各2	
12	塞尺	0.02~1mm	2	

（续）

序号	名　称	参考型号/规格	数量	备　注
13	校轨尺	夹持厚度20mm（可调）	2套	
14	导轨卡板	8K，13K	各2	
15	水平尺	600mm	2	
16	薄板开孔器	3/4″，1″，3/2″，5/2″	1套	
17	电烙铁	75W	1	
18	手拉葫芦	2t，3t，5t	各1	带防脱钩装置
19	导轨刨	细齿	1	
20	轿厢安装夹具	8K/13K	各1套	
21	常用电工工具	包括验电笔、各种规格的（一字和十字）螺钉旋具、电工刀、平口钳、尖嘴钳、剥线钳、小剪刀等	1套	
22	梅花扳手	套	1	
23	套筒扳手	套	1	
24	活扳手	300×1　360×1	各2	
25	呆扳手	套	1	
26	墙纸刀	18mm 刀片	1	
27	钢锯架	300mm	1	可调节式
28	钢锯条	300mm	1捆	
29	锉刀	平，圆	各1	
30	铁锤	0.5kg，1kg	各2	
31	橡皮锤		1	
32	弯管器	6-8-10mm	1	
33	线坠	3m，5m	各2	
34	錾子	20mm	1	凿墙（洞）用
35	抹子	200mm×120mm×0.7mm	1	抹水泥砂浆
36	吊线锤	10kg	10	放样线用
37	棉纱线	20m		弹线或吊线坠
38	铁丝或钢丝	0.71mm	2捆	放线用
39	钻头	2.4mm，3.2mm，5mm，8mm，10mm	各2	
40	冲击钻头	6mm，8mm，10mm，18mm，22mm	各2	
41	手提砂轮机	ϕ120mm×5mm	1	
42	索具套环	0.6cm，0.8cm	10	
43	索具卸扣	0.6cm，0.8cm	10	
44	钢丝绳扎头	y4-12，y5-15	10	
45	起重滑轮（闭口）	2t	2	带防脱钩装置
46	卷扬机	额定提升质量200kg	1	

（续）

序号	名　称	参考型号 / 规格	数量	备　注
47	油压千斤顶	5t	1	
48	麻绳	ϕ18mm	30m	
49	万用表	指针式 MF-47 型或数字式 DT-830 型	1	
50	绝缘电阻表	ZC11-8 型，500V，0~100MΩ	1	
51	钳形电流表	MG-27 型，0-10-50-250A，0-300-600V，0~300Ω	1	
52	半导体点温计	TH-80 型	1	
53	转速表	VICTOR6234P 型（或 VICTOR6235P 和 VICTOR6235P 型）	1	
54	声级计	HS5633 型	1	
55	操作面板		1	
56	拉力计		1	
57	行灯变压器	220V/36V，1000V·A	2	
58	行灯	36V	3	
59	手电筒	充电式	2	
60	铁剪	碳钢	1	
61	电源拖板插座	4 插位	2	
62	毛刷		2	
63	工具箱		2	

二、万用表

　　万用表是一种多功能、多量程的常用便携式电工仪表。万用表最基本的功能是测量直流电流、电压、交流电压、电阻，有的还可以测量交流电流、电感、电容和晶体管参数等。万用表有指针式和数字式两种，如图 4-71 所示。

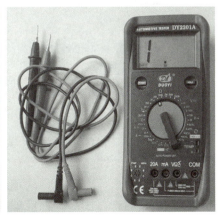

a) 指针式　　　　　　　　　　b) 数字式

图 4-71　万用表

1. 指针式万用表

（1）指针式万用表的结构　常用的 MF-47 型指针式万用表（见图 4-71a）面板如图 4-72 所示。指针式万用表主要由表头、转换开关和测量电路三部分组成。

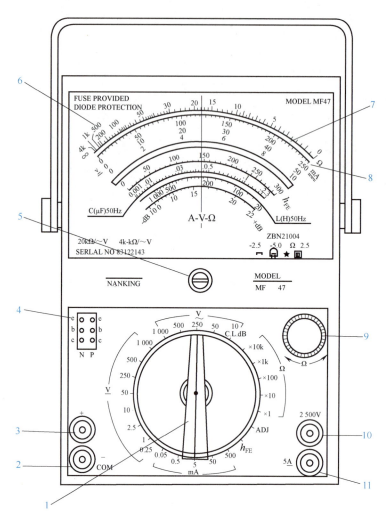

图 4-72　MF-47 型指针式万用表面板
1—转换开关　2—负表笔插孔　3—正表笔插孔　4—测量晶体管插座　5—机械调零螺钉
6—表盘　7—电阻挡读数标度尺　8—电流、电压挡读数标度尺　9—电阻挡调零旋钮
10—测量 2500V 高电压插孔　11—测量 5A 大电流插孔

1）表头。万用表的表头实际上是一个高灵敏度的直流电流表，万用表的主要性能指标基本取决于表头的性能。表头的性能参数主要有表头灵敏度 I_C 和内电阻 R_C。I_C 指表头指针满刻度偏转时流过表头线圈的直流电流值，I_C 越小，表头的灵敏度就越高；R_C 指表头线圈的直流电阻。I_C 越小，R_C 越高，万用表的性能就越好。一般万用表的 I_C 在数十至数百微安之间，高档的万用表 I_C 可达几微安；R_C 在数百欧至 20kΩ 之间。如 MF-47 型指针式万用表表头的 I_C 为 46.2μA，$R_C \leqslant 1.7kΩ$（各厂家的产品略有差异）。

MF-47 型指针式万用表的表盘上共有 6 条刻度线，由上至下分别为电阻挡读数标度尺、直流电流和交直流电压挡读数标度尺、晶体管共射极直流放大倍数 h_{EF} 读数标度尺和电容、电感、音频电平的读数标度尺。

2）转换开关和插孔。转换开关和插孔用来实现不同的测量功能和量程。在图 4-72 中，MF-47 型指针式万用表的面板上有一个转换开关、4 个插孔：左下角红色 "+" 和黑色 "–" 分别为正、负表笔插孔；右下角 "2500V" 为测量（交、直流）2500V 高电压插孔，"5A" 为测量（直流）5A 大电流插孔。此外，面板上还有电阻挡调零旋钮和测量晶体管的插座。

MF-47 型指针式万用表采用一个三刀 24 掷的转换开关，共有 24 个挡位，配合插孔可以进行交流电压、直流电压、直流电流、电阻和晶体管（共射极直流放大倍数 h_{EF}）、电容、电感、音频电平共 8 个测量项目 30 个量程的选择，具体见表 4-3。

表 4-3　**MF-47 型指针式万用表的挡位和量程**

挡　位	量　程
交流电压挡	10V、50V、250V、500V、1000V、2500V
直流电压挡	0.25V、1V、2.5V、10V、50V、250V、500V、1000V、2500V
直流电流挡	0.05mA、0.5mA、5mA、50mA、500mA、5A
电阻挡	$R \times 1$、$R \times 10$、$R \times 100$、$R \times 1k\Omega$、$R \times 10k\Omega$
晶体管（共射极直流放大倍数 h_{EF}）挡	0~300
电容挡	0.001~0.3μF
电感挡	20~1000H
音频电平挡	–10~22dB

3）测量电路。万用表的表头是一个直流电流表，所以要通过测量电路将各种被测量转换成表头能够接受的直流电流。

（2）基本使用方法

1）测量前的准备工作。

① 万用表可以水平放置和竖直放置，需要时还可以斜放，但表盘的左、右方向应当保持水平，否则会影响读数的准确性。

② 将万用表水平放置，观察指针是否指在刻度盘左边的原位。如果不在原位，可用螺钉旋具轻轻旋动调零螺钉将指针调回原位。

③ 检查两支表笔，看有无断线、破损或与表笔插孔接触不良。

2）测量方法。

① 用转换开关选择测量挡位。

② 选择量程。为观察方便和使读数准确，应当使测量值大约为满刻度值的三分之二。如果事先难以准确估计测量值，可由高量程挡逐渐过渡到低量程挡。

③ 注意表笔与待测电路（元件）的正确连接。如测量电流时，应将万用表串联在电路中，测量直流电流应将正表笔（红色）接电流流入的接点，负表笔（黑色）接电流流出的接点；测量电压时，应将万用表并联在待测电路（元件）两端，测量直流电压应将正表笔接电源的正极（电路中的高电位点），负表笔接电源的负极（电路中的低电位点）；如测量交流电压，可不分表笔的极性。

④ 正确读数。指针式万用表要通过观察指针在刻度盘上的位置来读取测量值，所以掌握读数的方法很关键。因为万用表有多种功能，所以在表盘上有多条标度尺，要根据测量种类和量程来正确选择标度尺。有时指针不是正好指在刻度线上，这时就需要根据指针与左、右刻度线的位置来判断测量值。

如在图 4-72 中，如果将转换开关置于直流电流 500mA 量程挡，则应该选取表盘上（由上至下）的第 2 条标度尺，指针的位置在 120mA 与 125mA 的刻度格之间（约为 123mA），又因为满量程值为 500mA，可以估算测量值约为 123 × 500/250=246mA。

MF-47 型指针式万用电表在表盘上还有一块条形反光镜，在读数时应使指针与在反光镜中的影像重叠，此时的读数才准确。

（3）注意事项

1）使用指针式万用表切忌将表笔接反和超量程，因为会很容易损坏表头（如将指针打弯），甚至会将表头烧毁。

2）为保证安全和测量精确，测量时，人体尽量不要接触表笔头的金属部分。

3）如果需要旋动转换开关，应养成将表笔离开测量电路或元件的好习惯。

4）每次使用完毕，都要将表笔拔下，并将转换开关置于空挡或交流电压的最高量程挡。

以上事项都要注意遵守，从一开始就要养成良好、规范的操作习惯。

2. 数字式万用表

（1）数字式万用表的基本结构　常用的 DT-830 型数字式万用表面板如图 4-73 所示。下面以 DT-830 型数字式万用表为例，介绍其基本结构、主要技术性能、测量范围和使用方法。

数字式万用表主要由表头、测量表笔和量程挡位转换开关三部分组成。

1）表头。数字式万用表的表头包括液晶显示屏、电源开关和屏幕锁定开关，屏幕锁定开关可对显示的测量数据进行锁定。

2）量程挡位转换开关。量程挡位转换开关各部分对应的功能如图 4-73 所示，在对不同的参数进行测量时，量程挡位转换开关的旋钮需要打到对应的部位。

（2）主要技术性能

1）位数。液晶显示屏上显示 4 位数字，最高位只能显示 1，其他三位均能显示 0~9，所以 DT-830 型数字式万用表称为三位半数字式万用表，最大显示值为 ±1999。

2）极性。可正、负极性自动变换显示。

3）归零调整。具有自动归零功能。

4）过负载输入。当超过量程量限时，最高位显示"1"或"−1"，其他位消隐。

5）电源。使用 9V 干电池。

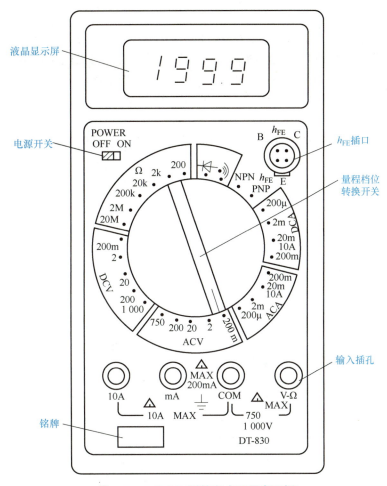

图 4-73　DT-830 型数字式万用表面板

（3）测量范围

1）直流电压（DCV）：有 200mV、2V、20V、200V、1000V 共 5 挡，输入阻抗为 10MΩ。

2）交流电压（ACV）：有 200mV、2V、20V、200V、750V 共 5 挡，输入阻抗为 10MΩ，并联电容小于 100pF。

3）直流电流（DCA）：有 200μA、2mA、20mA、200mA、10A 共 5 挡，满量程仪表电压降为 250mV。

4）交流电流（ACA）：有 200μA、2mA、20mA、200mA、10A 共 5 挡，满量程仪表电压降为 250mV。

5）电阻（Ω）：有 200Ω、2kΩ、20kΩ、200kΩ、2MΩ、20MΩ 共 6 挡，满量程仪表电压降为 250mV。

6）晶体管共射极直流放大倍数 h_{FE}：可测量 NPN 或 PNP 型半导体晶体管，$U_{CE}=2.8V$，$I_B=10\mu A$。

（4）基本使用方法

1）使用时，将负表笔（黑色）插入"COM"插孔，正表笔（红色）在测量电压或电阻时插入"V·Ω"插孔，在测量小电流时插入"mA"插孔，在测量大电流时插入"10A"插孔。

2）根据被测量选择挡位及量程，将转换开关旋至适当的挡位。

3）将电源开关置于"ON"的位置，即可进行测量；使用完毕，要将电源开关置于"OFF"位置。

4）在读数时，应稍等待液晶显示屏上显示的数字稳定后再读数。

5）不同型号的数字式万用表有不同的使用方法，在使用前应仔细阅读其说明书。

三、钳形电流表

钳形交流电流表简称钳表或卡表，其工作部分主要由一只电磁式电流表和穿心式电流互感器组成。穿心式电流互感器的铁心制成活动开口，且呈钳形，故名为钳形电流表，实物如图 4-74a 所示。测量时，先将转换开关置于比预测电流略大的量程上，然后扳动铁心开关使钳口张开，将被测的导线放入钳口中，并松开开关使铁心闭合，利用互感原理，就能从电流表中读出被测导线中的电流值，如图 4-74b 所示。

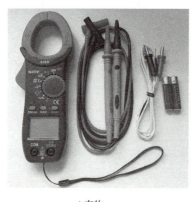

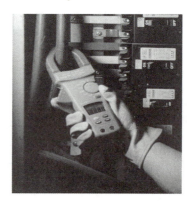

a) 实物   b) 使用方法

图 4-74　钳形电流表

用钳形电流表测量交流电流虽然准确度不高，但可以不用断开被测电路，使用方便。使用钳形电流表测量时应注意以下事项。

1）使用前，应检查钳形电流表的外观是否完好，绝缘有无破损，钳口铁心的表面有无污垢和锈蚀。

2）为使读数准确，钳口铁心两表面应紧密闭合。如铁心有杂声，可将钳口重新开合一次；如仍有杂声，就要将钳口铁心两表面上的污垢擦拭干净再测量。

3）在测量小电流时，若指针的偏转角很小，读数不准确，可将被测导线在钳口上绕几圈以增大读数，此时，实际测量值应为表头的读数除以所绕的匝数。

4）钳形电流表一般只能用于测量低压电流。测量时，为保证安全，应戴上绝缘手套，身体各部位应与带电体保持不小于 0.1m 的安全距离。为防止短路事故，一般不得用于测量裸导线，也不准将钳口套在开关的闸口上或保险管上进行测量。

5）在测量中不准带电流转换量程挡位，应将被测导线退出钳口或张开钳口后再换挡。使用完毕，应将钳形电流表的量程挡位开关置于最大量程挡。

四、绝缘电阻表

绝缘电阻表主要由一台小容量、输出高电压的手摇直流发电机和一只磁电系比率表及测量线路组成，其刻度以兆欧（MΩ）为单位，是常用的一种电工测量仪表，主要用来测量电气设备、家用电器或电气线路对地及相间的绝缘电阻。

（1）结构 绝缘电阻表的结构如图 4-75 所示，它有三个接线端：线路接线端 L、接地接线端 E 和保护环（或屏蔽）接线端 G。

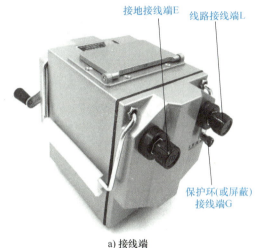

接地接线端E　线路接线端L

保护环(或屏蔽)
接线端G

a) 接线端

b) 数字式绝缘电阻表

图 4-75　绝缘电阻表

（2）使用方法

1）测量前，须使被测设备与电源脱离，禁止在设备带电的状态下测量。

2）使用前，应先对绝缘电阻表进行检查，方法是将绝缘电阻表水平放置，L 接线端与保护环 G 端子开路时，指针应在自由状态。然后将 L 接线端与 E 接线端短接，按规定的方向缓慢摇动手柄，观察指针是否指向 0 刻度。若不能，则绝缘电阻表有故障，不能用于测量。

3）测量前，要将被测端短路放电，以防止测试前设备电容储能在测量时放电，对操作者或绝缘电阻表造成损伤。

4）测量时，一般只使用绝缘电阻表的 L 接线端和 E 接线端连接被测对象，如图 4-75a 所示。

5）连接绝缘电阻表与被测对象宜使用单股导线，不要使用双股绞线或双股并行线，并注意不要让两根测量线缠绕在一起，以免影响读数的准确性。

6）手柄摇动的速度尽量保持在 120r/min，待指针稳定 1min 后再进行读数。

7）测试完毕，先降低手柄摇动的速度，并将 L 接线端与被测对象断开，然后停止摇动手柄，以防止设备的电容对绝缘电阻表造成损害。

注意：此时手勿接触导电部分。

还有一种数字式绝缘电阻表如图 4-75b 所示，其使用方法可查阅相关资料。

五、半导体点温计

半导体点温计在电梯安装与维修保养中主要用作测量曳引电动机和制动器的表面温度。常用的半导体点温计测量范围为 0~100℃和 0~400℃，有数字显示和指针显示两种。如图 4-76 所示，TH-80 型半导体点温计是应用热敏电阻的一种小的圆珠形半导体，与水银温度计相比，具有较高的灵敏度和较短的时间常数，且其测定手法简单易学。

半导体点温计专用于测定固体物的表面温度，也可以浸入液体中测定温度。使用方法如下。

1）使用前，开关应在"关"或"0"位置，调准表头指针于零位。

2）将开关拨至"校"或"1"位置，旋转"满刻度调节"旋钮使电表指针恰至满刻度位置。

3）将开关拨至"测"或"2"位置，即可测量温度。测量时，将探头接触到目的物上。

4）若发现使用"满刻度调节"旋钮不能使指针校到满刻度时，应更换电池。电池极性不得接反。

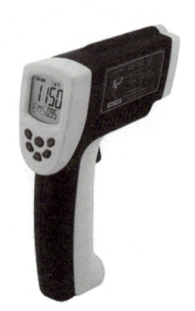

图 4-76　TH-80 型半导体点温计

5）测温探头元件由玻璃制造，使用时应注意轻轻接触被测物体，以免损坏。

6）使用后，须将开关拨至"关"或"0"位置，以免测温元件（热敏电阻）疲劳而影响使用寿命。

六、转速表

1. 特性

转速表是电梯安装和维修保养工作中常用的测量仪表，常用于测量曳引电动机的转速，如图 4-77 所示。较常用的转速表有 VICTOR6234P 型、VICTOR6235P 型和 VICTOR6236P 型三种。其中，VICTOR6234P 型为光电式，VICTOR6235P 型和 VICTOR6236P 型为接触式。其特点如下。

1）测量准确，测量范围广，分辨力高；用液晶屏幕显示，读数清晰。

2）有自动量程选择；能自动记忆测量的最大值、最小值和最后一个显示值。

3）在不操作任何按键的情况下，5min 能自动关机。

4）由 4 节 1.5V 7 号电池供电，当电池电压低于 3V 时，有低电压符号指示。

2. 规格

1）显示器：5 位 16mm 液晶显示器。

图 4-77　转速表

1—接触线速配件　2—光电接触两用配件　3—显示屏　4—电源开关和功能选择键　5—测试键　6—记忆键

2）基本精度：±0.5%。

3）有效距离：50~500mm。

4）外形尺寸：157mm×64mm×31mm。

5）电源消耗：小于40mA。

6）质量：约200g（含电池）。

7）测量范围。

① 10~99999r/min 光电转速方式（VICTOR6234P 型和 VICTOR6236P 型）。

② 1.0~19999r/min 接触转速方式（VICTOR6235P 型和 VICTOR6236P 型）。

③ 1.00~1999.9m/min 接触线速方式（VICTOR6235P 型和 VICTOR6236P 型）。

④ 3.3~6560ft/min（1ft=0.3048m）接触线速方式（VICTOR6236P 型）。

8）分辨力。

① 光电转速方式为 0.1r/min（2.5~99999r/min）、1r/min（1000r/min 以上）。

② 接触转速方式为 0.1r/min（0.5~999.99r/min）、1r/min（1000r/min 以上）。

③ 接触线速方式为 0.01m/min（0.05~99.999m/min）、0.1m/min（100m/min 以上）。

④ 0.1ft/min（0.1~999.99ft/min）、1ft/min（1000ft/min 以上）。

3. 操作说明

1）开机。装上 4 节 1.5V 7 号电池（正、负极性方向按电池槽里的标识），长按"ON/OFF"键可开机或关机。短按此键可进行功能选择（VICTOR6234P 型无此功能选择）。

2）光电转速方式（VICTOR6234P 型和 VICTOR6236P 型有此功能）。

① 在待测物体上贴一个反射标记。

② 长按"ON/OFF"键开机，短按"ON/OFF"键选择测量模式"photo RPM"。如果已安装了接触配件，须取下接触配件（两用型转速表）。开机后显示"photo RPM"测量模式。

③ 按下测试键（"TEST"键），使可见光束与被测目标成一条直线。待显示值稳定后，释放"TEST"键，测量的最大值、最小值和最后一个测量值均自动存储在仪表中。

3）接触转速方式。

① 短按"ON/OFF"键选择测量模式"contact RPM"，安装好接触配件。

② 将接触橡胶头与被测物体靠紧并与被测物体同步转动。

③ 按下"TEST"键开始测量，待显示值稳定后，释放"TEST"键，测量值自动存储。

4）接触线速方式。

① 短按"ON/OFF"键选择测量模式"m/min"（公制）或"ft/min"（英制），安装好接触配件。

② 将接触配件与被测物体靠紧并与被测物体同步转动。

③ 按下测试键"TEST"键开始测量，待显示值稳定后，释放"TEST"键，测量值自动存储。

5）测量注意事项。

① 反射标记。剪下 12mm 方形的黏带，并在每个旋转轴上贴一块。应注意非反射面积必须比反射面积要大；如果转轴明显发光，则必须先擦上黑漆或黑胶布，再在上面贴上反射标记；在贴上反射标记之前，转轴表面必须干净与平滑。

② 低转速测量。为了提高测量精度，在测量很低的转速时，建议用户在被测物体上均匀地多贴上几块反射标记，此时，显示器上的读数除以反射标记的数目即可得到实际测量转速值。

③ 如果很长一段时间不使用仪表，须将电池取出。

6）记忆功能（MEM）说明。当释放"TEST"键后，显示屏显示"0"和当前的测量模式，但测量的最大值、最小值及最后一个测量值都自动存储在仪表中。此时，按下记忆键（"MEM"键），即可显示测量值。其中，"MAX"表示最大值，"MIN"表示最小值，"LA"表示最后一个测量值。每按一次记忆键更换一次显示值。

七、声级计

1. 各部件名称及作用

声级计是噪声测量中最常用、最简便的声音测量仪器，在电梯安装与维修保养中可用于测量轿厢内、机房中、电动机、曳引机等设备噪声的声压级、声级以及隔音效果。

声级计由传声器、放大器、衰减器、计报网络、检波器、显示器及电源组成。HS5633型数字式声级计如图 4-78 所示。由液晶显示器指示测量结果，其特点是除能进行一般声级测量外，还有能保持最大声级和设定声级测量范围的功能，并具有电池检查指示功能。

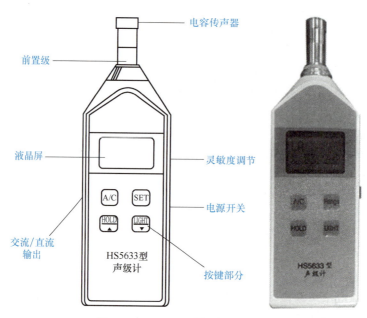

图 4-78　HS5633 型数字式声级计

2. 使用前的准备工作

拧松底盖螺钉，拉开连接电池盒的拉扣，取出电池盒，按电池盒标记的极性装好电池，不得装错，放入电池盒并连接拉扣，关上电池盖板，拧紧螺钉。

3. 噪声的测量

1）接通电源开关，将动态特性选择开关置于"F"（快）或"S"（慢）位置。将功能选择开关置于"MEAS"（测量）位置，显示器读数即为测量结果。当测量最大声级时，按一下最大值保持开关，显示器上将出现箭头符号并保持在测量期间内的最大声级数。

2）测量时，若使用压力型传感器，必须使传感器与噪声传播方向平行或采用 90° 角入射，以保证测量准确。

3）测量中应减小测试者对声场的干扰。小型机械设备（外表面边长尺寸小于 300mm），测点距离设备表面应为 300mm；中型机械设备（外形表面边长尺寸 300~1000mm）测点距离设备表面应为 500mm；大型设备测点距离设备表面应为 1000~5000mm，并要求距地面高 500mm。如有风力或其他直射干扰，要带防风球。

附录　电梯电气图中常用的图形和文字符号

名　　称		图 形 符 号	文字符号	名　　称		图 形 符 号	文字符号
导线	导线的连接			限位开关	动合触点		SQ
	导线的交叉连接				动断触点		
	导线的不连接			继电器、接触器电磁线圈的一般符号		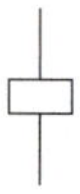	
电动机	笼型三相异步电动机	M 3~	M	接触器	带灭弧装置的动合触点（三极）	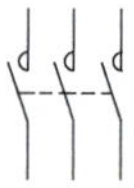	KM
	单相交流电动机	M ~			带灭弧装置的动断触点		
	直流电动机	M		继电器、接触器动合触点的一般符号			KA（继电器）
单相变压器			T	继电器、接触器动断触点的一般符号			
熔断器			FU	时间继电器	延时闭合的动合触点		KT
开关	单极开关		Q		延时闭合的动断触点		
	三极开关				延时断开的动合触点		
	手动三级开关		QS				

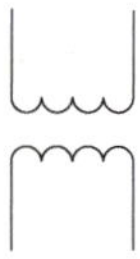

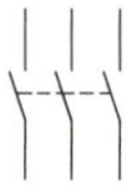

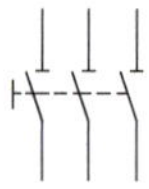

（续）

名　称		图形符号	文字符号	名　称		图形符号	文字符号
时间继电器	延时断开的动断触点		KT	过电流继电器线圈			KOC
	延时闭合和延时断开的动合触点			按钮	动合触点		SB
	延时闭合和延时断开的动断触点				动断触点		
热继电器	热元件（三相）		FR	控制器或操作开关			QM
	动断触点						
速度继电器	动合触点		KV	信号指示灯			HL
				照明灯			EL
	动断触点			电磁吸盘			YH
欠电压继电器线圈			KUV	电磁铁（三相）			YA

参 考 文 献

［1］冯国庆.电梯维修与操作［M］.2版.北京：中国劳动社会保障出版社，2005.

［2］陈家盛.电梯结构原理及安装维修［M］.6版.北京：机械工业出版社，2020.

［3］叶安丽.电梯控制技术［M］.2版.北京：机械工业出版社，2008.

［4］马飞辉，等.电梯安全使用与维修保养技术［M］.广州：华南理工大学出版社，2011.

［5］李乃夫.电梯结构与原理［M］.2版.北京：机械工业出版社，2019.

［6］李乃夫.电梯维修与保养［M］.2版.北京：机械工业出版社，2019.

［7］李乃夫，陈传周.电梯实训60例［M］.北京：机械工业出版社，2017.

［8］李乃夫，陈传周.电梯原理、安装与维保习题集［M］.2版.北京：机械工业出版社，2019.

［9］李乃夫，陈继权.自动扶梯运行与维保［M］.2版.北京：机械工业出版社，2021.

［10］李乃夫.电梯维修保养实训与备赛指导［M］.2版.北京：高等教育出版社，2020.

［11］李乃夫.电工与电子技术［M］.2版.北京：高等教育出版社，2021.

［12］李少纲.电梯控制技术［M］.北京：机械工业出版社，2022.

职业教育校企合作"互联网+"新形态教材

电梯电气控制技术实训手册

主　编　李乃夫　陈传周　岑伟富

机械工业出版社

目　　录

实训任务 1.1　认识电梯的基本结构和主要技术指标 ··· 1

实训任务 1.2　学习电梯的安全操作规程 ·· 4

实训任务 2.1　认识电梯的电气系统和常用电气元件 ··· 7

实训任务 2.2　电梯的电力拖动系统实训 ··· 11

实训任务 2.3　电梯的电气控制电路实训 ··· 14

实训任务 2.4　自动扶梯的电气系统实训 ··· 17

实训任务 3.1　电梯电气系统分析实训 ··· 21

实训任务 3.2　电梯继电器控制电路分析实训 ·· 24

实训任务 3.3　电梯微机控制电路分析实训 ·· 27

实训任务 3.4　自动扶梯的电路分析实训 ··· 30

选修模块实训

实训任务 4.1　电工技术基础实训 ·· 33

实训任务 4.2　电子技术基础实训 ·· 37

实训任务 4.3　电动机和电力拖动基础实训 ·· 41

实训任务 4.4　电气自动控制基础实训 ··· 45

实训任务 4.5　电气测量技术基础实训 ··· 50

实训任务 1.1   认识电梯的基本结构和主要技术指标

 ## 接受任务

1. 任务综述

1）了解电梯的基本结构，理解电梯的运行原理及性能。

2）了解电梯的型号、分类、主要参数和性能指标。

2. 任务要求

能够认识电梯的基本结构。

 ## 所需设备器材

1）一体化教室，配备：教学用电梯（如 YL-777 型教学电梯）1~2 台；电梯维保常用的工具与器材、设备（见主教材表 4-2）。

2）各类实用电梯。

3）相关课件与视频。

上述实训设备器材，仅供参考，下同。

 ## 基础知识

阅读主教材学习单元 1-1 和学习单元 1-2。

 ## 制订计划

1）根据工作任务制订工作计划。

2）按照工作计划做好人员的合理分工，将工作计划和人员分工情况记录在表 1-1-1 中（可自行设计记录表格，下同）。

表 1-1-1   工作计划表

工 作 步 骤	工 作 任 务	时 间 安 排	人 员 分 工	备 注
步骤 1				
步骤 2				
步骤 3				

 ## 计划实施

步骤一：实训准备

1）指导教师事先了解组织学生参观的电梯的周边环境等，事先做好预案（参观路线、学生分组等）。

2）由指导教师对操作的安全规范要求做简单介绍。

步骤二：观察电梯结构

学生以 3~6 人为一组，在指导教师的带领下观察电梯，全面、系统地认识电梯的基本结构，了解电梯的各个系统和主要部件的安装位置，并了解它们的作用。将观察情况记录于表 1-1-2 中。

表 1-1-2　电梯各部件的主要功能及安装位置记录

序　号	部件名称	主要功能	安装位置	备　注
1				
2				
3				
4				
5				
6				
7				
8				
9				
10				

注意：操作过程中要注意安全，由于本任务尚未进行进出轿厢顶和底坑的规范操作训练，因此不宜进入轿厢顶与底坑；在机房观察电气设备应在教师指导下进行。

步骤三：参观电梯

学生以 3~6 人为一组，在指导教师的带领下参观各种电梯，将参观结果记录于表 1-1-3 中。

表 1-1-3　参观电梯记录

电梯类型	客梯、货梯、客货两用梯、观光电梯、特殊用途电梯、自动扶梯、自动人行道
安装位置	宾馆酒店、商场、住宅楼、写字楼、机场、车站、其他场所
主要用途	载客、货运、观光、其他用途
层 / 站	n 层 /n 站
载重量（或载客人数）	
电梯型号	
运行速度 /（m/s）	
观察电梯的运行方式和操作过程的其他记录	

步骤四：实训总结

1）学习电梯结构和参观电梯的结果与记录（可各自口述，再交换角色，反复进行）。

2）进行自我评价和小组互评（根据各人口述和记录的情况）。

评价总结

1. 自评

由学生根据任务完成情况进行自我评价与小组互评，记录于表 1-1-4 中。

表 1-1-4　自评与互评表

项　　目	配　　分	评 价 内 容	评分 （自己评）	评分 （小组评）
1）学习纪律	10分	1）不遵守学习纪律要求（扣2分/次） 2）有其他违反纪律的行为（扣2分/次）		
2）掌握基础 知识	30分	1）了解电梯的基本结构，理解电梯的运行原理及性能（15分） 2）了解电梯的型号、分类、主要参数和性能指标（15分）		
3）完成工作 任务	50分	1）观察电梯的结构及表 1-1-2 的记录（25分） 2）参观电梯及表 1-1-3 的记录（25分）		
4）职业规范 和环境保护	10分	1）在工作过程中工具和器材摆放凌乱（扣3分/次） 2）不爱护设备、工具，不节省材料（扣3分/次） 3）在工作完成后不清理现场，在工作中产生的废弃物不按规定 处置（扣2分/次，将废弃物遗弃在工作现场扣3分/次）		

签名：＿＿＿＿＿＿　＿＿＿年＿＿月＿＿日

2. 教师评价总结

由指导教师检查本组作业完成情况，结合自评与互评结果进行综合评价，对学习过程中出现的问题提出改进措施及建议，并将评价意见与评分值记录于表 1-1-5 中。

表 1-1-5　教师评价表

序　　号	评 价 内 容	评价结果（分数）
1		
2		
3		
4		
综合评价	☆　☆　☆　☆　☆	
综合评语 （问题及改进意见）		

教师签名：＿＿＿＿＿＿　＿＿＿年＿＿月＿＿日

 任务小结

请根据自己在实训中的实际表现进行自我反思和小结。

自我反思：

＿＿＿＿＿＿＿＿＿＿＿＿＿＿＿＿＿＿＿＿＿＿＿＿＿＿＿＿＿＿＿＿＿＿＿＿＿＿。

小结：

＿＿＿＿＿＿＿＿＿＿＿＿＿＿＿＿＿＿＿＿＿＿＿＿＿＿＿＿＿＿＿＿＿＿＿＿＿＿。

实训任务 1.2　学习电梯的安全操作规程

 接受任务

1. 任务综述

1）熟记电梯的安全操作规程，会按照电梯安全操作规程进行各项操作。

2）掌握电梯维修的安全操作规程。

2. 任务要求

学会电梯的安全使用与操作。

 所需设备器材

1）一体化教室，配备：教学用电梯（如 YL-777 型教学电梯）1~2 台；电梯维保常用的工具与器材、设备（见主教材表 4-2）。

2）相关课件与视频。

 基础知识

阅读主教材学习单元 1-3~ 学习单元 1-5。

 制订计划

1）根据工作任务制订工作计划。

2）按照工作计划做好人员的合理分工，将工作计划和人员分工情况记录于表 1-2-1 中。

表 1-2-1　工作计划表

工 作 步 骤	工 作 任 务	时 间 安 排	人 员 分 工	备　注
步骤 1				
步骤 2				
步骤 3				
步骤 4				

 计划实施

步骤一：实训准备

由指导教师对电梯的安全使用要求与操作规程做简单介绍。

步骤二：电梯使用学习

学生以 3~6 人为一组，在指导教师的带领下认真阅读《电梯使用管理规定》或《乘梯须知》等，能正确使用和操作电梯。然后根据所乘用电梯的情况将学习情况记录于表 1-2-2 中（可自行设计记录表格，下同）。

表 1-2-2　电梯使用学习记录表

序　号	学 习 内 容	相 关 记 录
1	识读电梯的铭牌	
2	电梯的额定载重量	
3	电梯的使用管理要求	
4	其他	

注意： 操作过程要注意安全（如进出轿厢的安全）。

步骤三：电梯操作规程学习

1）学生以 3~6 人为一组，在指导教师的带领下认识电梯安全操作规程，并认真阅读电梯的有关规程等。然后根据所乘用电梯的情况将学习情况记录于表 1-2-3 中。

表 1-2-3　电梯操作规程学习记录表

序　号	学 习 内 容	相 关 记 录
1	电梯的操作规程	
2	模拟处理电梯异常情况的过程	
3	其他	

2）在教师指导下分组模拟电梯故障（如井道进水），停止运行并进行处理，将学习情况记录于表 1-2-3 中。

3）操作过程中要注意安全。

步骤四：实训总结

1）学习电梯安全使用和操作规程的结果与记录。

2）口述所观察的模拟电梯故障及停止运行后的处理方法（可各人口述，再交换角色，反复进行）。

3）进行自我评价和小组互评（根据各人口述和记录的情况）。

 评价总结

1. 自评

由学生根据任务完成情况进行自我评价与小组互评价，记录于表 1-2-4 中。

表 1-2-4　自评与互评表

项　　目	配　分	评 价 内 容	评分（自己评）	评分（小组评）
1）学习纪律	10 分	1）不遵守学习纪律要求（扣 2 分 / 次） 2）有其他违反纪律的行为（扣 2 分 / 次）		
2）掌握基础知识	30 分	掌握电梯使用和安全操作规程的基础知识（30 分）		

(续)

项　目	配　分	评 价 内 容	评分 （自己评）	评分 （小组评）
3）完成工作任务	50分	1）电梯使用的学习及表 1-2-2 的记录（25分） 2）电梯安全操作规程的学习及表 1-2-3 的记录（25分）		
4）职业规范和环境保护	10分	1）在工作过程中工具和器材摆放凌乱（扣3分/次） 2）不爱护设备、工具，不节省材料（扣3分/次） 3）在工作完成后不清理现场，在工作中产生的废弃物不按规定处置（扣2分/次，将废弃物遗弃在工作现场扣3分/次）		

签名：＿＿＿＿＿　＿＿＿年＿＿月＿＿日

2. 教师评价总结

由指导教师检查本组作业完成情况，结合自评与互评结果进行综合评价，对学习过程中出现的问题提出改进措施及建议，并将评价意见与评分值记录于表 1-2-5 中。

表 1-2-5　教师评价表

序　号	评 价 内 容	评价结果（分数）
1		
2		
3		
4		
综合评价	☆ ☆ ☆ ☆ ☆	
综合评语 （问题及改进意见）		

教师签名：＿＿＿＿＿　＿＿＿年＿＿月＿＿日

任务小结

请根据自己在实训中的实际表现进行自我反思和小结。

自我反思：

＿＿＿＿＿＿＿＿＿＿＿＿＿＿＿＿＿＿＿＿＿＿＿＿＿。

小结：

＿＿＿＿＿＿＿＿＿＿＿＿＿＿＿＿＿＿＿＿＿＿＿＿＿。

实训任务 2.1　认识电梯的电气系统和常用电气元件

 接受任务

1. 任务综述

掌握电梯的电气系统。

2. 任务要求

认识电梯的常用电气元件。

 所需设备器材

1）一体化教室，配备：教学用电梯（如 YL-777 型教学电梯）1~2 台；电梯维保常用的工具与器材、设备（见主教材表 4-2）。

2）电梯常用电气元件若干。

3）相关课件与视频。

 基础知识

阅读主教材学习单元 2-1 和学习单元 2-2。

 制订计划

1）根据工作任务制订工作计划。

2）按照工作计划做好人员的合理分工，将工作计划和人员分工情况记录于表 2-1-1 中。

表 2-1-1　工作计划表

工作步骤	工作任务	时间安排	人员分工	备　注
步骤 1				
步骤 2				
步骤 3				
步骤 4				

 计划实施

步骤一：实训准备

1）由指导教师对本实训的内容与操作的安全规范要求做简单介绍。

2）准备完成本实训所需要的工具与器材、设备。

步骤二：了解电梯的电气控制系统

在指导教师的带领下参观教学电梯，了解电梯电气系统的构成，并观察电梯运行过程中电器的动作顺序。

步骤三：观察教学电梯的电气部件

观察教学电梯（如 YL-777 型电梯）的电气部件，找出所使用的电源变压器、相序继电器、接触器、继电器、制动电阻、开关电源、低压断路器、电抗器、船形开关、编码器、平层感应器、检修开关、急停按钮、行程开关、轿厢门门锁开关、层门门锁开关等，认真观察它们的铭牌，简述动作原理，并填写表 2-1-2。

表 2-1-2　电梯电气部件学习记录

名称	变压器		
品牌	型号		解释 FU 的作用，并画出图形符号
输入电压	输入电流		
输出电压	输出电流		
频率	容量		
名称	相序继电器		
品牌	型号		画出相序继电器接线图
额定电压	额定电流		
触点切换电压	线圈电源		
3C 额定电压范围	触点切换电流		
有触点	无触点		
名称	接触器		
品牌	型号		画出接触器图形符号，写出其文字符号
额定电压	额定电流		
线圈电压	主触点电压		
辅助触点电压、电流	灭弧介质		
名称	继电器		
品牌	型号		画出继电器图形符号，写出其文字符号
额定电压	额定电流		
线圈电压	主触点电压		
触点形式	触点切换电压		
名称	制动电阻		
品牌	型号		画出制动电阻图形符号，写出其文字符号
额定功率	阻值范围		
温度系数			

（续）

名称	低压断路器			
品牌		型号		画出低压断路器图形符号、写出其文字符号
剩余电流保护器类型		额定电流		
触点切换电压		灭弧方式		
额定电压				

名称	编码器			
品牌		型号	类型	增量式（　）绝对式（　）
电源电压		分辨率（圈）	控制输出	输出格式（　）

名称	平层感应器			
品牌		型号	类型	永磁式（　）光电式（　）
工作电压		触点形式	输出方式	

名称	开关电源			
品牌		型号	额定功率	
直流输出范围		额定电流	输入电压范围	
电压调整范围		具有的自动保护		

名称	检修开关	急停按钮	行程开关	层门门锁开关	轿厢门副门锁开关
额定电压					U_i（　）AC（　）DC（　）
额定电流					I_{th}（　）I_a（　）I_c（　）
额定功率					
	（　）动合（　）动断	触点方式（　）复位方式（　）			

步骤四：实训总结

1）学习电梯的电气系统和常用电气元件的结果与记录。

2）进行自我评价和小组互评（根据各人口述和记录的情况）。

 评价总结

1. 自评

由学生根据任务完成情况进行自我评价与小组互评，记录于表 2-1-3 中。

表 2-1-3　自评与互评表

项　目	配　分	评 价 内 容	评分 （自己评）	评分 （小组评）
1) 学习纪律	10 分	1) 不遵守学习纪律要求（扣 2 分 / 次） 2) 有其他违反纪律的行为（扣 2 分 / 次）		
2) 掌握基础 知识	30 分	1) 了解电梯的电气系统（10 分） 2) 了解电梯的常用电气元件（10 分）		
3) 完成工作 任务	50 分	1) 电梯电气系统的学习（10 分） 2) 电梯常用电气元件的学习（10 分） 3) 表 2-1-2 的记录（10 分）		
4) 职业规范 和环境保护	10 分	1) 在工作过程中工具和器材摆放凌乱（扣 3 分 / 次） 2) 不爱护设备、工具，不节省材料（扣 3 分 / 次） 3) 在工作完成后不清理现场，在工作中产生的废弃物不按 规定处置（扣 2 分 / 次），将废弃物遗弃在工作现场扣 3 分 / 次）		

签名：＿＿＿＿＿＿＿＿　＿＿＿＿年＿＿月＿＿日

2. 教师评价总结

由指导教师检查本组作业完成情况，结合自评与互评结果进行综合评价，对学习过程中出现的问题提出改进措施及建议，并将评价意见与评分值记录于表 2-1-4 中。

表 2-1-4　教师评价表

序　号	评 价 内 容	评价结果(分数)
1		
2		
3		
4		
综合评价	☆　☆　☆　☆　☆	
综合评语 （问题及改进意见）		

教师签名：＿＿＿＿＿＿＿＿　＿＿＿＿年＿＿月＿＿日

 任务小结

请根据自己在实训中的实际表现进行自我反思和小结。

自我反思：

＿＿。

小结：

＿＿。

实训任务 2.2　电梯的电力拖动系统实训

 接受任务

1. 任务综述

掌握电梯的电力拖动系统。

2. 任务要求

1）了解电梯电力拖动系统的类型。

2）掌握交流双速拖动系统和 VVVF 拖动系统的原理。

 所需设备器材

1）一体化教室，配备：教学用电梯（如 YL-777 型教学电梯）1~2 台；电梯维保常用的工具与器材、设备（见主教材表 4-2）。

2）CXD 型电梯继电器控制系统实训装置。

3）YL-779A 型电梯电动机电气控制柜。

4）相关课件与视频。

 基础知识

阅读主教材学习单元 2-3。

 制订计划

1）根据工作任务制订工作计划。

2）按照工作计划做好人员的合理分工，将工作计划和人员分工情况记录于表 2-2-1 中。

表 2-2-1　工作计划表

工 作 步 骤	工 作 任 务	时 间 安 排	人 员 分 工	备　注
步骤 1				
步骤 2				
步骤 3				
步骤 4				

 计划实施

步骤一：实训准备

1）由指导教师对本实训的内容与操作的安全规范要求做简单介绍。

2）准备完成本实训所需要的工具与器材、设备。

步骤二：观察与测量交流双速拖动系统

1）学生以 2~4 人为一组，在指导教师的带领下观察由交流双速电动机拖动的电梯轿厢的起动与停层全过程。

2）如有条件，用钳形电流表测量曳引电动机起动与换速（制动）时的最大电流，以及匀速运行时的电流，记录于表 2-2-2 中。

表 2-2-2　交流双速电梯曳引电动机运行电流测量记录表　　　　　（单位：A）

起 动 电 流	制 动 电 流	匀速运行电流	备　　注

　注意：操作中要注意安全，下同。

步骤三：观察与测量 VVVF 拖动系统

1）学生以 2~4 人为一组，在指导教师的带领下观察由变频调速电动机拖动的电梯轿厢的起动与停层的过程。

2）如有条件，用钳形电流表测量曳引电动机起动、匀速运行与制动时的电流，记录于表 2-2-3 中。

表 2-2-3　电梯变频调速曳引电动机运行电流测量记录表　　　　　（单位：A）

起 动 电 流	制 动 电 流	匀速运行电流	备　　注

步骤四：实训总结

1）观察与测量交流双速电动机和变频调速电动机拖动系统的结果与记录。

2）各人口述交流双速电动机和变频调速电动机拖动的电梯轿厢的起动与停层全过程。

3）进行自我评价和小组互评（根据各人口述和记录的情况）。

 评价总结

1. 自评

由学生根据任务完成情况进行自我评价与小组互评，记录于表 2-2-4 中。

表 2-2-4　自评与互评表

项　　目	配　分	评 价 内 容	评分（自己评）	评分（小组评）
1）学习纪律	10分	1）不遵守学习纪律要求（扣 2 分 / 次） 2）有其他违反纪律的行为（扣 2 分 / 次）		
2）掌握基础知识	30分	1）了解电梯电力拖动系统的类型（15 分） 2）掌握交流双速拖动系统和 VVVF 拖动系统的原理（15 分）		
3）完成工作任务	50分	1）观察与测量交流双速拖动系统（15 分） 2）观察与测量 VVVF 拖动系统（15 分） 3）表 2-2-2 的记录（10 分） 4）表 2-2-3 的记录（10 分）		

(续)

项　　目	配　　分	评价内容	评分 (自己评)	评分 (小组评)
4）职业规范 和环境保护	10 分	1）在工作过程中工具和器材摆放凌乱（扣 3 分 / 次） 2）不爱护设备、工具，不节省材料（扣 3 分 / 次） 3）在工作完成后不清理现场，在工作中产生的废弃物不按 规定处置（扣 2 分 / 次，将废弃物遗弃在工作现场扣 3 分 / 次）		

签名：＿＿＿＿＿　＿＿＿年＿＿月＿＿日

2. 教师评价总结

由指导教师检查本组作业完成情况，结合自评与互评的结果进行综合评价，对学习过程中出现的问题提出改进措施及建议，并将评价意见与评分值记录于表 2-2-5 中。

表 2-2-5　教师评价表

序　　号	评价内容	评价结果（分数）
1		
2		
3		
4		
综合评价	☆ ☆ ☆ ☆ ☆	
综合评语 （问题及改进意见）		

教师签名：＿＿＿＿＿　＿＿＿年＿＿月＿＿日

 任务小结

请根据自己在实训中的实际表现进行自我反思和小结。

自我反思：

＿＿＿。

小结：

＿＿＿。

实训任务 2.3　电梯的电气控制电路实训

接受任务

1. 任务综述

掌握电梯的电气控制系统。

2. 任务要求

认识电梯的常用电气元件。

所需设备器材

1）一体化教室，配备：教学用电梯（如 YL-777 型教学电梯）1~2 台；电梯维保常用的工具与器材、设备（见主教材表 4-2）。

2）CXD 型电梯继电器控制系统实训装置。

3）相关课件与视频。

基础知识

阅读主教材学习单元 2-4。

制订计划

1）根据工作任务制订工作计划。

2）按照工作计划做好人员的合理分工，将工作计划和人员分工情况记录于表 2-3-1 中。

表 2-3-1　工作计划表

工 作 步 骤	工 作 任 务	时 间 安 排	人 员 分 工	备　注
步骤 1				
步骤 2				
步骤 3				
步骤 4				

计划实施

步骤一：实训准备

1）由指导教师对本实训的内容与操作的安全规范要求做简单介绍。

2）准备完成本实训所需要的工具与器材、设备。

步骤二：观察

在指导教师的带领下，观察由继电器控制的电梯的机房（或 CXD 型电梯继电器控制系统实训装置），了解电梯继电器控制系统的结构与组成，并观察电梯运行过程中电器的动作顺序。

步骤三：模拟运行

1）在实训室用 CXD 型电梯继电器控制系统实训装置模拟电梯的运行过程。

2）可在 CXD 型电梯继电器控制系统实训装置的安全保护电路、开关门电路、选层（选向）电路等接线模块上接线，加深理解电路的构成与工作原理。

3）如有条件，由指导教师用实验装置设置故障，让学生通过排除简单的故障进一步熟悉电路的原理与各部分之间的逻辑关系。排障过程可记录于表 2-3-2 中。

注意：观察与操作中均应注意安全。

表 2-3-2　排障过程记录表

序　　号	故障现象	故障原因	排除方法	备　　注
1				
2				
3				
4				
5				
6				

步骤四：实训总结

1）学习电梯电气控制电路的结果与记录。

2）分析 XPM 型五门五站客货两用电梯的电气控制电路（见主教材图 2-33）。

① 若电梯轿厢在二楼要到三楼，或在五楼要到三楼，请根据图 2-35 分别画出上行或下行继电器的电流通路。

② 若选择到二楼，电梯也运行到了二楼，试根据图 2-36 单独画出停层继电器 KT6 的电流通路。

可轮流问答，再交换角色，反复进行。

3）进行自我评价和小组互评（根据各人口述和记录的情况）。

 评价总结

1. 自评

由学生根据任务完成情况进行自我评价与小组互评，记录于表 2-3-3 中。

表 2-3-3　自评与互评表

项　　目	配　　分	评价内容	评分（自己评）	评分（小组评）
1）学习纪律	10 分	1）不遵守学习纪律要求（扣 2 分／次） 2）有其他违反纪律的行为（扣 2 分／次）		
2）掌握基础知识	30 分	1）掌握电梯继电器控制电路的原理（20 分） 2）分组讨论的学习情况（10 分）		

（续）

项　目	配　分	评 价 内 容	评分 （自己评）	评分 （小组评）
3）完成工作 任务	50分	1）观察电梯的继电器控制电路（20分） 2）模拟运行与接线（20分） 3）表2-3-2的记录（10分）		
4）职业规范 和环境保护	10分	1）在工作过程中工具和器材摆放凌乱（扣3分/次） 2）不爱护设备、工具，不节省材料（扣3分/次） 3）在工作完成后不清理现场，在工作中产生的废弃物不按 规定处置（扣2分/次，将废弃物遗弃在工作现场扣3分/次）		

签名：_____　_____年___月___日

2. 教师评价总结

由指导教师检查本组作业完成情况，结合自评与互评的结果进行综合评价，对学习过程中出现的问题提出改进措施及建议，并将评价意见与评分值记录于表2-3-4中。

表2-3-4　教师评价表

序　号	评 价 内 容	评价结果（分数）
1		
2		
3		
4		
综合评价	☆ ☆ ☆ ☆ ☆	
综合评语 （问题及改进 意见）		

教师签名：_____　_____年___月___日

任务小结

请根据自己在实训中的实际表现进行自我反思和小结。

自我反思：

_____。

小结：

_____。

实训任务 2.4　自动扶梯的电气系统实训

 接受任务

1. 任务综述

掌握自动扶梯的电气系统。

2. 任务要求

认识电梯的常用电气元件。

 所需设备器材

1）一体化教室，配备：教学用自动扶梯（如 YL-2170A 型教学扶梯）1~2 台；电梯维保常用的工具与器材、设备（见主教材表 4-2）。

2）实用的自动扶梯。

3）相关课件与视频。

 基础知识

阅读主教材学习单元 2-5。

 制订计划

1）根据工作任务制订工作计划。

2）按照工作计划做好人员的合理分工，将工作计划和人员分工情况记录于表 2-4-1 中。

表 2-4-1　工作计划表

工作步骤	工作任务	时间安排	人员分工	备　注
步骤 1				
步骤 2				
步骤 3				
步骤 4				
步骤 5				

 计划实施

步骤一：实训准备

1）由指导教师对本实训的内容与操作的安全规范要求做简单介绍。

2）指导教师应事先了解组织学生观察的自动扶梯的周边环境等，事先做好预案（参观路线、学生分组等）。

3）准备完成本实训所需要的工具与器材、设备。

步骤二：观察自动扶梯的结构

学生以 3~6 人为一组，在指导教师的带领下观察自动扶梯，全面、系统地观察自动扶梯的基本结构，认识自动扶梯的各个系统和主要部件的安装位置及作用。可由部件名称去确定位置，找出部件，然后将观察情况记录于表 2-4-2 中。

表 2-4-2　自动扶梯部件的主要功能及安装位置学习记录表

序　号	部件名称	主要功能	安装位置	备　注
1				
2				
3				
4				
5				
6				
7				
8				

注意：

1）以观察 YL-2170A 型教学用自动扶梯为主，有条件也可辅助观察其他类型的自动扶梯。

2）观察过程中要注意安全。

步骤三：自动扶梯运行控制的学习

1）在指导教师的带领下，了解 YL-2170A 型教学用自动扶梯的运行控制方式。方法：可由指导教师先操作演示自动扶梯的三种运行控制方式，学生观察相关电器的安装位置、操作方法及自动扶梯对应的运行状态，并注意操作要领和安全注意事项。然后可由指导教师每组选派 1~2 名学生进行操作练习（指导教师在旁边监护，注意在自动扶梯运行中要确保梯上没有人或物品）。

2）观察演示与练习过程，记录于表 2-4-3 中。

表 2-4-3　自动扶梯运行控制学习记录表

运行控制方式	操作步骤	备　注
检修运行		
智能变频运行：经济运行方式		
智能变频运行：标准运行方式		
其他		

步骤四：实训总结

1）学生分组，交流表 2-4-2、表 2-4-3 中记录的内容；可轮流问答，再交换角色，反复进行。

2）进行自我评价和小组互评（根据各人口述和记录的情况）。

步骤五：自动扶梯安全保护电路的学习（选做内容）

1）学生在教师的指导下，先熟悉 YL-2170A 型教学用自动扶梯的安全保护电路（可查阅相关资料）。

2）学生在指导教师的带领下了解安全保护电路相关电器的安装位置、功能与作用，通过查看故障码和图样分析故障位置并进行修理。

3）可由指导教师演示若干个（如 2~3 个）电器动作时的效果。

4）将观察的情况记录于表 2-4-4 中。

表 2-4-4　自动扶梯安全保护电路学习记录表

序　号	安　全　开　关	安装位置、功能与作用	安全开关对应故障码	备　注
1				
2				
3				
其他				

 评价总结

1. 自评

由学生根据任务完成情况进行自我评价与小组互评，记录于表 2-4-5 中。

表 2-4-5　自评与互评表

项　目	配　分	评价内容	评分（自己评）	评分（小组评）
1）学习纪律	10 分	1）不遵守学习纪律要求（扣 2 分 / 次） 2）有其他违反纪律的行为（扣 2 分 / 次）		
2）掌握基础知识	30 分	1）掌握自动扶梯的基本结构（10 分） 2）掌握自动扶梯电气系统的构成（10 分） 3）掌握自动扶梯的电气控制原理（10 分）		
3）完成工作任务	50 分	1）认识扶梯的各个系统和主要部件的安装位置及作用（10 分） 2）自动扶梯运行控制的学习（10 分） 3）自动扶梯安全保护电路的学习（5 分） 4）表 2-4-2 的记录（10 分） 5）表 2-4-3 的记录（10 分） 6）表 2-4-4 的记录（5 分）		

(续)

项　目	配　分	评 价 内 容	评分 (自己评)	评分 (小组评)
4）职业规范 和环境保护	10分	1）在工作过程中工具和器材摆放凌乱（扣3分/次） 2）不爱护设备、工具，不节省材料（扣3分/次） 3）在工作完成后不清理现场，在工作中产生的废弃物不按 规定处置（扣2分/次，将废弃物遗弃在工作现场扣3分/次）		

签名：_____　_____年___月___日

2. 教师评价总结

由指导教师检查本组作业完成情况，结合自评与互评的结果进行综合评价，对学习过程中出现的问题提出改进措施及建议，并将评价意见与评分值记录于表2-4-6中。

表 2-4-6　教师评价表

序　号	评 价 内 容	评价结果（分数）
1		
2		
3		
4		
综合评价	☆　☆　☆　☆　☆	
综合评语 （问题及改进意见）		

教师签名：_____　_____年___月___日

 任务小结

请根据自己在实训中的实际表现进行自我反思和小结。

自我反思：

_____。

小结：

_____。

实训任务 3.1　电梯电气系统分析实训

 接受任务

1. 任务综述

了解电梯电气系统分析的基本思路与方法。

2. 任务要求

掌握电梯电气故障诊断与排除的基本方法。

 所需设备器材

1）一体化教室，配备：教学用电梯（如 YL-777 型教学电梯）1~2 台；电梯维保常用的工具与器材、设备（见主教材表 4-2）。

2）CXD 型电梯继电器控制系统实训装置。

3）相关课件与视频。

 基础知识

阅读主教材学习单元 3-1。

 制订计划

1）根据工作任务制订工作计划。

2）按照工作计划做好人员的合理分工，将工作计划和人员分工情况记录于表 3-1-1 中。

表 3-1-1　工作计划表

工 作 步 骤	工 作 任 务	时 间 安 排	人 员 分 工	备　　注
步骤 1				
步骤 2				
步骤 3				

 计划实施

步骤一：实训准备

1）由指导教师对本实训的内容与操作的安全规范要求做简单介绍。

2）准备完成本实训所需要的工具与器材、设备。

步骤二：电梯电气系统分析基本方法的学习

学生在指导教师的带领下学习电梯电气系统分析的基本思路和方法，并在教师的指导下尝试应用电梯电气系统分析的几种基本方法，如观察法、电位法、短接法、断路法等，并将结果记录于表 3-1-2 中。

表 3-1-2　电梯电气系统分析基本方法学习记录表

序　号	方　法	学习记录	备　注
1	观察法		
2	电位法		
3	短接法		
4	断路法		
5	其他方法		

注意：

1）学生可分 3~5 人为一组。

2）学习过程中要注意安全（下同）。

步骤三：实训总结

1）学生分组交流表 3-1-2 中记录的内容；可轮流问答，再交换角色，反复进行。

2）进行自我评价和小组互评（根据各人口述和记录的情况）。

 评价总结

1. 自评

由学生根据任务完成情况进行自我评价与小组互评，记录于表 3-1-3 中。

表 3-1-3　自评与互评表

项　目	配　分	评价内容	评分（自己评）	评分（小组评）
1）学习纪律	10 分	1）不遵守学习纪律要求（扣 2 分 / 次） 2）有其他违反纪律的行为（扣 2 分 / 次）		
2）掌握基础知识	30 分	1）掌握电梯电气系统分析的基本方法（15 分） 2）掌握电梯电气故障诊断与排除的基本方法（15 分）		
3）完成工作任务	50 分	1）电梯电气系统分析基本方法的学习（30 分） 2）表 3-1-2 的记录（20 分）		
4）职业规范和环境保护	10 分	1）在工作过程中工具和器材摆放凌乱（扣 3 分 / 次） 2）不爱护设备、工具，不节省材料（扣 3 分 / 次） 3）在工作完成后不清理现场，在工作中产生的废弃物不按规定处置（扣 2 分 / 次，将废弃物遗弃在工作现场扣 3 分 / 次）		

签名：_____　　_____年___月___日

2. 教师评价总结

由指导教师检查本组作业完成情况，结合自评与互评的结果进行综合评价，对学习过程中出现的问题提出改进措施及建议，并将评价意见与评分值记录于表 3-1-4 中。

表 3-1-4　教师评价表

序　号	评 价 内 容	评价结果(分数)
1		
2		
3		
4		
综合评价	☆ ☆ ☆ ☆ ☆	
综合评语 （问题及改进意见）		

教师签名：＿＿＿＿＿＿　＿＿＿年＿＿月＿＿日

 任务小结

请根据自己在实训中的实际表现进行自我反思和小结。

自我反思：

＿＿＿＿＿＿＿＿＿＿＿＿＿＿＿＿＿＿＿＿＿＿＿＿＿＿＿＿＿＿＿＿＿。

小结：

＿＿＿＿＿＿＿＿＿＿＿＿＿＿＿＿＿＿＿＿＿＿＿＿＿＿＿＿＿＿＿＿＿。

实训任务 3.2　电梯继电器控制电路分析实训

 接受任务

1. 任务综述

进一步掌握电梯继电器控制系统的原理。

2. 任务要求

初步学会电梯继电器控制电路常见故障的诊断与排除方法。

 所需设备器材

1）一体化教室，配备：教学用电梯（如 YL-777 型教学电梯）1~2 台；电梯维保常用的工具与器材、设备（见主教材表 4-2）。

2）CXD 型电梯继电器控制系统实训装置。

3）相关课件与视频。

 基础知识

阅读主教材学习单元 3-2。

 制订计划

1）根据工作任务制订工作计划。

2）按照工作计划做好人员的合理分工，将工作计划和人员分工情况记录于表 3-2-1 中。

表 3-2-1　工作计划表

工作步骤	工作任务	时间安排	人员分工	备注
步骤 1				
步骤 2				
步骤 3				

 计划实施

步骤一：实训准备

1）由指导教师对本实训的内容与操作的安全规范要求做简单介绍。

2）准备完成本实训所需要的工具与器材、设备。

步骤二：电梯继电器控制电路分析方法的学习

可由教师预先设置故障，让学生分析、诊断并排除电梯继电器控制电路的故障，然后将学习情况记录于表 3-2-2 中。

表 3-2-2　电梯继电器控制电路分析的学习记录表

电路	故障现象	故障原因分析	排障方法及相关记录
电源电路			
开关门电路			
运行电路			
选层（选向）电路			
停站与平层电路			
其他电路			

步骤三：实训总结

1）学生分组交流表 3-2-2 中记录的内容；可轮流问答，再交换角色，反复进行。

2）进行自我评价和小组互评（根据各人口述和记录的情况）。

 ## 评价总结

1. 自评

由学生根据任务完成情况进行自我评价与小组互评，记录于表 3-2-3 中。

表 3-2-3　自评与互评表

项　目	配　分	评 价 内 容	评分（自己评）	评分（小组评）
1）学习纪律	10 分	1）不遵守学习纪律要求（扣 2 分/次） 2）有其他违反纪律的行为（扣 2 分/次）		
2）掌握基础知识	30 分	掌握电梯继电器控制电路的分析方法（30 分）		
3）完成工作任务	50 分	1）电梯继电器控制电路分析的学习（30 分） 2）表 3-2-2 的记录（20 分）		
4）职业规范和环境保护	10 分	1）在工作过程中工具和器材摆放凌乱（扣 3 分/次） 2）不爱护设备、工具，不节省材料（扣 3 分/次） 3）在工作完成后不清理现场，在工作中产生的废弃物不按规定处置（扣 2 分/次，将废弃物遗弃在工作现场扣 3 分/次）		

签名：_____　_____年___月___日

2. 教师评价总结

由指导教师检查本组作业完成情况，结合自评与互评的结果进行综合评价，对学习过程中出现的问题提出改进措施及建议，并将评价意见与评分值记录于表 3-2-4 中。

表 3-2-4　教师评价表

序　号	评 价 内 容	评价结果(分数)
1		
2		
3		
4		
综合评价	☆ ☆ ☆ ☆ ☆	
综合评语（问题及改进意见）		

教师签名：_____　_____年___月___日

任务小结

请根据自己在实训中的实际表现进行自我反思和小结。

自我反思：

_____。

小结：

_____。

实训任务 **3.3**　电梯微机控制电路分析实训

 ### 接受任务

1. 任务综述

进一步掌握电梯微机控制系统的原理。

2. 任务要求

初步学会电梯微机控制系统常见故障的诊断与排除方法。

 ### 所需设备器材

1）一体化教室，配备：教学用电梯（如 YL-777 型教学电梯）1~2 台；电梯维保常用的工具与器材、设备（见主教材表 4-2）。

2）相关课件与视频。

 ### 基础知识

阅读主教材学习单元 3-3。

 ### 制订计划

1）根据工作任务制订工作计划。

2）按照工作计划做好人员的合理分工，将工作计划和人员分工情况记录于表 3-3-1 中。

表 3-3-1　工作计划表

工 作 步 骤	工 作 任 务	时 间 安 排	人 员 分 工	备　注
步骤 1				
步骤 2				
步骤 3				

 ### 计划实施

步骤一：实训准备

1）由指导教师对本实训的内容与操作的安全规范要求做简单介绍。

2）准备完成本实训所需要的工具与器材、设备。

步骤二：电梯微机控制电路分析方法的学习

可由教师预先设置故障，让学生分析、诊断并排除电梯微机控制电路的故障，然后将学习情况记录于表 3-3-2 中。

表 3-3-2　电梯微机控制电路分析的学习记录表

电路	故障现象	故障原因分析	排障方法及相关记录
控制电路			
电源电路			
安全保护电路			
开关门电路			
曳引电动机控制电路			
呼梯和楼层显示电路			
其他电路			

注意：
1）学生可分 3~5 人为一组。
2）学习过程中要注意安全。

步骤三：实训总结
1）学生分组交流表 3-3-2 中记录的内容；可轮流问答，再交换角色，反复进行。
2）进行自我评价和小组互评（根据各人口述和记录的情况）。

 评价总结

1. 自评
由学生根据任务完成情况进行自我评价与小组互评，记录于表 3-3-3 中。

表 3-3-3　自评与互评表

项　　目	配　　分	评价内容	评分（自己评）	评分（小组评）
1）学习纪律	10 分	1）不遵守学习纪律要求（扣 2 分 / 次） 2）有其他违反纪律的行为（扣 2 分 / 次）		
2）掌握基础知识	30 分	掌握电梯微机控制电路的分析方法（30 分）		
3）完成工作任务	50 分	1）电梯微机控制电路分析的学习（30 分） 2）表 3-3-2 的记录（20 分）		
4）职业规范和环境保护	10 分	1）在工作过程中工具和器材摆放凌乱（扣 3 分 / 次） 2）不爱护设备、工具，不节省材料（扣 3 分 / 次） 3）在工作完成后不清理现场，在工作中产生的废弃物不按规定处置（扣 2 分 / 次，将废弃物遗弃在工作现场扣 3 分 / 次）		

签名：＿＿＿＿＿＿　＿＿＿年＿＿月＿＿日

2. 教师评价总结
由指导教师检查本组作业完成情况，结合自评与互评的结果进行综合评价，对学习过程中出现的问题提出改进措施及建议，并将评价意见与评分值记录于表 3-3-4 中。

表 3-3-4　教师评价表

序　号	评 价 内 容	评价结果(分数)
1		
2		
3		
4		
综合评价	☆　☆　☆　☆　☆	
综合评语 （问题及改进 意见）		

教师签名：_____　_____年____月____日

任务小结

请根据自己在实训中的实际表现进行自我反思和小结。

自我反思：

_____。

小结：

_____。

实训任务 3.4   自动扶梯的电路分析实训

 接受任务

1. 任务综述

进一步掌握自动扶梯电气控制系统的原理。

2. 任务要求

初步学会自动扶梯电路常见故障的诊断与排除方法。

 所需设备器材

1）一体化教室，配备：教学用扶梯（如 YL-2170A 型教学扶梯）1~2 台；电梯维保常用的工具与器材、设备（见主教材表 4-2）。

2）相关课件与视频。

 基础知识

阅读主教材学习单元 3-4。

 制订计划

1）根据工作任务制订工作计划。

2）按照工作计划做好人员的合理分工，将工作计划和人员分工情况记录于表 3-4-1 中。

表 3-4-1   工作计划表

工作步骤	工作任务	时间安排	人员分工	备 注
步骤 1				
步骤 2				
步骤 3				

 计划实施

步骤一：实训准备

1）由指导教师对本实训的内容与操作的安全规范要求做简单介绍。

2）准备完成本实训所需要的工具与器材、设备。

步骤二：自动扶梯电路分析方法的学习

可由教师预先设置故障，让学生分析、诊断并排除自动扶梯的电路故障，然后将学习情况记录于表 3-4-2 中。

表 3-4-2　自动扶梯电路分析的学习记录表

电　路	故　障　现　象	故　障　原　因　分　析	排障方法及相关记录
检修控制盒公共开关的维修			
梳齿板保护开关的维修			
三相电源断相故障的维修			
其他电气故障的维修			

注意：

1）学生可分 3~5 人为一组。

2）学习过程中要注意安全。

步骤三：实训总结

1）学生分组交流表 3-4-2 中记录的内容；可轮流问答，再交换角色，反复进行。

2）进行自我评价和小组互评（根据各人口述和记录的情况）。

 评价总结

1. 自评

由学生根据任务完成情况进行自我评价与小组互评，记录于表 3-4-3 中。

表 3-4-3　自评与互评表

项　目	配　分	评　价　内　容	评分（自己评）	评分（小组评）
1）学习纪律	10 分	1）不遵守学习纪律要求（扣 2 分 / 次） 2）有其他违反纪律的行为（扣 2 分 / 次）		
2）掌握基础知识	30 分	掌握自动扶梯电气控制系统的分析方法（30 分）		
3）完成工作任务	50 分	1）自动扶梯电路分析的学习（30 分） 2）表 3-4-2 的记录（20 分）		
4）职业规范和环境保护	10 分	1）在工作过程中工具和器材摆放凌乱（扣 3 分 / 次） 2）不爱护设备、工具，不节省材料（扣 3 分 / 次） 3）在工作完成后不清理现场，在工作中产生的废弃物不按规定处置（扣 2 分 / 次，将废弃物遗弃在工作现场扣 3 分 / 次）		

签名：_____　　____年___月___日

2. 教师评价总结

由指导教师检查本组作业完成情况，结合自评与互评的结果进行综合评价，对学习过程中出现的问题提出改进措施及建议，并将评价意见与评分值记录于表 3-4-4 中。

表 3-4-4　教师评价表

序　号	评 价 内 容	评价结果（分数）
1		
2		
3		
4		
综合评价	☆　☆　☆　☆　☆	
综合评语（问题及改进意见）		

教师签名：_____　_____年____月____日

 任务小结

请根据自己在实训中的实际表现进行自我反思和小结。

自我反思：

_____。

小结：

_____。

选修模块实训

 实训任务 4.1　电工技术基础实训

 接受任务

1. 任务综述

掌握电工技术基础的相关内容。

2. 任务要求

认识单相电能表；学会安装家用照明配电箱。

 所需设备器材

1）一体化教室，配备电工实训所需的设备、工具与器材，见表 4-1-1。

表 4-1-1　设备、工具与器材明细表

序号	名称	型号/规格	单位	数量	备注
1	单相交流电源	220V			
2	指针式万用表	MF-47 型	台	1	
3	家用单相电能表	DD201-B 型，220V，2.5（10）A，1920r/（kW·h）	个	1	
4	剩余电流断路器	DZ47LE-63/C60	只	1	
5	断路器	DZ47-63/C16	只	5	
6	照明配电箱箱体	350mm×260mm	只	1	含接地排、接零排
7	自攻螺钉、螺钉	ϕ3mm×15mm、ϕ3mm×20mm	只	若干	固定电器用
8	接线	BVR1.5mm^2、BVR1.0mm^2、BV1.5mm^2	扎	若干	各种颜色
9	白炽灯泡	220V，60W	个	1	带平灯座
10	电工电子实训通用工具	验电笔、榔头、螺钉旋具（一字和十字）、电工刀、电工钳、尖嘴钳、剥线钳、活扳手、小剪刀等	套	1	

2）相关课件与视频。

 基础知识

阅读主教材学习单元 4-1。

 制订计划

1）根据工作任务制订工作计划。

2）按照工作计划做好人员的合理分工，将工作计划和人员分工情况记录于表 4-1-2 中。

表 4-1-2　工作计划表

工作步骤	工作任务	时间安排	人员分工	备注
步骤 1				
步骤 2				
步骤 3				

计划实施

步骤一：实训准备

1）由指导教师对本实训的内容与操作的安全规范要求做简单介绍。

2）按表 4-1-1 准备完成本实训所需要的设备、工具与器材。

步骤二：安装家用照明配电箱

一般家用照明配电箱内装有带剩余电流保护器的断路器、单相电能表和单极断路器等，如图 4-1-1 所示。带剩余电流保护器的断路器的作用一是作为电源总开关，二是起短路保护和剩余电流保护的作用。单极断路器用于控制各分支电路的电器，其个数可根据用户的需要而定，如一般家庭可照明设一路（10A）、插座设一路（10A，也可厅房、厨房与卫生间分开设置）、空调各设一路（16A，如使用大功率空调须适当增大）。

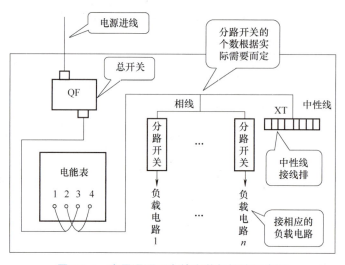

图 4-1-1　家用照明配电箱安装与接线示意图

家用照明配电箱的安装步骤如下。

（1）安装单相电能表　常见的家用单相电能表（也称电度表）如图 4-1-2 所示。在转盘下面的铭牌上标注的 "220V" 是电能表的额定电压，"3（6）A" 是电能表的标称电流值和最大电流值，标称电流表示电能表在计量电能时的标准计量电流，最大电流是指电能表长期工作在误差范围内所允许通过的最大电流，"1200r/（kW·h）"则表示当设备每消耗 1kW·h

电能时，电能表的转盘转过 1200r。

1）在安装底板上先按电能表的尺寸确定其安装位置后，用铅笔做记号，然后用螺钉将其固定在板面上。要求安装牢固，不松动；但注意不要将螺钉拧得过紧，以免造成电能表的塑料底座断裂。

2）按图 4-1-1 和图 4-1-2 接线，接线时注意：单相电能表的接线盒里有 4 个接线柱，从左至右依次按①~④编号，①、③接电源进线，②、④接出线，不要接错。

3）电路接好后，先自行检查，再经教师检查确认无误后，方可通电试验。

（2）电器安装　将带剩余电流保护器的断路器和单相电能表布置在箱内的上方，各单极断路器在中间，接线排在下方。按各电器的尺寸确定其在箱内的安装位置后，用铅笔做记号，然后用螺钉将其固定。要求安装牢固，不松动；但注意不要将螺钉拧得过紧，以免造成电器的塑料底座断裂。

（3）接线　按图 4-1-1 接线，接线时注意以下几点。

1）按图样要求配线（BVR 1.5mm^2），配线颜色要求：相线为黄、绿、红色，中性线为蓝色，地线为绿 - 黄双色。

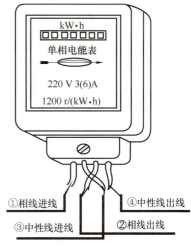

图 4-1-2　单相电能表

2）接线均应符合安全要求。每个接线端最多只能接两根导线；接线端子要压接牢固，无松动。箱内导线应横平竖直，整齐美观。

3）中性线和接地线集中接到中性线排和接地排上。

（4）通电检测

1）电路接好后，先自行检查，经教师检查确认无误后，方可通电试验。

2）接通总开关，观察开关有无跳闸。

3）检查电器是否正常工作。

4）观察电能表是否正常运转。

步骤三：实训总结

1）学习安装家用照明配电箱的结果与记录。

2）进行自我评价和小组互评（根据各人口述和记录的情况）。

 评价总结

1. 自评

由学生根据任务完成情况进行自我评价与小组互评，记录于表 4-1-3 中。

表 4-1-3　自评与互评表

项　目	配　分	评价内容	评分（自己评）	评分（小组评）
1）学习纪律	10 分	1）不遵守学习纪律要求（扣 2 分 / 次） 2）有其他违反纪律的行为（扣 2 分 / 次）		

(续)

项　目	配　分	评 价 内 容	评分 （自己评）	评分 （小组评）
2）掌握基础 知识	30分	1）掌握电工技术的基础知识（25分） 2）掌握家用配电箱和单相电度表的基础知识（5分）		
3）完成工作 任务	50分	1）能正确安装单相电能表（30分） ① 安装不符合要求，每处可酌情扣 1~2 分 ② 通电后灯不能一次点亮，扣 5~10 分 ③ 通电后若发生跳闸、漏电等现象，可视事故轻重扣 5~10 分 2）电路通电检测（20分） ① 通电后若发生跳闸、漏电等现象，可视事故轻重扣 10~20 分 ② 通电后灯不亮，每处扣 5 分 ③ 通电后开关不起控制作用，每处扣 5 分 ④ 通电后插座电压不正常，每处扣 5 分 ⑤ 通电后单相电能表工作不正常，扣 5~10 分		
4）职业规范 和环境保护	10分	1）在工作过程中工具和器材摆放凌乱（扣3分/次） 2）不爱护设备、工具，不节省材料（扣3分/次） 3）在工作完成后不清理现场，在工作中产生的废弃物不按规定处置（扣2分/次，将废弃物遗弃在工作现场扣3分/次）		

签名：＿＿＿＿＿＿　＿＿＿年＿＿月＿＿日

2. 教师评价总结

由指导教师检查本组作业完成情况，结合自评与互评的结果进行综合评价，对学习过程中出现的问题提出改进措施及建议，并将评价意见与评分值记录于表 4-1-4 中。

表 4-1-4　教师评价表

序　号	评 价 内 容	评价结果（分数）
1		
2		
3		
4		
综合评价	☆ ☆ ☆ ☆ ☆	
综合评语 （问题及改进意见）		

教师签名：＿＿＿＿＿＿　＿＿＿年＿＿月＿＿日

任务小结

请根据自己在实训中的实际表现进行自我反思和小结。
自我反思：

＿＿＿＿＿＿＿＿＿＿＿＿＿＿＿＿＿＿＿＿＿＿＿＿＿＿＿＿＿＿＿＿＿＿＿＿＿＿。

小结：

＿＿＿＿＿＿＿＿＿＿＿＿＿＿＿＿＿＿＿＿＿＿＿＿＿＿＿＿＿＿＿＿＿＿＿＿＿＿。

实训任务 4.2　电子技术基础实训

 ## 接受任务

1. 任务综述

掌握电子技术基础的相关内容。

2. 任务要求

1）认识各种常见的电子元器件和晶体管；学会搭接基本共射放大电路。

2）学会用万用表和示波器、低频信号发生器、毫伏表等测量放大电路的相关电量参数和波形。

 ## 所需设备器材

1）一体化教室，配备电子实训所需的设备、工具与器材，见表 4-2-1。

表 4-2-1　设备、工具与器材明细表

序号	名称	符号	型号 / 规格	单位	数量
1	直流稳压电源		0～12V（连续可调）		1
2	晶体管	VT	9014 或 3DG 类型（设 β 值为 60）	个	2
3	电阻器	R	3kΩ	个	2
4	电阻器	R	6kΩ、280kΩ、560kΩ	个	各1
5	电容器	C_1、C_2	10μF/25V 电解电容器	个	2
6	转换开关	S_1、S_2	单刀双掷	个	2
7	指针式万用表		MF-47 型	台	1
8	数字式万用表		DT-830 型	台	1
9	低频信号发生器		XD2 型	台	1
10	晶体管毫伏表		DA-16 型	台	1
11	双踪示波器		XC4320 型	台	1
12	电烙铁		15～25W	支	1
13	焊接材料		焊锡丝、松香助焊剂、烙铁架等，连接导线若干	套	1
14	电工电子实训通用工具		验电笔、榔头、螺钉旋具（一字和十字）、电工刀、电工钳、尖嘴钳、剥线钳、镊子、小刀、小剪刀、活扳手、小剪刀等	套	1
15	面包板			块	1
16	单孔印制电路板			块	1

2）相关课件与视频。

 ## 基础知识

阅读主教材学习单元 4-2。

制订计划

1）根据工作任务制订工作计划。

2）按照工作计划做好人员的合理分工，将工作计划和人员分工情况记录于表 4-2-2 中。

表 4-2-2　工作计划表

工 作 步 骤	工 作 任 务	时 间 安 排	人 员 分 工	备　　注
步骤 1				
步骤 2				
步骤 3				

 计划实施

步骤一：实训准备

1）由指导教师对本实训的内容与操作的安全规范要求做简单介绍。

2）按表 4-2-1 准备完成本实训所需要的设备、工具与器材。

步骤二：连接和测试基本共射放大电路

1）电路连接。

① 识别实训室所提供的电子元器件，并判断按表 4-2-1 所提供的元器件是否符合图 4-2-1 电路的要求（图中标注的电阻值仅供参考，下同）。

② 检查各元器件的参数是否正确；使用万用表检查晶体管、电解电容器的性能好坏。

③ 在面包板上连接如图 4-2-1 所示的基本共射放大电路。

2）测量电压放大倍数。

① 将转换开关 S_1、S_2 置于"1"位置，按图 4-2-2 连接仪表、仪器（连接毫伏表）。

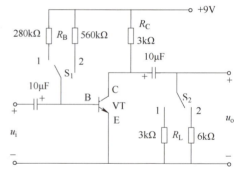

图 4-2-1　基本共射放大电路实训电路图

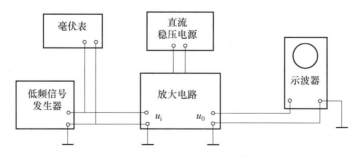

图 4-2-2　电路的动态测试

② 调节信号发生器的输出信号频率为 1kHz，输出信号幅值从 0 开始逐渐增加，通过示

波器观察输入、输出信号的波形；直到输出信号最大而不失真（即保持正弦波形）时，选择晶体管毫伏表合适的量程，测量 U_i、U_o，计算 $A_u = \dfrac{U_o}{U_i}$，并填入表 4-2-3 中。

③ 保持信号发生器的输出信号频率和幅值不变，将转换开关 S_2 置于"2"位置，选择晶体管毫伏表合适的量程，测量 U_i、U_o（有效值），计算 A_u，并填入表 4-2-3 中。

表 4-2-3　电压放大倍数测量记录

测量条件	$R_C = 3\text{k}\Omega, R_L = 3\text{k}\Omega$	$R_C = 3\text{k}\Omega, R_L = 6\text{k}\Omega$
U_i/mV		
U_o/mV		
A_u		

注意：在测试前先学习相关仪器仪表的结构、原理与使用方法。

步骤三：实训总结

1）学习安装和测试放大电路的结果与记录。

2）进行自我评价和小组互评（根据各人口述和记录的情况）。

 评价总结

1. 自评

由学生根据任务完成情况进行自我评价与小组互评，记录于表 4-2-4 中。

表 4-2-4　自评与互评表

项　　目	配　分	评 价 内 容	评分（自己评）	评分（小组评）
1）学习纪律	10 分	1）不遵守学习纪律要求（扣 2 分 / 次） 2）有其他违反纪律的行为（扣 2 分 / 次）		
2）掌握基础知识	30 分	1）掌握电子技术的基础知识（25 分） 2）掌握电子技术实训相关仪器仪表的基础知识（5 分）		
3）完成工作任务	50 分	1）连接和测试基本放大电路（35 分） 2）相关仪器仪表的操作，以及表 4-2-3 的记录（15 分）		
4）职业规范和环境保护	10 分	1）在工作过程中工具和器材摆放凌乱（扣 3 分 / 次） 2）不爱护设备、工具，不节省材料（扣 3 分 / 次） 3）在工作完成后不清理现场，在工作中产生的废弃物不按规定处置（扣 2 分 / 次），将废弃物遗弃在工作现场（扣 3 分 / 次）		

签名：_____　_____年___月___日

2. 教师评价总结

由指导教师检查本组作业完成情况，结合自评与互评的结果进行综合评价，对学习过程中出现的问题提出改进措施及建议，并将评价意见与评分值记录于表 4-2-5 中。

表 4-2-5 教师评价表

序　号	评 价 内 容	评价结果（分数）
1		
2		
3		
4		
综合评价	☆ ☆ ☆ ☆ ☆	
综合评语（问题及改进意见）		

教师签名：_____ _____年___月___日

 任务小结

请根据自己在实训中的实际表现进行自我反思和小结。

自我反思：

_____。

小结：

_____。

实训任务 **4.3** 电动机和电力拖动基础实训

 接受任务

1. 任务综述

掌握电动机和电力拖动基础的相关内容。

2. 任务要求

1）学会三相异步电动机的接线，能测量绝缘电阻和运行电流。

2）学会识别、安装、使用在电路中用到的各种低压电器。

3）掌握三相异步电动机正反转控制电路的安装和接线方法。

 所需设备器材

1）一体化教室，配备电动机和电力拖动实训所需的设备、工具与器材，见表 4-3-1。

表 4-3-1 设备、工具与器材明细表

序号	名　　称	符　　号	型号 / 规格	单位	数量
1	三相四线制电源		3×380V/220V，16A		
2	单相交流电源		220V、36V、6V		
3	三相交流异步电动机	M	Y2-802-4 型，0.75kW，2A，1390r/min	台	1
4	低压断路器	QF	DZ10 型，10A	个	1
5	交流接触器	KM1、KM2	CJ20-16 型，线圈电压 380V	只	2
6	热继电器	FR	JR16-20/3D 型，配 6 号热元件	只	1
7	熔断器	FU1	RL1-15 型，500V，15A，配 5A 熔体	套	3
8	熔断器	FU2	RL1-15 型，500V，15A，配 2A 熔体	套	2
9	按钮	SB1、SB2、SB3	LA10-3H，500V，5A，按钮数 3	个	1
10	接线端子排		JX2-1015，500V，10A，15 节	条	1
11	木螺钉		$\phi 3 \times 20mm$	颗	25
12	平垫圈		$\phi 4mm$	个	25
13	塑料软铜线		BVR-2.5mm²，颜色自定	米	15
14	塑料软铜线		BVR-1.5mm²，颜色自定	米	15
15	塑料软铜线		BVR-0.75mm²，颜色自定	米	5
16	木底板		500mm×450mm×20mm	块	1
17	指针式万用表		MF-47 型	台	1
18	数字式万用表		DT-830 型	台	1
19	绝缘电阻表		500V，0~100MΩ	台	1
20	钳形电流表		0~250A	台	1

(续)

序号	名　称	符　号	型号/规格	单位	数量
21	电工电子实训通用工具		验电笔、榔头、螺钉旋具（一字和十字）、电工刀、电工钳、尖嘴钳、剥线钳、镊子、小刀、小剪刀、活扳手、小剪刀等	套	1

2）相关课件与视频。

基础知识

阅读主教材学习单元 4-3 和学习单元 4-5。

制订计划

1）根据工作任务制订工作计划。

2）按照工作计划做好人员的合理分工，将工作计划和人员分工情况记录于表 4-3-2 中。

表 4-3-2　工作计划表

工作步骤	工作任务	时间安排	人员分工	备　注
步骤 1				
步骤 2				
步骤 3				

计划实施

步骤一：实训准备

1）由指导教师对本实训的内容与操作的安全规范要求做简单介绍。

2）按表 4-3-1 准备完成本实训所需要的设备、工具与器材。

步骤二：三相异步电动机正反转控制电路的运行与测试

1）识别实训室所提供的器材，并判断按表 4-3-1 所提供的设备、工具和器材是否符合主教材图 4-52 电路的要求。

2）按主教材图 4-52 电路将电器安装在控制板上，并进行接线。

3）通电前的检测。

① 进行通电前的检查包括以下内容。

a）检查电路的接线是否正确、牢固。

b）检查电器的接线端有无接错，图 4-52 电路的重点检查部位包括：QF 与 FU 的进线端与出线端；KM1 和 KM2 的主触点；KM1 和 KM2 辅助触点中的动合与动断触点；FR 的热元件触点与动断触点；SB2 与 SB3 的动合与动断触点。

② 用绝缘电阻表测量电动机定子绕组的绝缘电阻：

a）学习绝缘电阻表的结构、原理与使用方法。

b）打开三相异步电动机的接线盒；测量 U、V、W 三个接线端对地的绝缘电阻，测量 U、V、W 三个接线端之间的绝缘电阻。将测量结果记录于表 4-3-3 中。

表 4-3-3　三相异步电动机定子绕组绝缘电阻测量记录表

U- 地	V- 地	W- 地
U-V	V-W	W-U

调整热继电器的整定值，检查各熔断器是否已装上熔体及熔体是否符合规格。

4）通电试运行。

① 合上 QF 接通电源；按下 SB2 → SB1 → SB3，观察电动机正转起动→停机→反转起动的情况。

② 合上 QF 接通电源；按下 SB2 →电动机正转起动→按下 SB3 电动机直接反转→按下 SB1 →电动机停转。

注意： 操作电动机直接反转不要过于频繁。

③ 学习钳形电流表的结构、原理与使用方法。

④ 用钳形电流表测量电动机起动电流、直接反转电流和稳定运行电流（可重复测量 2~3 次取平均值），并记录于表 4-3-4 中。

表 4-3-4　电流测量记录表

起动电流 /A	直接反转电流 /A	稳定运行电流 /A

步骤三：实训总结

1）学习安装三相异步电动机正反转控制电路的结果与记录。

2）进行自我评价和小组互评（根据各人口述和记录的情况）。

 评价总结

1. 自评

由学生根据任务完成情况进行自我评价与小组互评，记录于表 4-3-5 中。

表 4-3-5　自评与互评表

项　　目	配分	评价内容	评分（自己评）	评分（小组评）
1）学习纪律	10 分	1）不遵守学习纪律要求（扣 2 分 / 次） 2）有其他违反纪律的行为（扣 2 分 / 次）		
2）掌握基础知识	30 分	1）掌握电动机与电力拖动的基础知识（25 分） 2）掌握绝缘电阻表与钳形电流表的基础知识（5 分）		
3）完成工作任务	50 分	1）三相异步电动机正反转控制电路的运行与测试（35 分） 2）绝缘电阻表与钳形电流表的操作，以及表 4-3-3、表 4-3-4 的记录（15 分）		

(续)

项　目	配分	评 价 内 容	评分 (自己评)	评分 (小组评)
4）职业规范 和环境保护	10分	1）在工作过程中工具和器材摆放凌乱（扣3分/次） 2）不爱护设备、工具，不节省材料（扣3分/次） 3）在工作完成后不清理现场，在工作中产生的废弃物不按规定 处置（扣2分/次，将废弃物遗弃在工作现场扣3分/次）		

签名：_____　_____年___月___日

2. 教师评价总结

由指导教师检查本组作业完成情况，结合自评与互评的结果进行综合评价，对学习过程中出现的问题提出改进措施及建议，并将评价意见与评分值记录于表4-3-6中。

表 4-3-6　教师评价表

序　号	评 价 内 容	评价结果（分数）
1		
2		
3		
4		
综合评价	☆ ☆ ☆ ☆ ☆	
综合评语 （问题及改进 意见）		

教师签名：_____　_____年___月___日

 任务小结

请根据自己在实训中的实际表现进行自我反思和小结。

自我反思：

_____。

小结：

_____。

实训任务 4.4　电气自动控制基础实训

接受任务

1. 任务综述

掌握电气自动控制基础的相关内容。

2. 任务要求

1）初识 PLC 控制系统，学会简单的 PLC 控制系统的外部接线，能输入控制程序并观察运行效果。

2）初识电梯微机控制系统，学会观察电梯微机主控制板信号。

所需设备器材

1）一体化教室，配备：教学用电梯（如 YL-777 型教学电梯）1~2 台；电气自动控制实训所需的设备、工具与器材，见表 4-4-1。

表 4-4-1　设备、工具与器材明细表

序号	名称	符号	型号/规格	单位	数量
1	三相交流电源		3×380/220V，16A		
2	单相交流电源		220V，36V，6V		
3	三相异步电动机	M	Y2-802-4 型，0.75kW，2A，1390r/min	台	1
4	低压断路器	QF	DZ10 型，10A	个	1
5	交流接触器	KM1、KM2	CJ20-16 型，线圈电压 380V	只	2
6	热继电器	FR	JR16-20/3D 型，配 6 号热元件	只	1
7	熔断器	FU1	RL1-15 型，500V，15A，配 5A 熔体	套	3
8	熔断器	FU2	RL1-15 型，500V，15A，配 2A 熔体	套	2
9	按钮	SB1、SB2、SB3	LA10-3H，500V，5A，按钮数 3	个	1
10	FX$_{3U}$ 系列 PLC 主机		FX$_{3U}$-32MR/ES	台	1
11	计算机		装有 GX-Works2 PLC 编程软件	台	1
12	万用表		MF-47 型	台	1
13	继电器电路接线板			块	1
14	塑料软铜线				若干
15	电工电子实训通用工具		验电笔、榔头、螺钉旋具（一字和十字）、电工刀、电工钳、尖嘴钳、剥线钳、镊子、小刀、小剪刀、活扳手、小剪刀等	套	1

2）相关课件与视频。

基础知识

阅读主教材学习单元 4-4。

 制订计划

1）根据工作任务制订工作计划。

2）按照工作计划做好人员的合理分工，将工作计划和人员分工情况记录于表 4-4-2 中。

表 4-4-2 工作计划表

工作步骤	工作任务	时间安排	人员分工	备 注
步骤 1				
步骤 2				
步骤 3				
步骤 4				

 计划实施

步骤一：实训准备

1）由指导教师对本实训的内容与操作的安全规范要求做简单介绍。

2）按表 4-4-1 准备完成本实训所需要的设备、工具与器材。

步骤二：PLC 控制系统实训

1）三相异步电动机正反转控制电路的主电路按主教材图 4-52 接线，控制电路按图 4-4-1 接线，连接好 PLC 的电源和输入、输出口的电气。I/O 分配表见表 4-4-3。

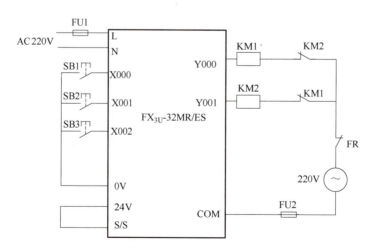

图 4-4-1 PLC 控制三相异步电动机正反转电路接线图

表 4-4-3　PLC 的 I/O 分配表

输入点地址	所连接主令电器	输出点地址	所控制负载
X000	停止按钮 SB1	Y000	正转接触器 KM1
X001	正转起动按钮 SB2	Y001	反转接触器 KM2
X002	反转起动按钮 SB3		

2）由教师输入如图 4-4-2 所示梯形图控制程序。

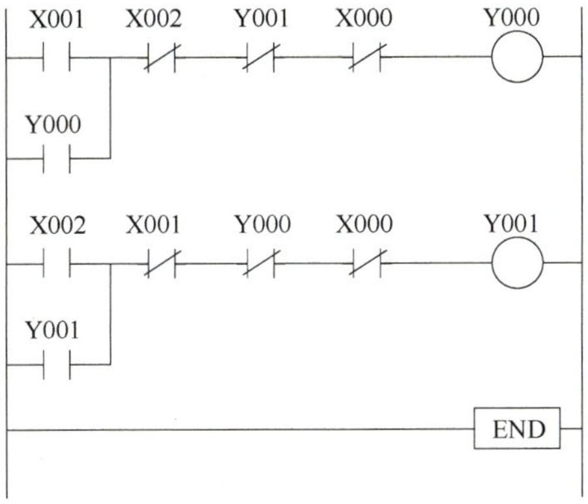

图 4-4-2　PLC 梯形图控制程序

注意： 由于学生初次接触 PLC，一般尚未掌握相关的知识与技能，所以在本实训中按图 4-4-1 接线、输入图 4-4-2 的程序，以及接通电源调试程序等，均由教师进行操作（演示）。

3）接通电源，让学生操作控制按钮 SB2、SB1 和 SB3，体验直接正、反转的控制效果，并与继电器 - 接触器控制的效果相比较。

步骤三：电梯微机控制系统实训

1）电梯微机控制系统观摩。

① 先由指导教师对相关的安全规范要求做简单介绍。

② 在指导教师的带领下参观教学电梯，了解电梯控制系统的构成，并观察在电梯运行过程中控制系统的工作。

2）电梯微机主控制板信号观察。学生以 4~6 人为一组，在指导教师的带领下，观察由 MCTC-MCB 微机控制的 YL-777 型电梯在不同状态下轿厢的起动与停层的全过程，并将相关操作和微机主控制板输入与输出信号指示灯状态记录于表 4-4-4 中。

表 4-4-4　电梯运行过程微机主控制板指示灯状态记录表

序　号	电梯工作状态	操　作　记　录	主控制板指示灯状态	备　注
1	检修		X	
			Y	
			L	

（续）

序　号	电梯工作状态	操 作 记 录	主控制板指示灯状态	备　注
2	司机		X	
			Y	
			L	
3	自动		X	
			Y	
			L	

3）电梯微机主控制板故障码观察。学生以 4~6 人为一组，在指导教师的指导下，在 YL-777 型电梯中设置三个故障，如将盘车轮开关（PWS）断开等，将主控制板中显示的故障码记录于表 4-4-5 中。

表 4-4-5　故障码记录表

序　号	故障设置操作	故 障 码	相 关 记 录
1	断开盘车轮开关（PWS）		
2			
3			

注意： 操作过程中要注意安全。

步骤四：实训总结

1）学习 PLC 控制系统的结果与记录（可与继电器 - 接触器控制系统进行比较）。

2）学习电梯微机控制系统的结果与记录。

3）进行自我评价和小组互评（根据各人口述和记录的情况）。

 评价总结

1. 自评

由学生根据任务完成情况进行自我评价与小组互评，记录于表 4-4-6 中。

表 4-4-6　自评与互评表

项　目	配　分	评 价 内 容	评分（自己评）	评分（小组评）
1）学习纪律	10 分	1）不遵守学习纪律要求（扣 2 分 / 次） 2）有其他违反纪律的行为（扣 2 分 / 次）		
2）掌握基础知识	30 分	1）掌握 PLC 控制系统的基础知识（15 分） 2）掌握微机控制系统的基础知识（15 分）		
3）完成工作任务	50 分	1）PLC 控制系统实训（25 分） 2）微机控制系统实训（15 分） 3）表 4-4-4、表 4-4-5 的记录（10 分）		

（续）

项　目	配　分	评 价 内 容	评分（自己评）	评分（小组评）
4）职业规范和环境保护	10分	1）在工作过程中工具和器材摆放凌乱（扣3分/次） 2）不爱护设备、工具，不节省材料（扣3分/次） 3）在工作完成后不清理现场，在工作中产生的废弃物不按规定处置（扣2分/次），将废弃物遗弃在工作现场扣3分/次）		

签名：_____　_____年___月___日

2. 教师评价总结

由指导教师检查本组作业完成情况，结合自评与互评的结果进行综合评价，对学习过程中出现的问题提出改进措施及建议，并将评价意见与评分值记录于表4-4-7中。

表 4-4-7　教师评价表

序　号	评 价 内 容	评价结果（分数）
1		
2		
3		
4		
综合评价	☆ ☆ ☆ ☆ ☆	
综合评语（问题及改进意见）		

教师签名：_____　_____年___月___日

任务小结

请根据自己在实训中的实际表现进行自我反思和小结。

自我反思：

_____。

小结：

_____。

实训任务 4.5 电气测量技术基础实训

接受任务

1. 任务综述

掌握电气测量技术基础的相关内容。

2. 任务要求

学会使用万用表等电梯维保常用测量仪表。

所需设备器材

1）一体化教室，配备电气测量实训所需的设备、工具与器材，见表 4-5-1。

表 4-5-1 设备、工具与器材明细表

序号	名称	符号	型号 / 规格	单位	数量
1	单相交流电源		220V、36V、6V		1
2	直流稳压电源		0~12V（连续可调）		1
3	指针式万用表		MF-47 型	台	1
4	数字式万用表		DT-830 型	台	1
5	小电珠	HL		个	2
6	单掷开关	S	220V，5A	个	1
7	各种电阻	R	几欧至几百欧、几百千欧	只	若干
8	接线				若干
9	半导体点温计		TH-80 型	台	1
10	转速表		VICTOR6234P 型（或 VICTOR6235P 和 VICTOR6235P 型）	台	1
11	声度计		HS5633 型	台	1
12	电工电子实训通用工具		验电笔、榔头、螺钉旋具（一字和十字）、电工刀、电工钳、尖嘴钳、剥线钳、镊子、小刀、小剪刀、活扳手、小剪刀等	套	1

2）相关课件与视频。

基础知识

阅读主教材学习单元 4-5。

制订计划

1）根据工作任务制订工作计划。

2）按照工作计划做好人员的合理分工，将工作计划和人员分工情况记录于表 4-5-2 中。

表 4-5-2　工作计划表

工 作 步 骤	工 作 任 务	时 间 安 排	人 员 分 工	备 注
步骤 1				
步骤 2				
步骤 3				
步骤 4				

 计划实施

步骤一：实训准备

1）由指导教师对本实训的内容与操作的安全规范要求做简单介绍。

2）按表 4-5-1 准备完成本实训所需要的设备、工具与器材。

步骤二：万用表的使用

1）熟悉指针式万用表的面板结构。观察实训室提供的万用表的面板结构，熟悉其表盘、旋钮、转换开关和各插孔，并将相关内容记录于表 4-5-3 中。

表 4-5-3　指针式万用表的面板结构记录

型　　号	
主要挡位	量　　程
交流电压挡	
直流电压挡	
直流电流挡	
电阻挡	
插　孔	

2）表盘标度尺读数练习。如图 4-5-1 所示，设万用表的指针在 a、b、c 三个位置，进行表盘标度尺读数练习，并记录于表 4-5-4 中。

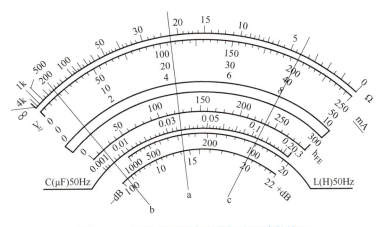

图 4-5-1　指针式万用表表盘标度尺读数练习

表 4-5-4　指针式万用表表盘标度尺读数练习记录

挡　　位	量　　程	估　读　值
交流电压挡	500V	
	250V	
直流电压挡	50V	
	10V	
直流电流挡	1mA	
	0.5mA	
电阻挡	$R \times 100\Omega$	
	$R \times 1k\Omega$	

3）测量直流电压和电流。测量直流电压和电流的电路如图 4-5-2 所示，按图接线（电源使用实验台上的直流稳压电源，将电压调为 6V，HL1 和 HL2 可用两个手电筒用的小电珠），然后合上开关 S，分别测量电流和电压 U_1、U_2、U_{AB}，并记录于表 4-5-5 中。

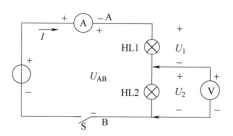

图 4-5-2　测量直流电压和电流的电路

注意：

1）测量电流时，将万用表串联在电路中，测量电压时，将万用表并联在待测量的两端点。

2）表笔的极性。测量电流时，正表笔接电流流入的接点；测量电压时，正表笔接高电位点，负表笔接低电位点。

3）适当选择万用表的挡位与量程。

表 4-5-5　指针式万用表测量直流电压和电流记录表

	测量挡位	量　　程	估　读　值
I/mA			
U_1/V			
U_2/V			
U_{AB}/V			

4）测量交流电压。使用万用表的交流电压挡测量实验台上的交流电压（可由交流调压

器输出高、低两挡电压，如 50V、220V），并记录于表 4-5-6 中。

表 4-5-6 指针式万用表测量交流电压记录

	测量挡位	量程	估读值 /V
低电压（调为 50V）			
高电压（调为 220V）			

注意：首次操作应在教师指导下进行，注意安全操作并适当选择万用表的挡位与量程。

5）测量电阻。测量电阻的操作步骤如下。

① 选择量程。一般万用表的电阻挡都有 $R \times 1\Omega$、$R \times 10\Omega$、$R \times 100\Omega$、$R \times 1k\Omega$、$R \times 10k\Omega$ 共 5 挡，其标度尺一般为表盘上最上面的一条，如图 4-5-1 所示。一般较常用的欧姆挡是 $R \times 100\Omega$ 和 $R \times 1k\Omega$。

② 调零。选择挡位后，将正、负表笔短接，旋转电阻挡调零旋钮（可见主教材图 4-72），将指针调至刻度线最右边的零位。有别于前面介绍的机械调零，此调零过程称为电气调零。

注意：每一次使用前和改变量程后都要重新调零。

③ 测量时，应注意手不要接触电阻引线，以避免将人体电阻与被测量的电阻并联而导致测量误差。如果是测量电路中的电阻，还应注意断开电源并将大电容器短路放电，以保证测量安全和测量值的准确。

④ 读取测量值。电阻挡的测量值为刻度线上的读取值再乘以该挡的倍数。如读数为 15，选择 $R \times 10\Omega$ 挡，则测量值为 $15 \times 10\Omega = 150\Omega$；如果选择 $R \times 1k\Omega$ 挡，则测量值为 $15 \times 1000\Omega = 15000\Omega = 15k\Omega$。

⑤ 按上述测量方法测量三只电阻的电阻值，以及图 4-5-2 的两个小电珠 HL1、HL2 的电阻值，并记录于表 4-5-7 中。

表 4-5-7 指针式万用表测量电阻值记录表

电阻值	测量挡位	量程	估读值
			Ω
			Ω
			$k\Omega$
小电珠 HL1			Ω
小电珠 HL2			Ω

6）使用数字式万用表重复以上 1）、3）、4）、5）步操作（可自行设计记录表格）。

步骤三：半导体点温计、转速表和声级计的使用

使用半导体点温计、转速表和声级计，将使用情况记录于表4-5-8中。

表4-5-8　半导体点温计、转速表和声级计使用学习记录表

序　号	仪　表	型号、功能与应用	使用方法及相关记录
1	半导体点温计		
2	转速表		
3	声级计		

步骤四：实训总结

1）学习使用万用表等电梯维保常用测量仪表的结果与记录。

2）进行自我评价和小组互评（根据各人口述和记录的情况）。

评价总结

1. 自评

由学生根据任务完成情况进行自我评价与小组互评，记录于表4-5-9中。

表4-5-9　自评与互评表

项　目	配　分	评价内容	评分（自己评）	评分（小组评）
1）学习纪律	10分	1）不遵守学习纪律要求（扣2分/次） 2）有其他违反纪律的行为（扣2分/次）		
2）掌握基础知识	25分	1）掌握万用表的原理（15分） 2）掌握半导体点温计、手持式转速表和声级计的原理（10分）		
3）完成工作任务	55分	1）万用表的使用（30分） 2）半导体点温计、转速表和声级计的使用（10分） 3）表4-5-3~表4-5-8的记录（15分）		
4）职业规范和环境保护	10分	1）在工作过程中工具和器材摆放凌乱（扣3分/次） 2）不爱护设备、工具，不节省材料（扣3分/次） 3）在工作完成后不清理现场，在工作中产生的废弃物不按规定处置（扣2分/次，将废弃物遗弃在工作现场扣3分/次）		

签名：_____　____年___月___日

2. 教师评价总结

由指导教师检查本组作业完成情况，结合自评与互评的结果进行综合评价，对学习过程中出现的问题提出改进措施及建议，并将评价意见与评分值记录于表4-5-10中。

表 4-5-10　教师评价表

序　　号	评　价　内　容	评价结果(分数)
1		
2		
3		
4		
综合评价	☆　☆　☆　☆　☆	
综合评语 (问题及改进意见)		

教师签名：_____　_____年____月____日

任务小结

请根据自己在实训中的实际表现进行自我反思和小结。

自我反思：

_____。

小结：

_____。